国家科学技术学术著作出版基金资助出版

纳米 SERS 增强基底：制备、表征及应用

吴学忠　王朝光　董培涛　著

科 学 出 版 社

北 京

内 容 简 介

表面增强拉曼散射(SERS)技术是一种极具发展前景的生物检测技术，在高灵敏度、高可靠性的现场实时检测领域具有重大的应用潜力。目前，纳米 SERS 增强基底的可控制备及性能表征还是个难题，这严重阻碍了纳米结构在生化传感等方面的应用研究。本书在总结最新研究成果的基础上，系统介绍表面增强拉曼光谱的基本原理以及 SERS 生化传感技术的最新进展，重点研究高性能 SERS 基底的可控制备方法，针对病原微生物检测、食品安全和环境污染等领域建立了基于 SERS 技术的快速检测方案。这些研究成果将为多构型纳米结构的制备、性能与应用研究提供科学依据，为高灵敏度生物传感等技术提供新思路。

本书内容新颖，取材前沿，可供纳米 SERS 检测领域的科研和技术人员、高等院校相关专业学生以及相关领域的研究人员阅读参考。

图书在版编目(CIP)数据

纳米SERS增强基底 : 制备、表征及应用 / 吴学忠, 王朝光, 董培涛著. -- 北京 : 科学出版社, 2025. 6. -- ISBN 978-7-03-082502-5

Ⅰ. TB383

中国国家版本馆CIP数据核字第2025JZ3860号

责任编辑：陈 婕 罗 娟 / 责任校对：任苗苗
责任印制：肖 兴 / 封面设计：有道设计

科学出版社 出版
北京东黄城根北街 16 号
邮政编码: 100717
http://www.sciencep.com
北京中科印刷有限公司印刷
科学出版社发行 各地新华书店经销
*
2025 年 6 月第 一 版 开本：720 × 1000 1/16
2025 年 6 月第一次印刷 印张：16
字数：323 000

定价：150.00 元

(如有印装质量问题，我社负责调换)

前　言

进入 21 世纪，生命科学和信息技术快速发展，对医疗健康、环境污染、食品安全等领域的检测灵敏度、实时性和可靠性等要求日益提高。表面增强拉曼散射（surface-enhanced Raman scattering, SERS）技术是一种新兴的光谱检测技术，能够表征物质的本征谱，检测灵敏度高，特异性好，适用于现场实时检测。近年来，纳米技术的快速发展极大地促进了高性能 SERS 基底制备技术的进步，有望突破 SERS 基底可控制备这一技术瓶颈。因此，纳米 SERS 基底的制备、表征和应用就成为当前学术研究的热点之一。

全书以 SERS 基底的制备及生化检测应用为对象，围绕 SERS 基底的设计、制备、表征、应用等相关技术，从实际应用的角度出发，梳理光学、化学、生物、分子科学、纳米技术中与 SERS 技术相关的交叉学科知识，提出将 MEMS 加工工艺与纳米技术相结合的微纳融合制造技术，研究制备金属纳米结构的多种典型加工方法；制备出多种具有特殊形貌的金属纳米结构作为 SERS 基底，合成多种结构和材质的金属溶胶颗粒；分析工艺参数对 SERS 基底性能的影响，研究 SERS 基底“热点”生成机理和分布规律，表征 SERS 基底的形貌和光学特性；研究针对不同应用领域生化检测物的检测方法。

本书遵循科学研究的一般规律，立足于知识结构和科学研究体系的统一，强调多学科交叉融合，跟踪纳米 SERS 基底研究的前沿动态，注重纳米 SERS 基底的实际应用价值，采用大量图表对内容进行介绍，使读者能够系统地掌握纳米 SERS 基底相关的制备、表征及应用的基础知识，获得纳米 SERS 基底的最新研究成果，初步具备从事纳米 SERS 基底制备、表征、应用研究的能力。

本书主要面向纳米制造、SERS 技术、生化检测等领域的科研和技术人员，能够为从事时域有限差分计算、等离子体光学、合成化学等领域研究的相关人员提供参考，还可以作为相关专业学生了解交叉学科前沿技术的参考书籍。

在撰写本书过程中，国防科技大学智能科学学院微纳系统教研室研究生邸荻、王浩旭、王俊峰、李明斌等对部分章节的内容提供了重要素材和建议；研究生李白泥、王天然和朱楚姝等对部分章节文本的整理工作付出了辛勤的劳动，在此向他们表示感谢。

本书是在总结国家自然科学基金项目(9102302、51605486、51475468)研究成果的基础上完成的，在此对国家自然科学基金委员会给予的长期资助表示感谢。

由于作者水平有限，书中难免存在疏漏与不妥之处，敬请读者批评指正。

目　　录

第 1 章　SERS 与金属纳米结构

近年来，重大传染疾病、环境污染、食品药品安全等问题日渐凸显，暴发日益频繁，新型冠状病毒感染疫情阴云笼罩全球，埃博拉疫情肆虐非洲，国内多个水域遭到严重污染，食品药品安全问题层出不穷，这些重大医疗卫生事件严重威胁着人们的生命安全和身体健康，造成了极大的社会恐慌和难以估算的经济损失。及时有效的生化检测，可以为后续处理提供可靠的支撑，挽救生命，维持社会稳定，减少人员和经济损失。此外，在军事应用领域，实时的战场生态环境监测，航天器、潜艇等大型密闭设备的病原微生物监控，生化反恐等多个方面对高灵敏度实时生化检测也有强烈的需求。

现有的检测技术可以在实验室内对生化待检测物进行定性分析和定量检测。但是，当这些技术应用于现场检测时，存在检测灵敏度低、检测时间长、设备体积大等缺点。例如，对于致病细菌的检测通常采用细菌培养的方法，而这种方法需要两到三天的时间，不具备实时性。利用色谱仪、质谱仪等仪器进行检测可以显著缩短检测时间，但是这些检测方法操作复杂，设备体积大，不便于携带。荧光检测技术在现场检测中应用广泛，但它存在荧光淬灭、荧光漂白等固有缺陷。因此，需要一种灵敏度高、特异性好、检测时间短、设备便于携带的现场检测技术。

1.1　SERS 效应

当光在介质中传播时，大部分光透射而过，但由于介质的不均匀性，部分入射光与介质中的分子原子发生相互作用，从而使光的入射方向发生改变，向周围方向发散，产生光的散射，如图 1.1 所示。当入射光的光子与介质中的分子原子没有发生相互作用时，光子传播方向不发生改变，光的频率不发生改变，发生光的透射。当入射光的光子与介质中的分子原子发生相互作用时，大部分光子的传播方向会发生变化，而散射光的频率没有发生改变，发生光的瑞利散射；但也有小部分光子不但传播方向发生改变，而且散射光的频率发生改变，发生光的拉曼(Raman)散射。其中由于入射光的光子与介质中的分子原子发生的相互作用不同，拉曼散射光的频率发生改变，既有频率增大，也有频率减小。但发生拉曼散射的光子数量较少，拉曼散射光的强度很微弱，为总入射光强度的 10^{-10}～10^{-6}。

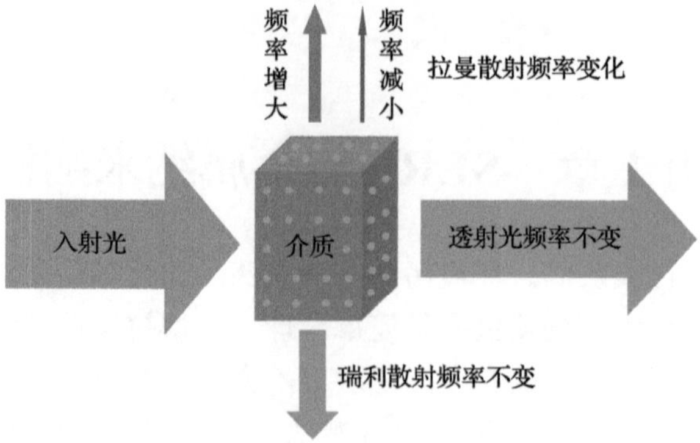

图 1.1　光的散射过程示意图

1.1.1　拉曼散射效应

1923 年，Smekal 研究光的散射理论时提出，在光的散射过程中，可能存在非弹性的散射光，如果改变物质的分子状态，那么入射光与物质分子相互作用后可以改变散射光的频率，这些改变是被照射样品分子振动的特征[1]。1928 年，Raman 在进行苯的光散射实验时，用一个大凸透镜将太阳光聚焦到一瓶苯溶液中，发现经过滤光的阳光呈蓝色，但是当光束进入苯溶液之后，散射光中除了入射的蓝光外，还观察到了很微弱的绿光。Raman 认为这是光与分子相互作用而产生的一种新频率的光谱带[2]。Raman 经过分析发现，在散射光中除有与入射光频率相同的谱线外，光和分子相互作用时引起每个分子做受迫振动从而产生散射光。其中，散射光的频率和入射光的频率相同的散射称为瑞利散射效应，入射光频率发生位移且强度极弱的散射称为拉曼散射效应。

拉曼散射效应可以使分子产生拉曼光谱，是研究分子结构的主要手段之一。但与红外光谱相比，由于拉曼散射效应过于微弱，拉曼光谱强度很低，影响了拉曼光谱分析的灵敏度。激光的出现使拉曼光谱成为研究分子结构和各种物质微观结构的重要工具。基于激光的拉曼光谱仪可以有效增强拉曼光谱强度，提高检测分辨率，拓展拉曼光谱的应用范围。拉曼光谱由于具有与红外光谱不同的选择性，常常作为红外光谱的必要补充配合使用，可以更完整地研究分子的振动和转动能级，更好地解决分子结构分析问题。拉曼光谱分析无需复杂的样品制备工艺，不受样品水分的干扰，可以获得分子结构方面的信息，特别适合生物体系的研究，日益受到研究者的重视，具有深远的应用潜力。

1. 拉曼散射效应的产生原理

理论上，拉曼散射可以看成入射光子与介质中分子相互作用的结果。在散射过程中，入射光子湮灭，而散射光子产生，同时分子从原来的本征能级跃迁到发生拉曼散射后的本征能级。按照电磁场分子体系相互作用的量子理论，在一级近似下当分子在本征能级间跃迁时，只能伴随电磁波一个波形内的一个光子的变化。但在拉曼散射过程中，当散射分子从一个本征能级向另一本征能级跃迁时，电磁场内伴随着两个光子的变化，即入射光波形内的一个光子减少，散射光波形内的一个光子增加，因此可以把它看成二阶过程：在过程的第一阶段，散射分子先吸收一个光子并离开它所处的初始本征能级；在过程的第二阶段，分子发射一个光子并跃迁到新的本征能级上。对于这个二阶过程，应该将整个体系作为一个统一的整体加以考虑。

量子理论的基本观点是把拉曼散射过程看成光子与分子之间发生能量交换改变了光子的能量非弹性相互作用过程。当入射的光子与分子相互作用时，在弹性相互作用过程中，光子与分子无能量交换，它们的频率保持不变，产生瑞利散射光；在非弹性相互作用过程中，光子与分子有能量交换，光子转移一部分能量或者从分子中吸收一部分能量，频率从而发生改变，产生拉曼散射光。非弹性相互作用改变的能量只能是分子两能级之间的能量差。当光子把一部分能量交换给分子时，光子就以比入射时小的频率射出，形成斯托克斯线，同时散射分子得到的能量转变成分子的转动或振动能量。反之，当光子从散射分子中吸收一部分能量时，它将以较高的频率散射出去，形成反斯托克斯线。

如图 1.2 所示，当频率为 ν 的入射光照射分子时，分子获得光能 $h\nu$ 后可以跃迁到一个虚能级上，再返回到基态，产生频率仍为 ν 的瑞利散射光。如果频率为 ν 的入射光使处于振动基态 ν_0 的分子激发到虚能级，那么分子从入射光中得到的能量为 $h\nu$ ，分子能量为 $h\nu + h\nu_0$ 。当该分子返回第一振动激发态 ν_1 时，能量要降到 $h\nu_1$ ，产生频率为 $\nu - \Delta\nu$ 的斯托克斯线，其中 $\Delta\nu = \nu_1 - \nu_0$ ，称为拉曼位移。当频

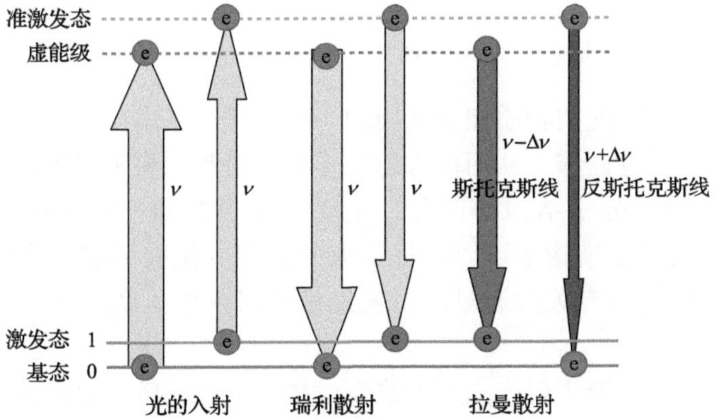

图 1.2　拉曼光谱原理图

率为 ν 的入射光使处于振动激发态 ν_1 的分子激发到另一个虚能级时，分子从入射光中得到的能量同样为 $h\nu$，那么分子能量就变为 $h\nu + h\nu_1$。当该分子返回振动基态 ν_0 时，能量要降到 $h\nu_0$，则会产生频率为 $\nu + \Delta\nu$ 的反斯托克斯线。如果考虑更多能级上的分子散射光子，则可产生更多的拉曼谱线，当这些能级的间隔不相等时，产生的各拉曼散射线相对于入射谱线的频移也是不同的。

四氯化碳的散射光谱如图 1.3 所示。在散射光谱中，瑞利线的频率没有发生改变，频率位移为 0，位于光谱图中央位置。因为拉曼散射的光强与瑞利散射相比非常微弱，所以瑞利线的强度与拉曼谱线相比很强。位于瑞利线低频侧位置，拉曼位移为负值的谱线是斯托克斯线；位于瑞利高频侧位置，拉曼位移为正值的谱线是反斯托克斯线。斯托克斯线和反斯托克斯线统称为拉曼光谱。因为处于振动激发态能级的分子数目要少于处于振动基态能级的分子数目，所以反斯托克斯线的强度要小于斯托克斯线。随着温度的上升，处于振动激发态能级的分子数目会有所增加，反斯托克斯线的强度也会随之增大。

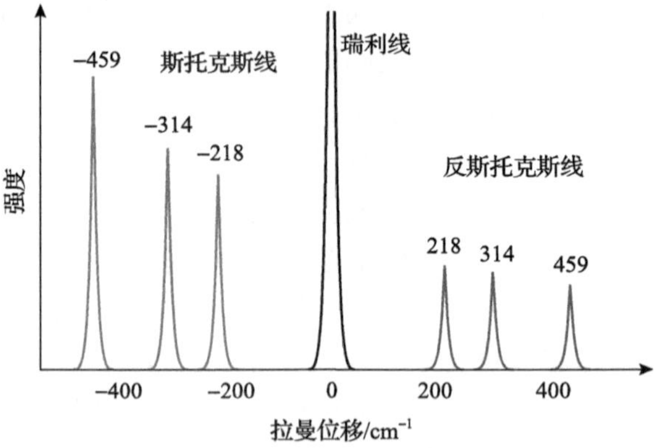

图 1.3　四氯化碳的散射光谱

2. 拉曼散射效应的应用及其特点

拉曼散射效应是光与物质相互作用的一种形式，其实质是光子与散射物质的分子之间发生非弹性碰撞，从而使入射光子的能量和动量都发生改变，散射光子中携带有散射物质分子结构的信息，主要是分子振动和转动信息，因此拉曼光谱在研究物质分子结构中可以发挥很大的作用。拉曼散射与构成物质的原子分子本身的微观结构有关，通过对拉曼光谱的研究可了解物质原子分子的结构特性。

同一种物质，随着入射光频率的改变，拉曼谱线的频率也发生改变，但拉曼位移 $\Delta\nu$ 保持不变，拉曼位移与入射光的频率无关，仅与物质的振动和转动能级有关。不同的物质有不同的振动和转动能级，因此拉曼位移不同。散射光与入射光能量的差异反映了散射介质中分子的振动及转动状态的变化，研究拉曼谱线的数目、拉曼位移和谱线强度等参量将可以得到丰富的有关分子结构的信息。

在利用拉曼光谱进行检测的过程中，可以将待测物质的整个谱图当作“分子指纹”，与标准拉曼光谱做对照。一个分子的拉曼光谱是由各原子基团的特征峰组成的，反过来通过这些特征峰确定原子基团，可以分析出分子的化学组成。确定每个特征峰的归属常常是烦琐和困难的，尤其对高分子材料更是如此。一种简单的方法是将测得的未知物的整个拉曼光谱与已知拉曼光谱相对照，如果完全吻合，就可直接确定分子的归属。理论上特征峰的位置和强度都必须吻合，但实际上主要看峰的位置。而峰强度常常难以一致，它与样品的厚度或浓度有关，在某种程度上还取决于所用仪器的种类。

拉曼光谱检测法具有很多优点：①在很多情况下样品不需要处理，可直接测定；②特别适合水溶液的研究，因为水的拉曼散射极弱，只在 $1640cm^{-1}$ 附近有一个弱谱带。

但拉曼光谱检测法也存在一些局限性：①拉曼散射强度较低，包括瑞利散射在内的分子散射总强度只是入射光强的十万分之一，而其中又仅有约 1%对拉曼光谱有贡献；②高分子材料的拉曼光谱容易受样品中杂质荧光的困扰。

拉曼光谱检测法经过不断研究改进，出现了表面增强拉曼散射光谱技术、共振拉曼光谱技术等拉曼分析技术，使得拉曼光谱在表面科学中的应用迅速开展。

1.1.2　SERS 基础知识

1. SERS 效应的发现

1974 年，研究人员首次以吡啶作为银电极上的拉曼活性物质进行了拉曼散射实验。为了增强散射强度，对平滑银电极表面进行了多次氧化还原处理，以求电极粗糙化的表面可以吸附更多的吡啶分子，结果获得了吡啶分子的高强度拉曼光谱信号，但是他们并没有意识到这是一种新的现象，而是简单地将所观察到的现象归因于较大的吸附表面导致的吸附分子数目增加[3]。

1977 年，该实验被复现，并通过详细实验验证和理论计算发现，与溶液中同数量吡啶的拉曼散射信号相比，吸附在粗糙银电极表面几个分子层的吡啶分子所产生的拉曼散射比正常拉曼光谱增强了约 6 个数量级[4]。但即使粗糙的银电极比不粗糙的银电极表面积增加了 10 倍，也无法解释拉曼散射增强约 6 个数量级的实验事实。后来被证明这是与粗糙表面相关的表面增强效应，被命名为表面增强拉曼散射。

2. SERS效应的应用

SERS效应的发现轰动了表面科学学术界，随后在其他粗糙表面也观察到了SERS现象。SERS能避免溶液中相同物种的信号干扰，获取高强度的表面分子拉曼信号。

SERS是一种非常有效的探测界面特性和分子间相互作用、表征表面分子吸附行为和分子结构的工具。SERS由于具有探测灵敏度高、分辨率高、水干扰小、可猝灭荧光、稳定性好及适合研究界面等特点，广泛应用于吸附物界面表面状态研究以及生物大分子的界面取向、构型、构象研究和结构分析等。SERS检测技术常用于化学检测的痕量分析、蛋白质和核酸或细菌的测定，在其中起着越来越重要的作用，逐渐成为生物化学分析领域有力的研究手段，并在痕量分析乃至单分子检测、化学及工业、环境科学、生物医学体系、纳米材料以及传感技术等方面的研究中得到了广泛应用。

3. SERS效应的特点

SERS检测技术的优越性表现在：①能够提供大量关于分子的微观结构信息，获得的分析物分子的SERS光谱信息是唯一的；②分析物分子在基底表面构型的微小改变都可以通过其SERS光谱中相应振动峰的拉曼位移变化而检测到；③SERS光谱是非常灵敏的检测手段，可获得痕量分子的结构信号，甚至可以达到单分子检测水平；④由于水的SERS信号非常弱，SERS技术可以用于水体环境中的各种生物学研究中，而无需考虑水分子振动的影响；⑤在SERS光谱中，荧光的干扰可得到有效的抑制。

SERS技术也存在一定的局限性：①SERS基底只能局限于几种能激发表面等离子体共振效应的材料，如金、银、铜等；②基底材料只有经过表面粗糙化处理，具有50～200nm的粗糙度，才能显示出SERS效应；③SERS定量分析的结果不好，SERS基底的均匀性不一，其SERS检测的稳定性不好，增强因子存在较大的差异；④分析物吸附在基底表面上需要分子识别试剂，有可能产生高背景干扰信号，影响分析物分子的SERS信号检测。

1.1.3 SERS增强机理

影响SERS效应的因素有很多，包括体系表面形貌、表面电子结构、光和粗糙表面的相互作用、光和分子的相互作用、分子在表面的取向、成键作用、分子和表面的周边环境，以及入射光的强度、频率、偏振度和偏振方向等诸多条件，这些因素对表面增强拉曼光谱的影响规律均比较复杂。

由于分子的拉曼散射是分子在外电场作用下被极化而产生极化率，交变的极化率在再发射的过程中受到分子中原子间振动的影响，从而产生拉曼散射光。散射光的增强是由于作用在分子上的局域电场的增加和分子极化率的改变。因此，SERS 谱峰强度 I_{SERS} 可以表示为[5]

$$I_{\text{SERS}} \propto \left[\left|E(\omega_0)\right|^2 \left|E(\omega_{\text{s}})\right|^2 \right] \left[\sum_{\rho,\sigma} \left| (\alpha_{\rho,\sigma})_{fi} \right|^2 \right] \tag{1.1}$$

式中，$E(\omega_0)$ 为频率为 ω_0 的表面局域入射光电场强度；$E(\omega_{\text{s}})$ 为频率为 ω_{s} 的表面局域散射光电场强度；ρ 为分子所处位置的入射光的电场方向；σ 为分子所处位置的拉曼散射光的电场方向；$(\alpha_{\rho\sigma})_{fi}$ 为某始态经中间态到终态的极化率张量。

目前，学者普遍认可的 SERS 机理可分为两类：物理增强机理和化学增强机理。式(1.1)中右侧前半部分表明，入射光和散射光的表面局域电场强度越大，拉曼信号强度越大，这来自 SERS 物理增强机理的作用，通常称为电磁场增强机理，是由 SERS 表面局域电磁场产生的。式(1.1)中右侧后半部分表明，体系极化率张量越大，则相应的拉曼信号强度也越大，这是 SERS 化学增强机理的作用。分子与金属表面之间的化学作用，增大了体系的极化率。由此可以看出，拉曼散射的增强途径包括增强分子周围的电磁场强度和增加分子的极化率。

在 SERS 理论研究方面，既有学者提出物理增强机理[6]，也有学者提出化学增强机理[7]。然而，SERS 增强过程涉及分子、表面及其相互作用，影响因素十分复杂，很难在某一增强过程中严格定量地区分两种增强机理的作用。大量实验结果表明，单个计算物理增强机理或化学增强机理并不能解释所有的 SERS 现象，这两种机理在很多体系中是并存的，一般认为吸附分子的 SERS 增强同时受这两种机制的共同作用。

1. 物理增强机理

物理增强机理就是电磁场增强机理，是一种物理模型。目前，电磁场增强机理更为成熟并被广泛接受，已经成功地应用于 SERS 光谱的分析中。电磁场增强机理认为，当金属基底表面具有一定的粗糙度时，在入射光的照射下，在该表面产生的局域电磁场将被增强。拉曼散射强度与分子所处光电场强度的平方成正比，因此极大地增加了吸附在表面的分子产生拉曼散射的概率，使表面吸附物的拉曼信号增强。引起电磁场增强机理的因素主要有表面等离子体共振(surface plasmon resonance, SPR)效应和避雷针效应等[8]。

1) 表面等离子体共振效应

该增强机理目前被研究者广为接受，由于金属表面具有一定的粗糙度，入射激光在金属表面激发表面等离子体共振，使表面电场极大增强，从而增大了表面吸附分子的拉曼散射信号。表面等离子体共振所产生的电场强度随分子与表面之间距离的增加而呈指数减小，其作用范围为 1～10nm。但是并不是所有的金属都能在可见激光激发下产生表面等离子体共振，迄今为止能产生表面等离子体共振的金属主要有银、金、铜以及碱金属等自由电子金属，其表面增强因子和金属表面本身的光学性质、表面粗糙颗粒的尺寸和密度有关，而且入射光子能量也可影响等离子体共振的产生[9]。

在 SERS 电磁场增强机理中，表面等离子体共振引起局域电磁场的增强被认为是最主要的贡献。表面等离子体(surface plasmon, SP)激发极大地提高了局域电场，使入射光和拉曼散射光的电场都得到了放大，特别是当入射光和金属基底的等离子体发生共振时。它的作用相当于天线，放大了散射光的强度，总的电磁场增强近似和 E^4 成比例。因此，局域电场较小增加就能引起表面吸附分子的拉曼散射信号极大的增强。

2)避雷针效应

避雷针效应是指金属表面粗糙化的过程中往往产生一些曲率半径非常小的针状纳米颗粒，在这些纳米颗粒的尖端处相对曲率半径小的地方具有较强的局域表面电磁场，并且曲率半径越小，尖端越尖，其表面电场强度越大。通过时域有限差分(finite difference time domain, FDTD)等物理模型计算，以及对 SERS 热点的研究可以看出，避雷针效应并不是一个仅发生在尖锐纳米颗粒顶端的次要现象。物理增强机理的贡献可以理解为避雷针效应将表面等离子体共振产生的强电场进行集中，从而有效提升了吸附分子的 SERS 强度。

由于 SERS 增强机理和基底表面粗糙形貌的复杂性，增强机理的量化分析难度较大，所以从实验上很难判断粗糙表面纳米粒子的形状尺寸等参数与各自增强因子之间的量化关系。但是随着计算机处理能力以及基底制备技术的快速发展，人们已经可以从理论计算中定量分析金属表面的光学性质和表面结构与表面增强因子的关系，促进了电磁场增强机理的发展。

2. 化学增强机理

SERS 的电磁场增强机理已得到广泛认可，然而该机理无法完全解释所有的 SERS 现象，说明还有其他的增强机理起作用，如以分子和基底的强烈相互作用形成化学键为出发点的化学增强机理。当分子化学吸附于基底表面时，表面、表面吸附分子和其他吸附物等都可能与分子有一定的化学作用，这些因素对分子的电子密度分布有直接的影响。

化学增强主要包括以下三类机理[10]。

(1)吸附物和金属基底的化学成键导致非共振增强。化学成键增强是由于分子与表面化学吸附形成化学键，引起分子和金属间的部分电荷转移。

(2) 吸附分子和表面吸附原子形成表面络合物(新分子体系)导致共振增强。表面络合增强是由于表面上部分带正电的金属原子组成的原子簇和部分带负电荷的分子以及电解质阴离子形成表面络合物，这种络合物作为新的分子体系，在可见光激发下可以达到共振。

(3) 激发光对分子-金属体系的光诱导电荷转移的类共振增强。光诱导电荷转移增强并不强调表面与分子有很强的化学作用，主要取决于金属电极的费米能级，若该值与激发光能量相匹配，就会发生分子到金属或者金属到分子的电荷转移，该体系极化率的改变主要体现在中间态上，即体系的电荷转移态。

这三种增强机理都反映了体系极化率的变化对拉曼信号强度的影响。其中，电荷转移机理对整个 SERS 增强因子的贡献一般在 1～2 个数量级，而通常物理增强机理对 SERS 增强因子的贡献一般在 4～6 个数量级，使得研究电荷转移等化学增强机理的过程变得更加困难。

3. SERS 增强机理的综合分析

以上提及的两种机理的研究虽然已经广泛开展，但由于 SERS 实验现象十分复杂，一般体系中物理增强机理和化学增强机理同时存在，因此，对于在何种条件下以何种机理为主以及如何定量研究两机理的贡献目前仍未有一个统一的定论。随着实验方法和理论方法的不断发展，一种可同时包容物理增强机理和化学增强机理并圆满解释各种实验现象的 SERS 理论将逐渐形成。

1.1.4　SERS 基底

SERS 增强机理的研究表明，SERS 强度与 SERS 基底的形貌和性质有极大的关系。新型 SERS 活性基底的制备就是 SERS 技术的基础。虽然不同领域的研究对 SRES 活性基底有不同的要求，但是灵敏度高、重现性好、易制作、稳定性好的 SERS 基底却一直是共同的研究目标。

总之，对于一个特定体系，SERS 强度首先取决于纳米结构的尺寸。当金属的尺寸小于入射光的波长，同时大于电子平均自由程时，可以得到较好的增强效果。对于铂族金属，颗粒的优选尺寸为 10～100nm。SERS 效应主要是在纳米尺度上的粗糙表面或颗粒体系所具有的异常光学增强现象，所以 SERS 效应不但涉及表面科学研究，还涉及纳米科学研究。

高速发展的纳米结构制备技术已经可以制备形状和大小可控的纳米颗粒，并将其作为 SERS 基底研究 SERS 增强机理，可以定量地研究纳米颗粒大小及其耦合情况对 SERS 增强的影响。纳米科技的发展将为 SERS 的理论研究和应用提供表面模型，这将促进 SERS 机理的定量研究，有利于深入研究表面纳米结构体系各种独特的物理化学性质。

总之，SERS 技术与纳米科学相结合，将有望揭示 SERS 机理和相关的基础科学问题，SERS 也将发展成为表面科学和纳米科学研究的重要工具。

1.1.5 拉曼光谱检测设备

目前，常用的拉曼光谱检测设备包括共聚焦拉曼光谱仪、便携式拉曼光谱仪和手持式拉曼光谱仪。共聚焦拉曼光谱仪具有检测精度高的特点，适用于科学实验及定量分析。然而，它体积比较庞大，使用环境要求苛刻，不适用于现场快速检测。便携式拉曼光谱仪通常使用二极管激光器作为激发光源，检测的精度会有一定的损失，但是体积相对减小，可以用于车载和大多数现场应用。手持式拉曼光谱仪体积最小，轻便易携，适用于针对拉曼信号强度较高的样品进行现场快速检测，但是精度相对较低。

三种拉曼光谱仪主要不同在于光学元件的类型和搭建方式方面，进而带来的检测精度和仪器体积的区别。各种光谱仪光路系统原理差别不大，以便携式拉曼光谱仪为例，其光路结构如图 1.4 所示。激光源为波长 785nm 的二极管激光发射器，发射的激光经过凸透镜校正后通过带通滤光片和二向色镜，最后经过物镜聚焦到 SERS 基底表面。由 SERS 基底表面物质产生的拉曼散射光由物镜收集，经过二向色镜反射，通过长波滤光片滤除杂光后，经透镜和狭缝进入光谱仪。光谱仪对收集的散射光进行成像分析，并将数据传递给计算机，通过仪器配套的软件可获得检测物质的拉曼光谱。

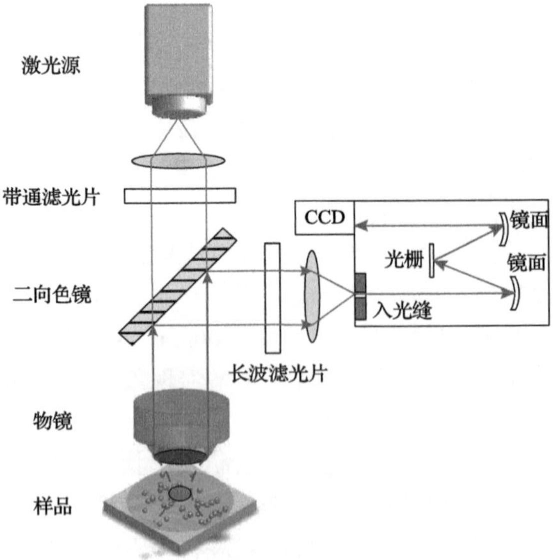

图 1.4　便携式拉曼光谱仪的光路原理

1.1.6　拉曼标记分子

为表征 SERS 基底的增强性能和灵敏度，通常以特定的化学分子为标记物对 SERS 基底进行表征。此外，在对无显著拉曼散射特征峰的物质(如核酸、蛋白质等)进行检测时，通常将拉曼标记分子修饰在特定物质上并与待检测物质结合，通过检测该拉曼标记分子特征峰的有无或强弱，实现对待检测物质的标记检测。拉曼标记分子往往具有较大的拉曼散射截面，因此也就具有较好的 SERS 性能。常用的拉曼标记物包括罗丹明 6G(rhodamine 6G, R6G)、氨基苯硫酚(4-aminothiophenol, PATP)、罗丹明 B、吡啶、苯硫酚、孔雀石绿等。

1. R6G 的拉曼特征峰

R6G 是一种常用的拉曼标记分子，其拉曼光谱如图 1.5 所示。为获得 R6G 的 SERS 光谱，取 R6G 粉末 4.4mg，溶解于 1mL 无水乙醇中，制备得到 10^{-3}mol/L 的 R6G 溶液，作为储存液备用。随后，将储存液逐次用去离子水稀释十倍，得到浓度梯度范围为 10^{-12}～10^{-2}mol/L 的 R6G 溶液。在测试过程中，利用显微镜将激光聚焦于液面表面，功率为 10%(激光源功率的 10%)，积分时间为 20s，积分次数 1 次。测试 10^{-2}mol/L 的 R6G 的溶液，并无明显拉曼特征峰。将该溶液用金核银壳纳米颗粒(Au@Ag core-shell nanoparticles, Au@AgNPs)溶胶稀释 10 倍，得到 10^{-3}mol/L 的 R6G 溶液与 Au@AgNPs 溶胶的混合物，测试结果如表 1.1 所示。

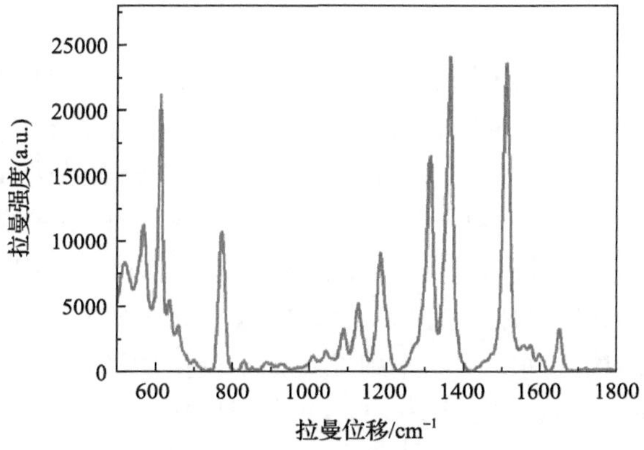

图 1.5　R6G 的拉曼光谱

拉曼特征峰表征的是分子结构中化学键的振动，其特征峰归属如表 1.1 所示。其中，具有较大拉曼散射截面的特征峰分别位于 614cm^{-1}(C—C—C 键的振动)、774cm^{-1}(C—H 键的 op 振动)、1183cm^{-1}(C—C 键的伸缩振动)、1363cm^{-1}(C—C 芳香环伸缩振动）、1509cm^{-1}（C—C 芳香环伸缩振动）。其中，位于 1509cm^{-1} 的特征峰拉曼散射截面最大，通常以该特征峰作为参考来表征 R6G 拉曼信号的强度。

表 1.1　R6G 的 SERS 光谱特征峰归属表

峰位/cm^{-1} [11]	振动峰归属[12]	峰位/cm^{-1} [11]	振动峰归属[12]
300～400	苯环骨架变形振动	1360～1365	C—C 芳香环伸缩振动
450～500	金属-分子相互作用（如 Ag-O/R6G）	1505～1510	C═C 芳香环伸缩振动
610～620	C—C—C 环变形振动	1570～1575	C═C 芳香环伸缩振动
770～780	C—H 面外弯曲振动	1595～1600	C═O 伸缩振动
950～960	C—H 面内弯曲振动	1650～1655	C═C 伸缩振动（共轭体系）
1125～1130	C—O—C 伸缩振动	2900～3000	C—H 伸缩振动（烷基）
1180～1185	C—H 面内弯曲振动	3050～3100	C—H 伸缩振动（芳香环）
1310～1315	N—H 弯曲、C—N 伸缩振动		

2. PATP 的拉曼特征峰

虽然 R6G 是一种性能优越的拉曼标记分子，但是它存在两个固有缺陷：①R6G 不能够与金属表面形成稳定的化学键连接；②R6G 的荧光激发峰位于 500nm 左右，在 532nm 激发光下，会产生荧光信号干扰。而 PATP 作为拉曼标记分子，可以克服上述缺点。PATP 的分子结构式如图 1.6（a）中插图所示。苯环具有较大的拉曼散射截面，能够提供较强的拉曼信号，而处于苯环对位的氨基和巯基能够与金属形成牢固的化学键连接。

PATP 的 SERS 光谱增强机理比较复杂，分别测试了 PATP 固体的拉曼信号和以 Au@AgNPs 溶胶作为增强基底的 SERS 信号。直接将激光焦点聚焦在 PATP 固体上，激光器总体功率的 10%，积分时间为 10s，积分次数为 1 次，得到的拉曼光谱如图 1.6（a）所示。由于物质纯度高，拉曼光谱谱峰相对较窄。以 Au@AgNPs 溶胶为 SERS 增强基底，测试 10^{-7}mol/L 的 PATP 溶液，获得的 SERS 光谱如图 1.6（b）所示。相对于固态 PATP 的拉曼谱峰，PATP 的 SERS 谱峰有较大位移。这是因为 PATP 分子与金属结构之间的相互作用导致化学键振动模式改变，获得的光谱与文献中报道相符。在一些特定情况下，PATP 会产生化学增强峰，如图 1.6（c）所示。除了原有的特征峰，又在 1141cm^{-1}、1390cm^{-1}、1434cm^{-1} 等位置出现高强度的特征峰。这是由于 PATP 分子之间的相互作用形成了络合物，且与基底之间发生了电荷转移，产生了化学增强。PATP 的化学增强机理及化学增强模式不是本书的研究重点。在本书中 PATP 仅作为一种拉曼标记分子使用，并以 1076cm^{-1} 位置的拉曼谱峰作为 PATP 拉曼谱峰的强度。PATP 的拉曼谱峰分布及对应的化学键振动如

表 1.2 所示。

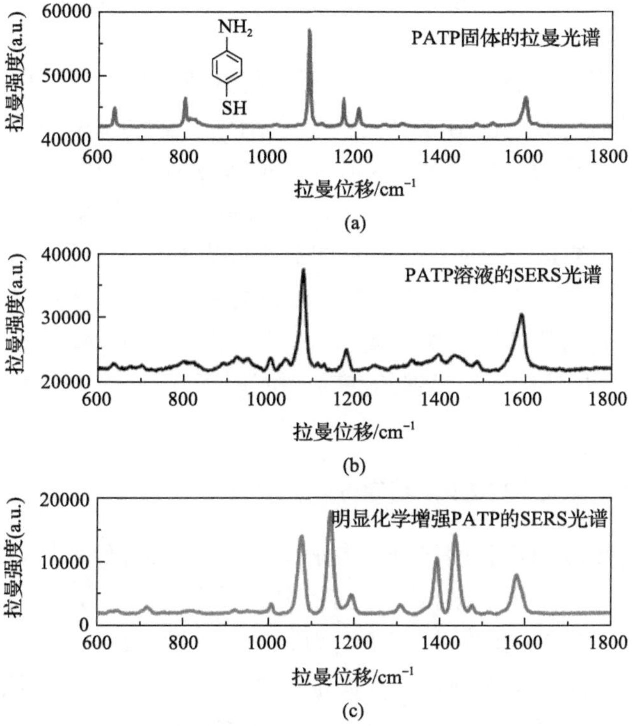

图 1.6　PATP 的分子结构式及其固体、溶液的拉曼光谱

表 1.2　PATP 的 SERS 光谱特征峰归属表

峰位/cm^{-1}			振动峰归属
PATP 固体峰	SERS 增强峰	化学增强峰分布	
394.20	—	390.53	金属—S 键伸缩振动
436.30	—	—	苯环面外弯曲振动
636.19	—	—	苯环面外弯曲振动
—	—	1005.52	C—H 面内弯曲振动
1090.12	1079.04	1075.87	C—S 伸缩振动
—	—	1141.98	C—H 面内弯曲振动
1171.55	1180.85	1191.67	C—H 面内弯曲振动
—	1393.60	1390.66	苯环 C═C 伸缩或 N═N 振动
—	1434.57	1434.57	PATP 分子络合物
—	—	1475.13	苯环 C═C 伸缩振动
1597.17	1588.77	1577.56	苯环骨架振动

1.2　SERS 基底制备技术研究现状

从基底的形态和制备方法上考虑，现有的 SERS 基底可以粗略地分为三类。第一类是在固态基底上直接制备的金属纳米结构，这类 SERS 基底通常利用纳米加工方法制备，在检测中常以 SERS 芯片的形式应用[13]。第二类是金属纳米颗粒溶胶，这类 SERS 基底通常利用化学合成方法制备，在检测中常以 SERS 试剂的形式应用[14]。第三类是将金属纳米颗粒组装在固态基底上，形成复合 SERS 基底。基底制备的核心目标是制备带有纳米尖端和纳米间隙的结构。基底表面的电磁场会在纳米尖端或间隙处发生聚集或耦合，形成局部电磁场增强，产生 SERS 热点。而 SERS 热点是拉曼信号增强的基础。拉曼信号的增强主要来源于 SERS 热点的贡献。

1.2.1　固态金属纳米结构 SERS 基底

在微纳制备领域通常利用光刻的方法实现图案化的微纳结构加工。但是，加工纳米尺寸的结构时，由于结构尺寸已经突破了光的衍射极限，传统的光刻方法不能直接应用于纳米结构的可控制备。为制备金属纳米结构 SERS 基底，研究者提出了多种制备方案。这些制备方案通常分为“自上而下”的方法和“自下而上”的方法。“自上而下”的方法是利用减材加工的方法（去除材料）来制备金属纳米结构，典型的技术方案包括电子束光刻技术和聚焦离子束光刻技术等。“自下而上”的方法是利用增材的方法（材料组装）来制备金属纳米结构，典型的技术方案包括掠角倾斜蒸镀技术和纳米球光刻技术等。还有一些技术方案是两种方法的结合，典型的技术方案有纳米压印技术等。

1. 商品化 SERS 芯片

目前，市场上已经存在一些商品化的 SERS 芯片，如 Renishaw Diagnostics 公司的 Klarite 芯片、Nanova 公司的 Q-SERS 芯片，如图 1.7 所示。此外，Spectra Fluidics 公司、Thermo Fisher 公司、欧普图斯公司均能够生产商品化 SERS 芯片，并将 SERS 芯片成功应用到食品安全检测领域。但商品化 SERS 基底的最大问题在于其增强能力有限。以性能较好的 Klarite 芯片为例，其产品手册中给出的性能参数为：对于一般性待测物质，SERS 增强因子为 10^4；对于吸附性较好的物质，SERS 增强因子为 10^6。这样的增强因子远低于单分子检测所需要的增强因子量级。因此，提高基底灵敏度是现有商品化 SERS 基底研究的重点。

图 1.7　商用 SERS 芯片

2. 利用聚焦离子束刻蚀技术制备的 SERS 基底

为了提高基底的 SERS 热点密度，在基底的制备中广泛利用聚焦离子束刻蚀等新兴技术。明尼苏达大学研究人员利用聚焦离子束刻蚀和原子层沉积工艺，制备出了间隙为几纳米到几十纳米的金属结构，如图 1.8(a)所示。他们利用苯硫酚作为拉曼标记物，对 SERS 基底增强特性进行研究，分析结果表明部分区域的 SERS 增强因子可以达到 10^8 以上。加拿大维多利亚大学利用聚焦离子束刻蚀方法制备得到了金属双孔阵列[15]，当两个孔相交时，在金属孔相交位置形成了被称为“光学天线”的纳米尖端，如图 1.8(b)所示。聚焦离子束刻蚀技术具有空间分

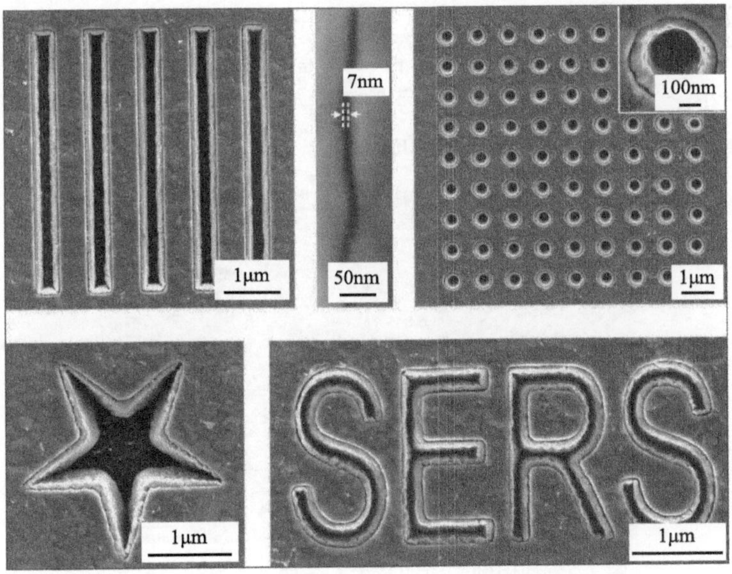

(a)

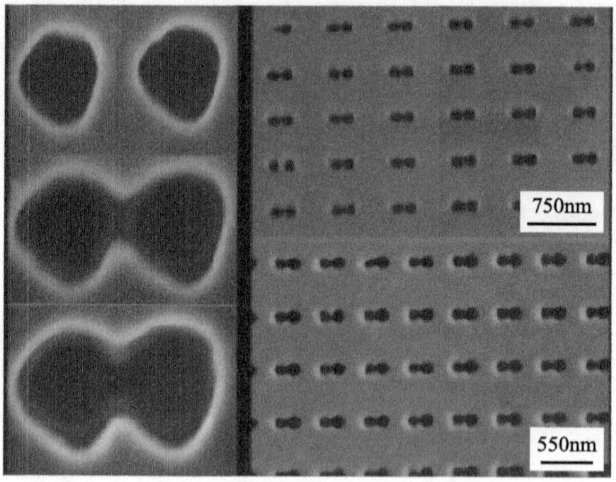

(b)

图 1.8　利用聚焦离子束刻蚀工艺制备的纳米结构

辨率高、操控性好等优点，可以制备带有纳米间隙或纳米尖端的 SERS 基底，可以得到较高的增强因子，然而该技术成本高昂，且生产效率低下，不适于进行大批量规模化生产。

3. 利用纳米压印技术制备的 SERS 基底

纳米压印技术是利用聚合物膜将模板上的图案转移到相应的衬底上，再通过热压或辐射的方法使图案硬化的工艺方法。可以在固化后的聚合物膜上沉积贵金属，并将金属尖端作为 SERS 热点。休利特-帕卡德(Hewlett-Packard)实验室 Williams 研究组利用纳米压印技术制备得到金属圆锥结构[16]，如图 1.9 所示。圆锥尖端曲率小于 10nm，多次测量信号重复性小于 24%。利用双酚-A 聚氧乙烯醚作为拉曼标记物，检测灵敏度低于 10nmol/L。

图 1.9　利用纳米压印技术制备的圆锥状纳米结构

利用纳米压印技术还可以制备柔性的 SERS 基底，利用金属的纳米间隙作为 SERS 热点。Williams 研究组将电子束刻蚀和深反应离子刻蚀相结合，制备出棒状纳米结构模板。利用纳米压印技术制备得到“纳米棒”状聚合物纳米结构，并在其柔性基底上沉积一层金属，可形成金属“纳米指状”阵列结构，如图 1.10 所示[17-19]。待检测物质溶液滴加到该基底上之后，由于溶液挥发和表面张力的作用，指状结构相互靠近，形成纳米间隙。这些间隙在拉曼检测过程中将成为 SERS 热点。热点区域对拉曼信号的贡献大于 60%。这种柔性 SERS 基底的增强因子保守估计可以达到 2×10^{10}，在 1in (1in=2.54cm) 的范围内取多点进行测试，拉曼信号的波动小于 10%。纳米压印技术具有分辨率高、重复性好、制备成本低等优点，是制备 SERS 基底的常用手段之一。

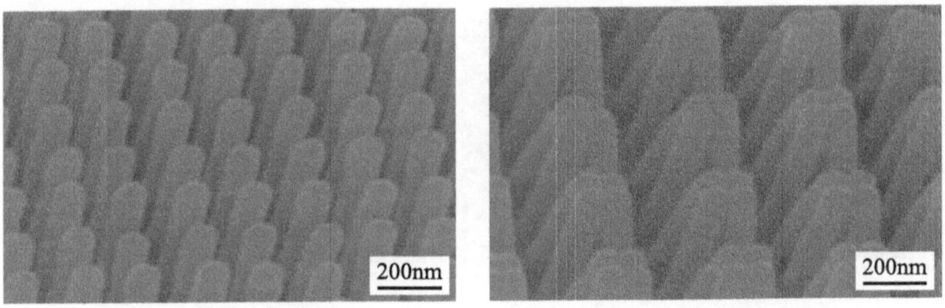

(a)　(b)

图 1.10　利用纳米压印技术制备的“纳米指状”结构阵列

4. 利用纳米球光刻技术制备的 SERS 基底

纳米球光刻 (nanosphere lithograph, NSL) 技术是一种简单、高效、低成本的图案化金属纳米结构制备方法。该方法首先利用胶体球的自组装特性构造二维有序胶体晶体结构，随后采用刻蚀或金属沉积等工艺对胶体晶体进行处理，制备得到二维有序金属纳米结构。美国西北大学 van Duyne 研究组在纳米球光刻技术研究方面做了许多基础性和开创性的工作[20-33]。利用该方法制备的金属纳米结构不仅可以用作 SERS 基底，还可以用于与表面等离子体共振相关的其他领域。德国马克斯-普朗克研究所汪大洋研究组[34]、欧洲先进技术学习研究中心的 Giersig 研究组[35,36]、韩国先进科技研究所的 Yu 研究组[37]在胶体刻蚀和倾斜蒸镀等方面做了充分的研究。虽然并不是所有研究内容都用于 SERS 基底制备，但其研究内容对纳米球光刻技术及 SERS 应用具有借鉴意义。

纳米球光刻的一般操作步骤可以分为：①二维有序胶体晶体的自组装；②胶体晶体刻蚀；③金属沉积；④胶体晶体剥离 (lift-off)。制备得到的典型金属纳米结构包括纳米颗粒上的金膜结构[38-40] (Au film over nanosphere, AuFON)、金属纳米孔阵列结构[41,42]、金属三角锥结构[43,44]、金属三角点结构[45,46]等典型结构，如图 1.11 所示。AuFON 结构的制备是在刻蚀或未经刻蚀的胶体晶体表面直接沉积一层贵金属，其扫描电子显微镜（scanning electron microscope, SEM）形貌如图 1.11（a）所示。金属纳米孔结构的制备是在经过刻蚀的胶体晶体表面沉积贵金属后，将胶体晶体剥离去除得到孔结构，其 SEM 形貌如图 1.11（b）所示。金属三角锥结构是在未经刻蚀或仅进行轻微刻蚀的胶体晶体上沉积较厚的贵金属，使胶体晶体颗粒的间隙自封闭，形成三角锥结构，其 SEM 形貌如图 1.11（c）所示[44]，其高倍镜下 SEM 形貌（简称高倍 SEM 图）如图 1.11（c）中插图所示[43]。三角形金属纳米点的制备方法与金属三角锥纳米结构相同，差别仅是金属沉积厚度较薄，没有形成金属尖端，其 SEM 形貌如图 1.11（d）所示。

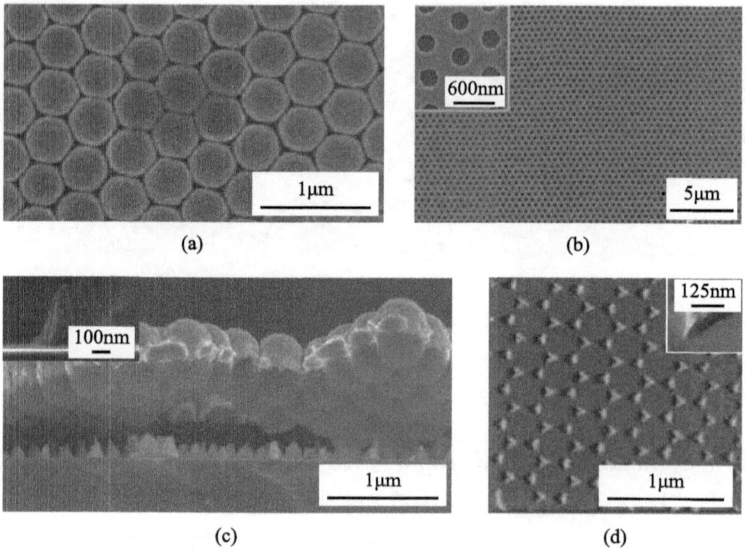

图 1.11　利用 NSL 技术制备的周期性金属纳米结构

目前，文献报道的纳米球光刻技术大多以单层排列的胶体晶体为基础。利用双层排列胶体晶体可以制备多种具有立体形貌的金属纳米结构。北京大学 Xu 研究组利用深反应离子刻蚀技术刻蚀双层二氧化硅胶体晶体，得到具有立体形貌的三瓣形结构，其 SEM 形貌如图 1.12（a）所示[47]。该结构排列整齐，增强因子高，可重复性好。以 R6G 作为拉曼探针测试其 SERS 性能，增强因子可以达到 5×10^7。国防科技大学吴学忠研究组在氧刻蚀的双层聚苯乙烯（polystyrene, PS）胶体晶体表面沉积一层较厚的贵金属，使双层 PS 胶体晶体的缝隙被金属覆盖封闭，剥离后获得六角星锥结构；其仿真结果表明，在六角星锥的尖端和棱角的位置电磁场被极大地增强，提供了大量高强度 SERS 热点[48]。

图 1.12　双层胶体晶体 NSL 技术制备的周期性金属纳米结构

除了改变胶体晶体的层数，还可以通过改变蒸镀参数的方法来改变金属纳米结构的形貌。最为常用的方法是倾斜蒸镀。倾斜蒸镀不同于掠角倾斜蒸镀。在掠角倾斜蒸镀中，倾斜角度一般比较大(>75°)，利用金属原子沉积的自影蔽效应形成不规则排列的金属纳米棒。而倾斜蒸镀往往是利用倾斜角度和胶体晶体之间的遮蔽关系，形成多种形貌的金属纳米结构，如图 1.13 所示。金属沉积角度(θ)定义为金属沉积方向与基底法线的夹角，而基底偏向角度(φ)定义为金属沉积面与相邻两个胶体颗粒连线的夹角。金属沉积角度和基底偏向角度都将影响金属纳米结构的形貌[49]。

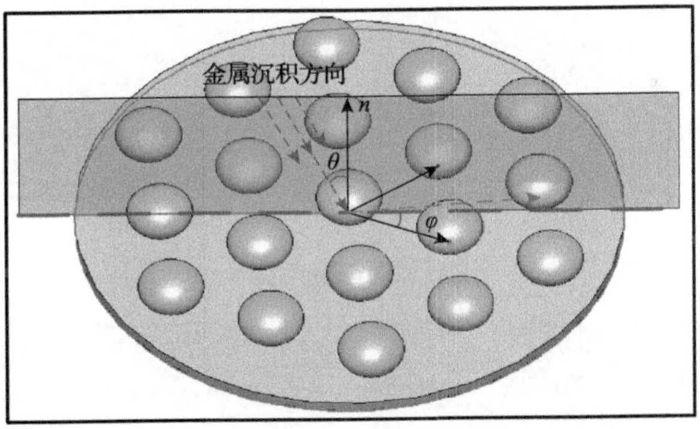

图 1.13　倾斜蒸镀中金属沉积角度示意图

在纳米球光刻过程中改变金属沉积角度，可以获得多种形貌的金属纳米结构，如图 1.14 所示。图 1.14(a)～(d)分别是基底不倾斜(a)、倾斜 30°(b)、倾斜 45°(c)和倾斜 60°(d)时制备的金属纳米结构。金属纳米结构形貌由圆孔变为椭圆孔、带有尖角的纳米带阵列和纳米线阵列。

纳米球光刻技术或者胶体晶体自组装技术可以为其他 SERS 基底的制备提供排列整齐的二维有序结构。美国莱斯大学 Jiang 研究组将纳米球光刻技术与硅的各向异性湿法腐蚀技术相结合制备了金字塔结构阵列，如图 1.15(a)所示[50]。他们分析了金字塔结构阵列表面电磁场分布，并且计算了基底的增强因子。SERS 基底的增强因子为 10^6 左右。此外，加利福尼亚大学 Xie 研究组将金字塔颗粒与石墨烯相结合制备了一种非常灵敏的复合基底[51]，其增强因子可以达到 10^{10}，可以应用于单分子检测。新加坡南洋理工大学 Fan 研究组将 NSL 技术与真空退火技术相结合，制备得到了碗中颗粒金属纳米结构，其 SEM 图如图 1.15(b)所示。仿真计算显示，在金属碗与颗粒之间的间隙处形成了极大的电磁场增强，基底的增强因子可以达到 3.8×10^7。

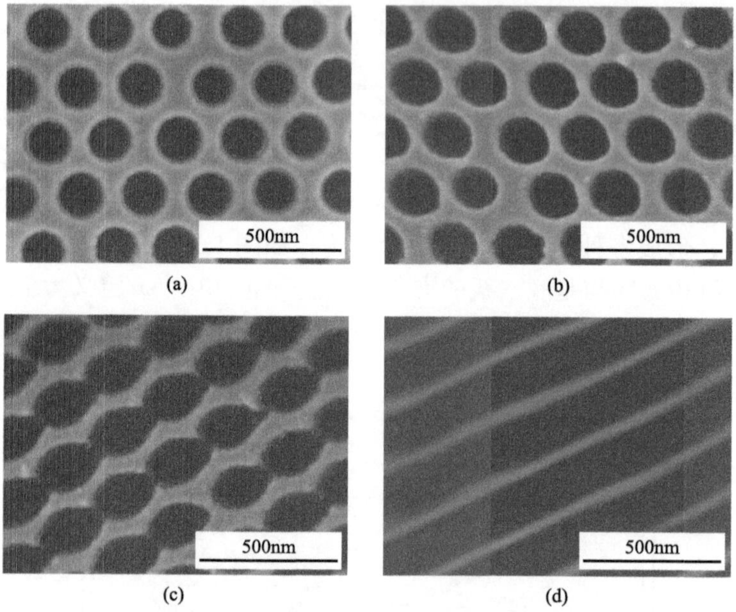

图 1.14　倾斜蒸镀制备的金属纳米结构

图 1.15　以 NSL 技术作为基础制备的金属纳米结构

除了上面介绍的典型制备方法，还有多种制备手段可以用于金属纳米结构 SERS 基底的制备，如掠角倾斜蒸镀法[52-57]、退火法[58-61]及原子层沉积分隔法[62-66]

等。这些方法制备得到的 SERS 芯片具有操作方便、形貌可控、稳定性强和重复性好等优点。然而，制备金属纳米结构 SERS 基底的仪器相对复杂且昂贵。此外，为了得到高性能 SERS 基底，往往需要制备具有复杂形貌的金属纳米结构，这又增加了制备工艺的复杂程度。而复杂的制备工艺不利于 SERS 基底的低成本和可重复制备。

1.2.2　金属纳米颗粒溶胶 SERS 基底

金属纳米颗粒溶胶也是常用的 SERS 基底，通常利用化学合成方法制备，悬浮于溶液中的金属纳米颗粒粒径通常小于 100μm。作为 SERS 基底时，在金属纳米颗粒结合位置可以形成拉曼热点。以金属溶胶颗粒的形态进行分类，可以分为直接合成的金属纳米颗粒、核壳结构纳米颗粒以及脱氧核糖核酸（deoxyribonucleic acid, DNA）调节间隙的纳米颗粒。

1. 金/银纳米颗粒溶胶

利用还原剂与含有贵金属离子的溶液进行反应，可以制备得到金属纳米颗粒溶胶。常用的还原剂包括柠檬酸钠、维生素 A、碳酸钾、葡萄糖等；而含有贵金属离子的试剂通常为氯金酸或硝酸银[67]。在金属纳米颗粒溶胶制备过程中，通过改变温度、试剂浓度和添加剂等反应条件，可以对金属纳米颗粒溶胶的形貌进行控制。通过控制纳米颗粒形貌可以有效调节金属纳米颗粒表面电磁场的分布和耦合。化学还原方法制备的金属溶胶颗粒通常为球状。通过表面改性的方法可以实现多种形貌金属纳米颗粒的可控制备，如图 1.16 所示。

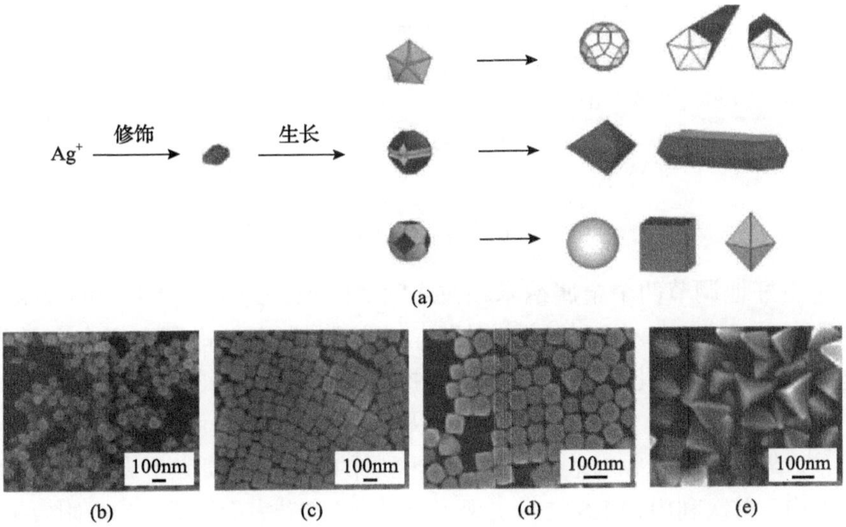

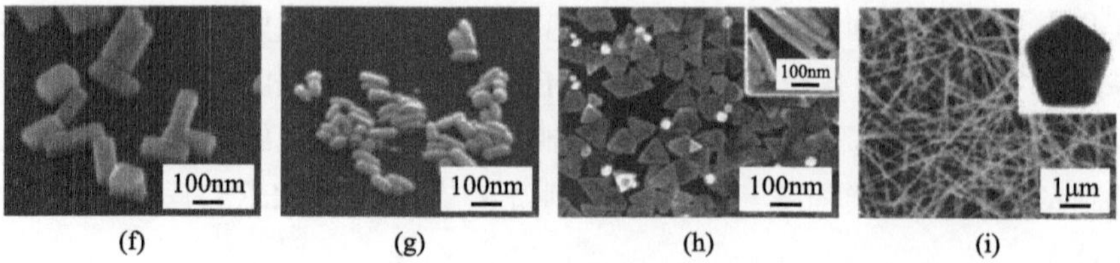

图 1.16　不同形貌金属纳米颗粒溶胶制备示意图

2. 核壳结构金属纳米颗粒溶胶

利用还原法合成的单一材质金属纳米颗粒并不能完全满足 SERS 应用的需求。为了方便调节金属纳米颗粒的光学特性，方便控制金属纳米颗粒的结构尺寸，方便金属纳米颗粒的标记和修饰，通常在单一金属溶胶颗粒上再复合一层新的材料形成核壳结构的金属纳米颗粒。

银纳米颗粒具有优越的表面等离子体特性。然而，如何精确地控制银纳米颗粒的粒径却是一个难题。金纳米颗粒制备技术比较成熟，可以精确地控制粒径。因此，可以将金纳米颗粒作为种子，在外面包裹银壳，形成金核银壳结构。西班牙维戈大学的 Pastoriza-Santos 研究组系统地研究了金核银壳纳米颗粒合成方法和粒径控制方法，制备了从 30nm 到 110nm 的金核银壳纳米颗粒，研究了各种粒径金核银壳结构的消光光谱特性以及在不同波长激发光下的 SERS 特性，如图 1.17 所示[68]。

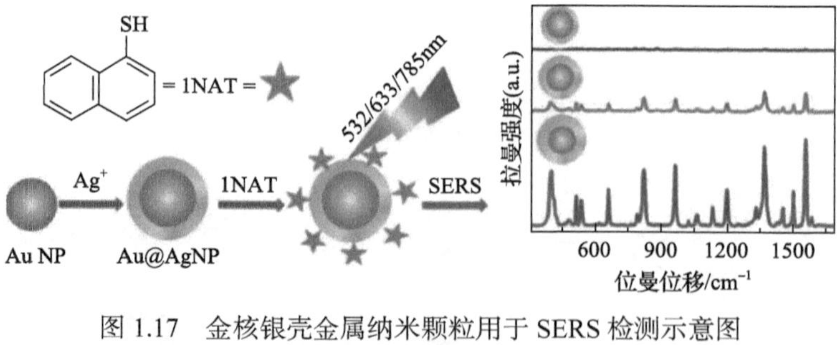

图 1.17　金核银壳金属纳米颗粒用于 SERS 检测示意图

为了更好地调节两个金属纳米颗粒之间的间隙，达到“借力”的效果，在金属纳米颗粒表面沉积一层二氧化硅壳[69]。厦门大学李剑锋研究组在金纳米颗粒表面包裹了一层二氧化硅壳，并进一步提出壳层隔离的纳米颗粒增强拉曼光谱技术，如图 1.18 所示。利用这种技术可以在任何形貌的表面上检测物质的化学键振动[70-75]。调节金纳米颗粒表面二氧化硅壳层的厚度，并研究了壳层厚度对 SERS 效果的影响。首次利用 SERS 技术实现了金属(Pt)和硅表面氢原子的吸附效果检测，还以酵母和水果表面的农药残留为例进一步阐述了该技术的应用。

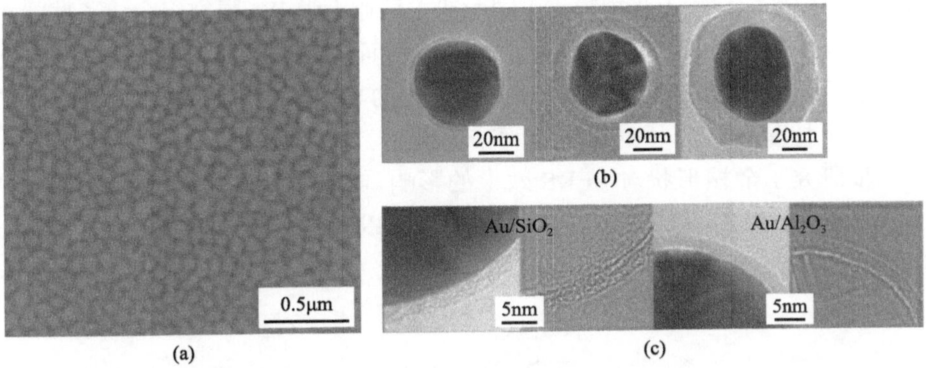

图 1.18　不同结构尺寸金核硅/铝壳纳米颗粒

为了方便金属纳米颗粒溶胶的稳定存储以及对金属溶胶进行生物修饰，需要对合成的金属溶胶进行反复清洗。而金属溶胶清洗通常采用重旋离心的方法，使金属溶胶与溶剂分离。这种方法操作复杂，并且会造成金属溶胶的损耗。利用磁性材料作为核壳结构的核，能很好地解决损耗问题。在磁性材料表面包裹一层或几层金壳或银壳，既能够保证基底的 SERS 活性，又具有良好的操作性[76-81]，将磁铁置于溶液附近就能够将金属纳米颗粒富集。美国怀俄明州大学研究组合成了内部嵌有磁性材料的核壳结构[82,83]。当有磁场作用时，核壳结构粒子会聚集，从而提高了拉曼检测的可控性，如图 1.19 所示。

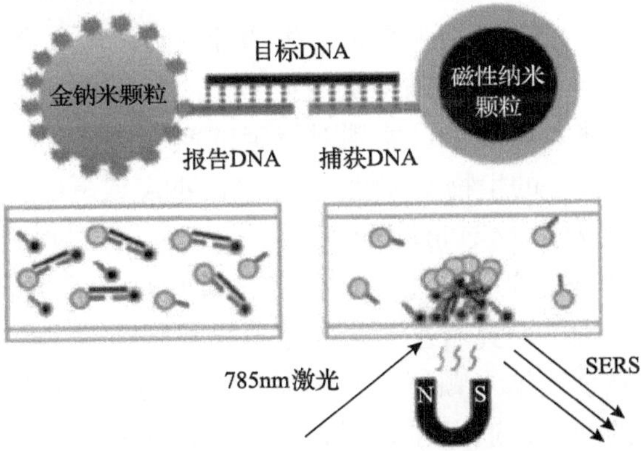

图 1.19　磁性核壳纳米颗粒用于生化检测的示意图

利用核壳结构中还可以嵌入拉曼标记分子形成 SERS 标签(SERS tag)。SERS 标签广泛应用于有标记的 SERS 检测技术中，关于 SERS 标签的研究已经成为 SERS 研究的热点之一。已经出现多篇关于 SERS 标签的综述性文章[84-88]。利用核壳结构将拉曼标记分子嵌入核与壳之间，能够极大地激发拉曼标记物的信号，同时能够保护拉曼标记物不受损失。美国西弗吉尼亚大学 Wu 研究组合成了球状、棒状和星状金纳米颗粒作为金核，并且在金核表面修饰一层孔雀石绿(一种拉曼标记物)，随后包裹一层二氧化硅，形成核壳结构的 SERS 标签，如图 1.20 所示[89,90]。金核方便了拉曼标记分子的修饰，而二氧化硅壳能够方便后续的生物修饰。他们进一步研究了金核形状对 SERS 效果的影响，电磁场计算结果和实验测试均显示星状金核的 SERS 性能最高，棒状金核的 SERS 性能其次，球状金核的 SERS 性能最低。

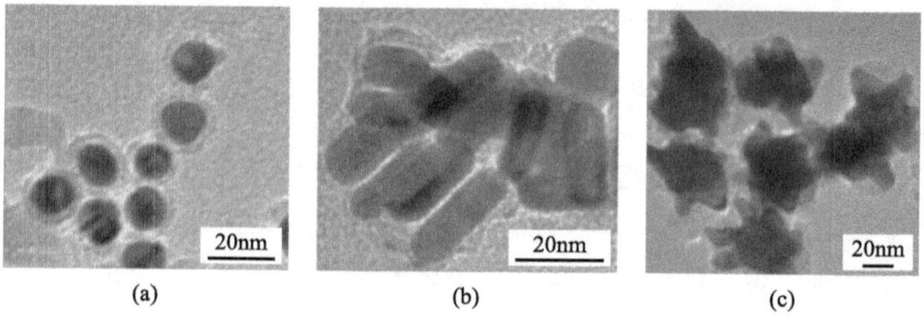

图 1.20　作为 SERS 标签的金核二氧化硅壳结构

3. 基于 DNA 调控间隙的溶胶颗粒

金属纳米颗粒作为 SERS 基底需要在两个金属纳米颗粒之间形成间隙，进而产生 SERS 热点。为形成金属纳米粒子簇，通常将盐溶液加入金属溶胶中，改变纳米粒子的表面电荷，使金属纳米粒子产生物理吸附，形成金属纳米粒子簇[91]。此外，还可以在金属粒子表面修饰特定的化学基团，待检测物与化学基团发生反应后，将导致金属纳米颗粒团聚，实现对特定试剂的特异性检测[92,93]。

金纳米颗粒具有良好的生物亲和性，能够与 DNA 或蛋白质形成物理吸附或化学键结合。美国西北大学 Mirkin 最早实现了巯基修饰 DNA 单链与金纳米颗粒的共价键结合，并研究了试剂浓度、加盐老化时间、pH 等因素对结合效率的影响[94,95]。伊利诺伊州大学研究者进一步规范了巯基修饰的 DNA 与金纳米颗粒结合的工艺方法[96]。在金属纳米颗粒表面修饰 DNA，通过 DNA 链长可以控制两个金属纳米颗粒之间的间隙，通过在表面离子沉积的方法可以进一步调节金属纳米颗粒的间隙[97-99]。韩国首尔大学 Nam 研究组利用 DNA 调控技术，精确地将金属纳米颗粒的间隙控制到 1nm，使 SERS 基底具有强大的 SERS 活性[98]。通过对 200 个独立金属纳米颗粒进行测试，90%以上颗粒的增强因子可以达到 10^8，并且这些增强因子集中分布在从 1.0×10^8 到 5.0×10^9 的狭窄范围内，具有良好的一致性，如图 1.21 所示。

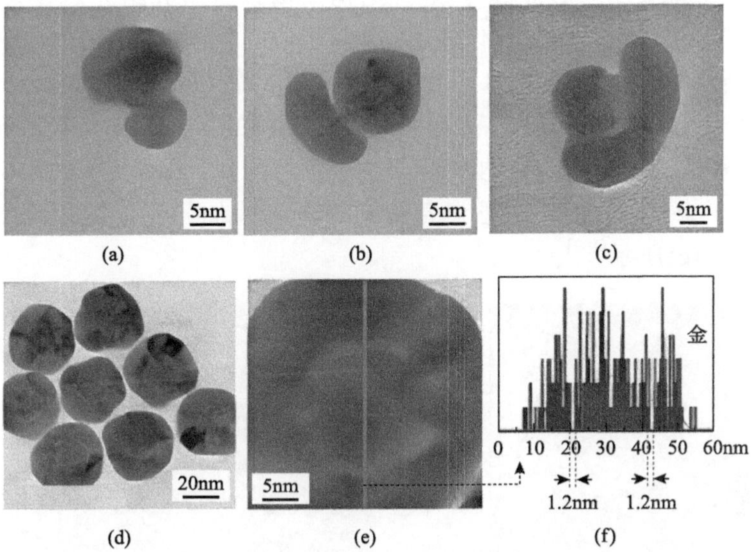

图 1.21　通过 DNA 杂交调控间隙的金属纳米颗粒溶胶

金属纳米颗粒溶胶作为 SERS 基底具有增强因子高、粒径和形貌可控、生物相容性好等优点。然而，金属纳米颗粒溶胶可能会因为长时间存放或振动而失效，基底稳定性差。纳米溶胶颗粒的聚集与分散可控性差，纳米颗粒团聚的大小和间隙也不固定，导致 SERS 热点不稳定。

1.2.3　复合 SERS 基底研究现状

复合 SERS 基底是将固态 SERS 芯片和金属溶胶颗粒相结合，形成一种新的 SERS 基底。最简单的复合 SERS 基底就是在贵金属表面或者金属膜表面结合金属溶胶颗粒。湖南大学俞汝勤研究组将金纳米颗粒自组装到金平面上，并将该结构作为 SERS 基底检测炭疽杆菌标记物 2,6-吡啶二羧酸的钙盐，获得了良好的检测效果[100,101]。汪尔康研究组利用巯基硅烷作为媒介在金膜表面自组装一层银纳米颗粒，并且以 R6G 和 PATP 作为拉曼标记物对该基底进行了原子力显微镜(atomic force microscope, AFM)表征，如图 1.22 所示[102]。测试结果显示，有大量的银溶胶颗粒结合在金膜表面，相比于粗糙化的贵金属表面，该基底拥有更好的 SERS 性能。韩国首尔大学 Shin 研究组以 PATP 作为媒介连接铂纳米颗粒和银平面，并且利用算法对铂颗粒与银平面之间的热点进行了计算和表征[103]，如图 1.22(b)所示。此外，该研究组还研究了 Au-Au 和 Ag-Au 等不同类型纳米间隙形成的热点对于对苯二甲氰中化学键振动的影响[104]。

除了在金平面上复合金属纳米颗粒，更多的研究是利用溅射技术将银溅射到硅纳米球或纳米线上形成硅-银复合结构。杨景海研究组先后在整齐排列的PS 球表面溅射了银颗粒和二氧化硅层，并将形成的复合基底用于 SERS 检测，如图 1.23(a)所示[105]。然而，该基底的增强因子相对较小，仅为 4.41×10^5。苏州大学与香港城市大学合作，开展了基于硅基纳米结构的复合 SERS 基底研究，他们利用原位生长法制备得到的硅纳米线-银纳米颗粒的复合结构[106]，如图 1.23(b)所示，利用离子束溅射沉积的方法制备得到的硅纳米锥阵列-银纳米颗粒的复合结构，如图 1.23(c)所示[107]。

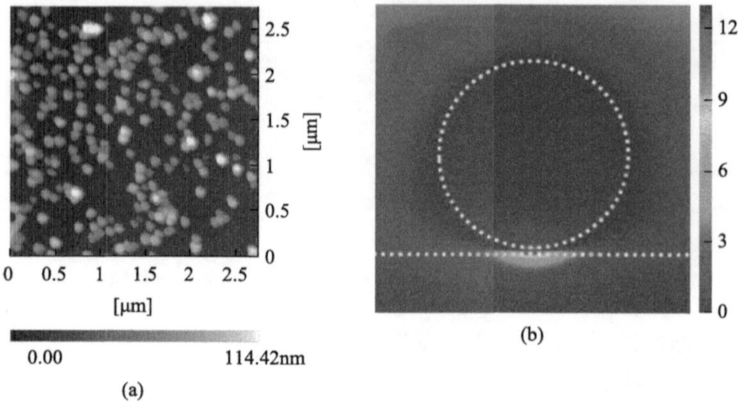

图 1.22　金膜上金属溶胶颗粒的 AFM 表征及其仿真结果

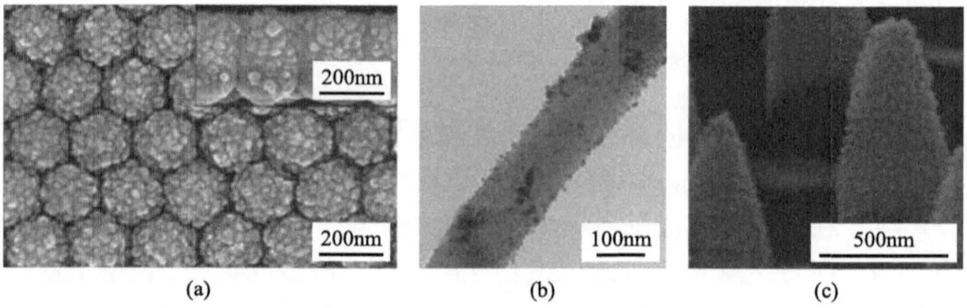

图 1.23　硅-银复合的纳米结构

金属纳米颗粒与孔结构在形貌上具有良好的互补性。纳米孔和金属纳米颗粒的结合可以形成具有新形貌的复合型 SERS 基底。浙江大学徐志康研究组利用蜂巢状的聚合物孔阵列作为支撑基底，在其表面上原位生长出一层银纳米颗粒，如图 1.24(a)所示[108]。制备的复合 SERS 基底的性能与硝酸银溶液的浓度相关，最大的增强因子可以达到 4×10^8。该结构中孔的尺寸较大，阳极氧化铝具有大量纳米级别的孔结构。因此，金属纳米颗粒还可以与阳极氧化铝复合。中国科学院王占国研究组利用电镀的方法在阳极氧化铝模板中制备了银纳米结构，如图 1.24(b)

所示[108]。在检测目标产物时，再复合一层银纳米颗粒，进一步增强基底的 SERS 效果。该基底针对 R6G 的灵敏度可以达到 10^{-19}mol/L，以此计算基底的增强因子可以达到 3×10^{16}。

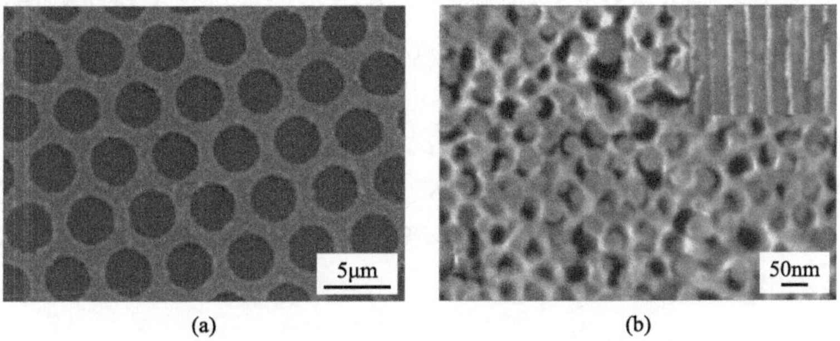

图 1.24　孔与金属纳米颗粒复合的纳米结构

除了上述介绍的复合 SERS 基底，目前 SERS 基底制备领域存在一种趋势，即在多种类型的材质上沉积金属纳米溶胶，形成一种简单且方便使用的 SERS 基底[109]。由于种类和制作方法多且繁杂，这里不再仔细介绍。虽然目前存在上述关于复合 SERS 基底的报道，但是对复合 SERS 基底的研究并不充分，需要对其进行系统的研究。

1.3　SERS 技术生化传感应用研究现状

基于 SERS 技术的生化检测方法可以分为两类。一类是无标记检测法或内源法，这种方法利用 SERS 技术直接获得待检测物的分子特征谱图。另一类是标记检测法或外源法，这种方法将目标物与具有一定强度及可分辨的拉曼标记物通过吸附、杂交等方法相连，通过间接检测拉曼标记物的方法实现生物传感。SERS 技术已经在小分子检测、核酸检测、蛋白检测、致病细菌检测等多个方面得到应用。在具体介绍中，本章侧重于检测技术方案的介绍。

1.3.1　基于 SERS 技术的小分子检测

在过去的几年时间中，多起食品安全问题被报道，包括非法食品添加剂和农药残留等，造成了严重的经济损失和极其恶劣的社会影响。非法食品添加剂或农药残留往往具有特异性的拉曼特征峰，将这些小分子置于 SERS 基底上，就可以对其进行特异性检测。利用 SERS 技术进行小分子检测具有灵敏度高、特异性好和检测速度快的优点。普渡大学 Irudayaraj 研究组发表了一篇综述性文章，对 SERS 技术在食品安全检测方面的应用进行了详细的介绍[110]。

2008 年，中国爆发了部分奶粉非法添加三聚氰胺事件，三聚氰胺快速检测成为生化检测的研究热点。中国科学院[93]、美国 Hewlett-Packard 实验室[17]、美国马里兰大学[111,112]、美国食品药品监管会[113]、中国复旦大学[114]等多家单位的多个研究组分别基于不同的SERS基底和技术方案实现了对三聚氰胺的快速检测，检测极限均可以达到国家食品安全标准。此外，对农药残留的 SERS 检测也是研究的热点。中国科技大学[69]、厦门大学[115]、东南大学[116]，韩国汉阳大学[115]、标准与科学研究所[117]，葡萄牙阿威罗大学[118]等都进行了具有特色的工作。

除了非法添加剂和农药残留，SERS 技术还被应用在三硝基甲苯检测[119-122]、三磷酸腺苷检测[123,124]和重金属离子水环境污染检测[125,126]中。SERS 技术在小分子检测领域显示出巨大的应用潜力。

1.3.2　基于 SERS 技术的核酸检测

核酸中包含生物的遗传信息，能够区分生物的种属特性，是一种优秀的生物识别分子。基于 SERS 技术的核酸检测包括直接检测核酸本身信号的非标记检测[127-130]和检测拉曼标记物的标记检测[89,95,96,131-134]。针对核酸的检测，非标记检测研究相对较少，更多的研究者采用拉曼标记的核酸检测方案。基于拉曼标记的核酸检测在技术实现上又可以进一步分为“发卡环”结构的核酸检测方案和“三明治”结构的核酸检测方案。

“发卡环”结构的核酸检测是基于 SERS 增强对距离的敏感特性[135-137]，选择两端碱基排列可以互补的一段核酸作为探针，核酸探针一端固定在 SERS 基底表面，另一端连接拉曼标记物。当没有目标核酸出现时，核酸探针两端相互杂交，使拉曼标记物靠近 SERS 基底，其信号得到了极大的增强。当目标核酸出现时，核酸探针和目标探针杂交形成双链核酸。由于双链核酸具有一定的刚度，使拉曼标记分子远离 SERS 基底表面，SERS 信号急剧衰减。该检测方法的原理如图 1.25 所示。进一步发展该方法，可以形成多种改进的检测方案。

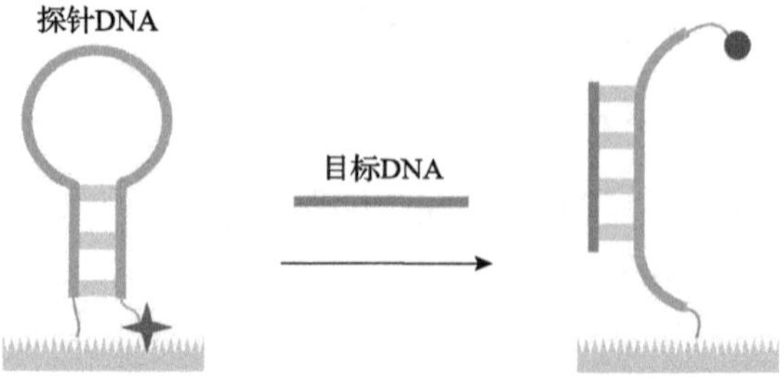

图 1.25　基于“发卡环”探针构象的 SERS 核酸检测方法

基于“三明治”结构的核酸检测方案是基于核酸本身的特异性结合，判读拉曼标记分子的 SERS 信号的检测技术，其原理如图 1.26 所示。首先，将核酸探针固定在 SERS 基底上；当目标核酸出现时，将与探针核酸杂交；随后，报告核酸将与目标核酸的剩余碱基结合，形成“三明治”结构。报告核酸和拉曼标记分子都修饰在金属纳米颗粒上。当目标核酸出现时，核酸杂交能够完成，可以检测到拉曼标记物的信号。当无目标核酸出现时，核酸杂交能够完成，报告核酸就不会被捕获，也就不会出现拉曼信号。

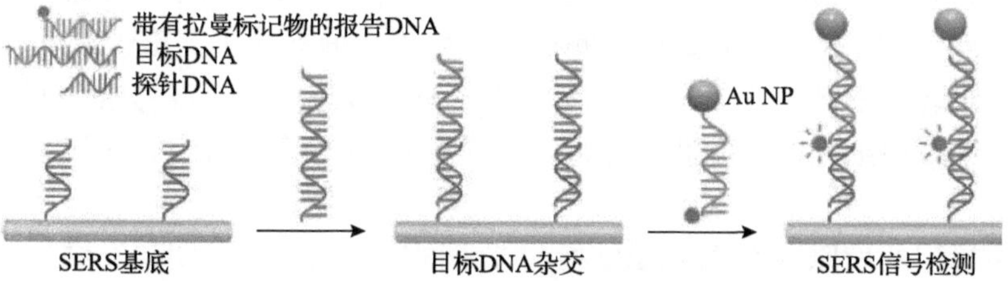

图 1.26　基于“三明治”结构的 SERS 核酸检测方法

1.3.3　基于 SERS 技术的蛋白质检测

蛋白质是构成细胞的基本有机物，是生命活动的主要承担者，也是生物的特征识别物质。基于 SERS 技术的蛋白质检测可以分为非标记检测和标记检测。非标记检测是通过检测氨基酸残基的振动信息对蛋白质进行识别，目前研究不多[138,139]。拉曼标记的蛋白质检测一般通过构建“探针抗体-抗原-标记抗体”夹心“三明治”结构来实现，其检测方法的原理如图 1.27 所示。与“三明治”结构的核酸检测相似，检测过程中首先将蛋白质探针固定在 SERS 基底上，用探针来捕获目标蛋白质，再在目标蛋白质上结合带有拉曼标记物的第二抗体(二抗)。这种检测方法的特异性依靠抗原-抗体的特异性结合来体现，是一种经典的检测方案。美国爱荷华州立大学的 Porter 研究组在拉曼标记蛋白质检测方面做了许多开创性的工作[67,140-144]。他们构建了 SERS 免疫芯片，并且对胰腺癌病人血清样品进行了检测和分析，在临床应用上展现出巨大的潜力。

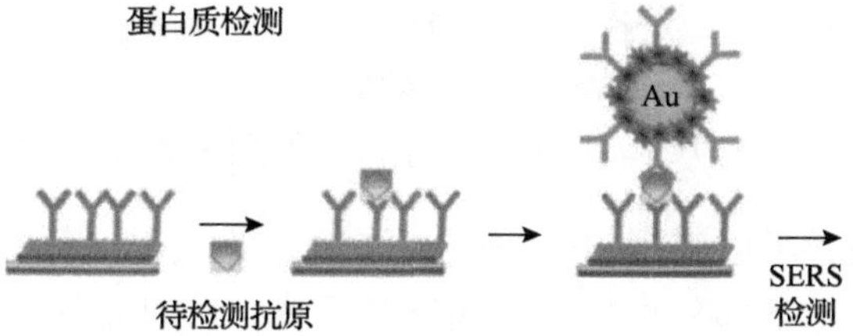

图 1.27　基于“三明治”结构的 SERS 蛋白质检测方法

1.3.4　基于 SERS 技术的病原微生物检测

基于 SERS 技术的病原微生物检测同样可以分为非标记检测和标记检测两类。1993 年，Magee 提出了“全生物体指纹图谱”（whole-organism fingerprinting）的概念[145]，阐明可以利用整个生物体的指纹图谱对病原微生物进行识别和检测。微生物表面含有多种复杂的生物大分子，如蛋白质、多糖等。利用 SERS 技术可以采集到病原微生物的“指纹谱”，实现对病原微生物的原位无损检测[146,147]。王玉麟研究组在 SERS 技术非标记检测病原微生物方面取得了突破[148]，他们将银纳米颗粒自组装在阳极氧化铝中，随后在基底表面包裹一层万古霉素。万古霉素可以与血液中细菌细胞壁上的肽聚糖形成氢键，提高了细菌捕获效率和 SERS 信号强度。

拉曼标记的病原微生物 SERS 检测技术同样是采用“三明治”结构的检测方案。为捕捉病原微生物，通常选用抗原、抗体或适配体对病原微生物进行识别。美国爱荷华州立大学的 Porter 研究组首次利用“三明治”结构的检测方案对猫杯状病毒进行了检测，检测原理如图 1.28 所示[149]。普渡大学 Ravindranath 研究组在金、银、银核金壳粒子上分别修饰了鼠伤寒沙门氏菌的适配体、金黄色葡萄球菌的抗体和大肠杆菌的抗体，通过混合过滤后检测其拉曼信号，实现了同时对多种细菌的多通道特异性进行检测[150]。

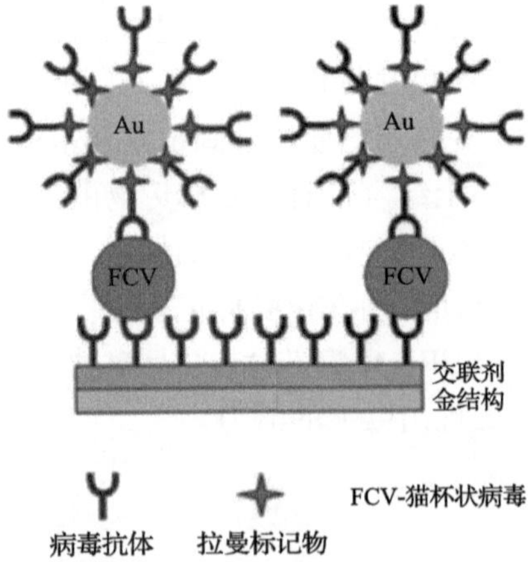

图 1.28　基于“三明治”结构的 SERS 病毒检测方法

利用 SERS 技术可以实现对小分子、核酸、蛋白质和病原微生物等多种生物化学物质的检测。对于部分小分子和病原微生物，可以直接获得其拉曼本征峰，实现特异性检测。而对于核酸、蛋白质及部分病原微生物，主要检测方法仍然是基于“三明治”结构的检测方案。这种能够介导金属纳米粒子的“三明治”结构可以看作金属纳米颗粒溶胶与固态 SERS 基底的复合。

参 考 文 献

[1] Smekal A. Zur quantentheorie der dispersion. Naturwissenschaften, 1923, 11(43): 873-875.

[2] Raman C V, Krishnan K S. A new type of secondary radiation. Nature, 1928, 121(3048): 501-502.

[3] Fleischmann M, Hendra P J, McQuillan A J. Raman spectra of pyridine adsorbed at a silver electrode. Chemical Physics Letters, 1974, 26(2): 163-166.

[4] Albrecht M G, Creighton J A. Anomalously intense Raman spectra of pyridine at a silver electrode. Journal of the American Chemical Society, 1977, 99(15): 5215-5217.

[5] Otto A. The 'chemical' (electronic) contribution to surface-enhanced Raman scattering. Journal of Raman Spectroscopy, 2005, 36(6-7): 497-509.

[6] Barnes W L, Dereux A, Ebbesen T W. Surface plasmon subwavelength optics. Nature, 2003, 424(6950): 824-830.

[7] Jensen L, Aikens C M, Schatz G C. Electronic structure methods for studying surface-enhanced Raman scattering. Chemical Society Reviews, 2008, 37(5): 1061-1073.

[8] 杨志林. 金属纳米粒子的光学性质及过渡金属表面增强拉曼散射的电磁场机理研究. 厦门: 厦门大学, 2006.

[9] Moskovits M. Surface-enhanced spectroscopy. Reviews of Modern Physics, 1985, 57(3): 783-826.

[10] 丁松园, 吴德印, 杨志林, 等. 表面增强拉曼散射增强机理的部分研究进展. 高等学校化学学报, 2008, 29(12): 2569-2581.

[11] Hildebrandt P, Stockburger M. Surface-enhanced resonance Raman spectroscopy of Rhodamine 6G adsorbed on colloidal silver. The Journal of Physical Chemistry, 1984, 88(24): 5935-5944.

[12] Le Ru E C, Blackie E, Meyer M, et al. Surface enhanced Raman scattering enhancement factors: A comprehensive study. The Journal of Physical Chemistry C, 2007, 111(37): 13794-13803.

[13] Vo-Dinh T. Surface-enhanced Raman spectroscopy using metallic nanostructures. TrAC Trends in Analytical Chemistry, 1998, 17(8-9): 557-582.

[14] Zou H, Wu S S, Shen J. Polymer/silica nanocomposites: Preparation, characterization, properties, and applications. Chemical Reviews, 2008, 108(9): 3893-3957.

[15] Gordon R, Sinton D, Kavanagh K L, et al. A new generation of sensors based on extraordinary optical transmission. Accounts of Chemical Research, 2008, 41(8): 1049-1057.

[16] Wu W, Hu M, Ou F S, et al. Cones fabricated by 3D nanoimprint lithography for highly sensitive surface enhanced Raman spectroscopy. Nanotechnology, 2010, 21(25): 255502.

[17] Kim A, Barcelo S J, Williams R S, et al. Melamine sensing in milk products by using surface enhanced raman scattering. Analytical Chemistry, 2012, 84(21): 9303-9309.

[18] Ge H X, Wu W, Li Z Y, et al. Cross-linked polymer replica of a nanoimprint mold at 30nm half-pitch. Nano Letters, 2005, 5(1): 179-182.

[19] Hu M, Ou F S, Wu W, et al. Gold nanofingers for molecule trapping and detection. Journal of the American Chemical Society, 2010, 132(37): 12820-12822.

[20] Camden J P, Dieringer J A, Zhao J, et al. Controlled plasmonic nanostructures for surface-enhanced spectroscopy and sensing. Accounts of Chemical Research, 2008, 41(12): 1653-1661.

[21] Greeneltch N G, Blaber M G, Henry A I, et al. Immobilized nanorod assemblies: Fabrication and understanding of large area surface-enhanced Raman spectroscopy substrates. Analytical Chemistry, 2013, 85(4): 2297-2303.

[22] Haynes C L, McFarland A D, van Duyne R P. Surface-enhanced Raman spectroscopy. Analytical Chemistry, 2005, 77(17): 338 A-346 A.

[23] Yuen J M, Shah N C, Walsh J T Jr, et al. Transcutaneous glucose sensing by surface-enhanced spatially offset Raman spectroscopy in a rat model. Analytical Chemistry, 2010, 82(20): 8382-8385.

[24] Kreno L E, Leong K, Farha O K, et al. Metal-organic framework materials as chemical sensors. Chemical Reviews, 2012, 112(2): 1105-1125.

[25] Fan M K, Cheng F S, Wang C, et al. SERS optrode as a “fishing rod” to direct pre-concentrate analytes from superhydrophobic surfaces. Chemical Communications, 2015, 51(10): 1965-1968.

[26] Haes A J, Zhao J, Zou S L, et al. Solution-phase, triangular ag nanotriangles fabricated by nanosphere lithography. The Journal of Physical Chemistry B, 2005, 109(22): 11158-11162.

[27] Haes A J, Zou S L, Schatz G C, et al. A nanoscale optical biosensor: The long range distance dependence of the localized surface plasmon resonance of noble metal nanoparticles. The Journal of Physical Chemistry B, 2004, 108(1): 109-116.

[28] Haes A J, Zou S L, Schatz G C, et al. Nanoscale optical biosensor: Short range distance dependence of the localized surface plasmon resonance of noble metal nanoparticles. The Journal of Physical Chemistry B, 2004, 108(22): 6961-6968.

[29] Haynes C L, McFarland A D, Smith M T, et al. Angle-resolved nanosphere lithography: Manipulation of nanoparticle size, shape, and interparticle spacing. The Journal of Physical Chemistry B, 2002, 106(8): 1898-1902.

[30] Haynes C L, van Duyne R P. Nanosphere lithography: A versatile nanofabrication tool for studies of size-dependent nanoparticle optics. The Journal of Physical Chemistry B, 2001,

105(24): 5599-5611.

[31] Hicks E M, Zhang X Y, Zou S L, et al. Plasmonic properties of film over nanowell surfaces fabricated by nanosphere lithography. The Journal of Physical Chemistry B, 2005, 109(47): 22351-22358.

[32] Hulteen J C, Treichel D A, Smith M T, et al. Nanosphere lithography: Size-tunable silver nanoparticle and surface cluster arrays. The Journal of Physical Chemistry B, 1999, 103(19): 3854-3863.

[33] Jensen T R, Malinsky M D, Haynes C L, et al. Nanosphere lithography: Tunable localized surface plasmon resonance spectra of silver nanoparticles. The Journal of Physical Chemistry B, 2000, 104(45): 10549-10556.

[34] Zhang G, Wang D Y, Möhwald H. Fabrication of multiplex quasi-three-dimensional grids of one-dimensional nanostructures via stepwise colloidal lithography. Nano Letters, 2007, 7(11): 3410-3413.

[35] Kosiorek A, Kandulski W, Chudzinski P, et al. Shadow nanosphere lithography: Simulation and experiment. Nano Letters, 2004, 4(7): 1359-1363.

[36] Kosiorek A, Kandulski W, Glaczynska H, et al. Fabrication of nanoscale rings, dots, and rods by combining shadow nanosphere lithography and annealed polystyrene nanosphere masks. Small, 2005, 1(4): 439-444.

[37] Yang S M, Jang S G, Choi D G, et al. Nanomachining by colloidal lithography. Small, 2006, 2(4): 458-475.

[38] Liu G Q, Li Y, Duan G T, et al. Tunable surface plasmon resonance and strong SERS performances of Au opening-nanoshell ordered arrays. ACS Applied Materials & Interfaces, 2012, 4(1): 1-5.

[39] Liu X F, Sun C H, Linn N C, et al. Wafer-scale surface-enhanced Raman scattering substrates with highly reproducible enhancement. The Journal of Physical Chemistry C, 2009, 113(33): 14804-14811.

[40] Farcau C, Astilean S. Mapping the SERS efficiency and hot-spots localization on gold film over nanospheres substrates. The Journal of Physical Chemistry C, 2010, 114(27): 11717-11722.

[41] Lee S H, Bantz K C, Lindquist N C, et al. Self-assembled plasmonic nanohole arrays. Langmuir, 2009, 25(23): 13685-13693.

[42] Li Z, Cai H, Han Z, et al. Symmetry-dependent plasmonic properties of three-dimensional hybrid metallic manostructure arrays. The Journal of Physical Chemistry C, 2012, 116(33): 17781-17786.

[43] Ye S R, Routzahn A L, Lloyd Carroll R. Fabrication of 3D metal dot arrays by geometrically structured dynamic shadowing lithography. Langmuir, 2011, 27(22): 13806-13812.

[44] Akinoglu E M, Morfa A J, Giersig M. Understanding anisotropic plasma etching of two-dimensional polystyrene opals for advanced materials fabrication. Langmuir, 2014, 30(41): 12354-12361.

[45] Niepel M S, Fuhrmann B, Leipner H S, et al. Nanoscaled surface patterns influence adhesion and growth of human dermal fibroblasts. Langmuir, 2013, 29(43): 13278-13290.

[46] Zrimsek A B, Henry A I, van Duyne R P. Single molecule surface-enhanced Raman spectroscopy without nanogaps. The Journal of Physical Chemistry Letters, 2013, 4(19): 3206-3210.

[47] Qian C, Ni C, Yu W X, et al. Highly-ordered, 3D petal-like array for surface-enhanced raman scattering, 2011, 7(13): 1801-1806.

[48] 邸荻. 多构型周期性金属纳米结构的微纳融合可控制备及光学特征. 长沙: 国防科学技术大学, 2014.

[49] 陈计伟. SERS 生物传感设计新方法及新型纳米颗粒 SERS 标记物的研究. 长沙: 湖南大学, 2008.

[50] Lin T H, Linn N C, Tarajano L, et al. Electrochemical SERS at periodic metallic nanopyramid arrays. The Journal of Physical Chemistry C, 2009, 113(4): 1367-1372.

[51] Wang P, Liang O, Zhang W, et al. Ultra-sensitive graphene-plasmonic hybrid platform for label-free detection. Advanced Materials, 2013, 25(35): 4918-4924.

[52] Hennigan S L, Driskell J D, Ferguson-Noel N, et al. Detection and differentiation of avian mycoplasmas by surface-enhanced Raman spectroscopy based on a silver nanorod array. Applied and Environmental Microbiology, 2012, 78(6): 1930-1935.

[53] Abell J L, Garren J M, Zhao Y P. Dynamic rastering surface-enhanced Raman scattering (SERS) measurements on silver nanorod substrates. Applied Spectroscopy, 2011, 65(7): 734-740.

[54] Zhou Q, He Y P, Abell J, et al. Surface-enhanced Raman scattering from helical silver nanorod arrays. Chemical Communications, 2011, 47(15): 4466-4468.

[55] Zhao Y P, Chaney S B, Shanmukh S. Polarized surface enhanced Raman and absorbance spectra of aligned silver nanorod arrays. Journal of Physical Chemistry B, 2006, 110(7): 3153-3157.

[56] Fan J G, Zhao Y P. Gold-coated nanorod arrays as highly sensitive substrates for surface-enhanced raman spectroscopy. Langmuir, 2008, 24(24): 14172-14175.

[57] Shanmukh S, Jones L, Driskell J, et al. Rapid and sensitive detection of respiratory virus molecular signatures using a silver nanorod array SERS substrate. Nano Letters, 2006, 6(11): 2630-2636.

[58] Zhang J, Zhang X L, Lai C H, et al. Silver-decorated aligned CNT arrays as SERS substrates by high temperature annealing. Optics Express, 2014, 22(18): 21157-21166.

[59] Arnob M M P, Zhao F S, Zeng J B, et al. Laser rapid thermal annealing enables tunable

plasmonics in nanoporous gold nanoparticles. Nanoscale, 2014, 6(21): 12470-12475.

[60] Sun X, Li H. Gold nanoisland arrays by repeated deposition and post-deposition annealing for surface-enhanced Raman spectroscopy. Nanotechnology, 2013, 24(35): 355706.

[61] Hu X G, Wang T, Dong S J. Thermal annealing of Au nanorod self-assembled nanostructured materials: morphology and optical properties. Journal of Colloid and Interface Science, 2007, 316(2): 947-953.

[62] Ma L W, Huang Y, Hou M J, et al. Silver nanorods wrapped with ultrathin Al_2O_3 layers exhibiting excellent SERS sensitivity and outstanding SERS stability. Scientific Reports, 2015, 5: 12890.

[63] Hu Z S, Liu Z, Li L, et al. Wafer-scale double-layer stacked Au/Al_2O_3@Au nanosphere structure with tunable nanospacing for surface-enhanced Raman scattering. Small, 2014, 10(19): 3933-3942.

[64] Liu M N, Sun L, Cheng C W, et al. Highly effective SERS substrates based on an atomic-layer-deposition-tailored nanorod array scaffold. Nanoscale, 2011, 3(9): 3627-3630.

[65] Sivakov V A, Höflich K, Becker M, et al. Silver coated platinum core-shell nanostructures on etched Si nanowires: Atomic layer deposition (ALD) processing and application in SERS. Chemphyschem, 2010, 11(9): 1995-2000.

[66] Zhang X Y, Zhao J, Whitney A V, et al. Ultrastable substrates for surface-enhanced Raman spectroscopy: Al_2O_3 overlayers fabricated by atomic layer deposition yield improved anthrax biomarker detection. Journal of the American Chemical Society, 2006, 128(31): 10304-10309.

[67] Porter M D, Lipert R J, Siperko L M, et al. SERS as a bioassay platform: Fundamentals, design, and applications. Chemical Society Reviews, 2008, 37(5): 1001-1011.

[68] Luo S C, Sivashanmugan K, Liao J D, et al. Nanofabricated SERS-active substrates for single-molecule to virus detection in vitro: A review. Biosens and Bioelectron, 2014, 61: 232-240.

[69] Liu B H, Han G M, Zhang Z P, et al. Shell thickness-dependent Raman enhancement for rapid identification and detection of pesticide residues at fruit peels. Analytical Chemistry, 2012, 84(1): 255-261.

[70] Li J F, Huang Y F, Ding Y, et al. Shell-isolated nanoparticle-enhanced Raman spectroscopy. Nature, 2010, 464(7287): 392-395.

[71] Li J F, Anema J R, Yu Y C, et al. Core-shell nanoparticle based SERS from hydrogen adsorbed on a rhodium (111) electrode. Chemical Communications, 2011, 47(7): 2023-2025.

[72] Li J F, Ding S Y, Yang Z L, et al. Extraordinary enhancement of Raman scattering from pyridine on single crystal Au and Pt electrodes by shell-isolated Au nanoparticles. Journal of the American Chemical Society, 2011, 133(40): 15922-15925.

[73] Li J F, Tian X D, Li S B, et al. Surface analysis using shell-isolated nanoparticle-enhanced Raman spectroscopy. Nature Protocols, 2013, 8(1): 52-65.

[74] Li C Y, Duan S, Wen B Y, et al. Observation of inhomogeneous plasmonic field distribution in a nanocavity. Nature Nanotechnology, 2020, 15: 922.

[75] Li J F, Yang Z L, Ren B, et al. Surface-enhanced Raman spectroscopy using gold-core platinum-shell nanoparticle film electrodes: Toward a versatile vibrational strategy for electrochemical interfaces. Langmuir, 2006, 22(25): 10372-10379.

[76] 袁荣辉，刘文涵，腾渊洁，等. 基于磁性 Fe_3O_4/Ag 的表面增强拉曼光谱检测农药丙线磷. 光谱学与光谱分析, 2015, 35(5): 1276-1280.

[77] Zhang M F, Zhao A W, Wang D P, et al. Hierarchically assembled NiCo@SiO_2@Ag magnetic core-shell microspheres as highly efficient and recyclable 3D SERS substrates. The Analyst, 2015, 140(2): 440-448.

[78] Saha A, Jana N R. Detection of cellular glutathione and oxidized glutathione using magnetic-plasmonic nanocomposite-based "turn-off" surface enhanced Raman scattering. Analytical Chemistry, 2013, 85(19): 9221-9228.

[79] Zengin A, Tamer U, Caykara T. A SERS-based sandwich assay for ultrasensitive and selective detection of Alzheimer's tau protein. Biomacromolecules, 2013, 14(9): 3001-3009.

[80] Wang Y L, Ravindranath S, Irudayaraj J. Separation and detection of multiple pathogens in a food matrix by magnetic SERS nanoprobes. Analytical and Bioanalytical Chemistry, 2011, 399(3): 1271-1278.

[81] Goto T, Watarai H. SERS study of rotational isomerization of cysteamine induced by magnetic pulling force. Langmuir, 2010, 26(7): 4848-4853.

[82] Zhang H, Harpster M H, Wilson W C, et al. Surface-enhanced Raman scattering detection of DNAs derived from virus genomes using Au-coated paramagnetic nanoparticles. Langmuir, 2012, 28(8): 4030-4037.

[83] Zhang H, Harpster M H, Park H J, et al. Surface-enhanced Raman scattering detection of DNA derived from the west Nile virus genome using magnetic capture of Raman-active gold nanoparticles. Analytical Chemistry, 2011, 83(1): 254-260.

[84] Wang Y Q, Yan B, Chen L X. SERS tags: Novel optical nanoprobes for bioanalysis. Chemical Reviews, 2013, 113(3): 1391-1428.

[85] Nolan J P, Duggan E, Liu E, et al. Single cell analysis using surface enhanced Raman scattering (SERS) tags. Methods, 2012, 57(3): 272-279.

[86] Sha M Y, Xu H, Penn S G, et al. SERS nanoparticles: A new optical detection modality for cancer diagnosis. Nanomedicine, 2007, 2(5): 725-734.

[87] Vo-Dinh T, Wang H N,Scaffidi J. Plasmonic nanoprobes for SERS biosensing and bioimaging.

Journal of Biophotonics, 2010, 3 (1-2) : 89-102.

[88] Zhang Y, Hong H, Myklejord D V, et al. Molecular imaging with SERS-active nanoparticles. Small, 2011, 7 (23) : 3261-3269.

[89] Li M, Cushing S K, Liang H Y, et al. Plasmonic nanorice antenna on triangle nanoarray for surface-enhanced Raman scattering detection of hepatitis B virus DNA. Analytical Chemistry, 2013, 85 (4) : 2072-2078.

[90] Li M, Cushing S K, Zhang J M, et al. Three-dimensional hierarchical plasmonic nano-architecture enhanced surface-enhanced Raman scattering immunosensor for cancer biomarker detection in blood plasma. ACS Nano, 2013, 7 (6) : 4967-4976.

[91] Kneipp K, Wang Y, Dasari R R, et al. Near-infrared surface-enhanced Raman scattering of trinitrotoluene on colloidal gold and silver. Spectrochimica Acta Part A: Molecular and Biomolecular Spectroscopy, 1995, 51 (12) : 2171-2175.

[92] Dasary S S R, Singh A K, Senapati D, et al. Gold nanoparticle based label-free SERS probe for ultrasensitive and selective detection of trinitrotoluene. Journal of the American Chemical Society, 2009, 131 (38) : 13806-13812.

[93] Lou T T, Wang Y Q, Li J H, et al. Rapid detection of melamine with 4-mercaptopyridine-modified gold nanoparticles by surface-enhanced Raman scattering. Analytical and Bioanalytical Chemistry, 2011, 401 (1) : 333-338.

[94] Hurst S J, Lytton-Jean A K R, Mirkin C A. Maximizing DNA loading on a range of gold nanoparticle sizes. Analytical Chemistry, 2006, 78 (24) : 8313-8318.

[95] Cao Y C, Jin R C, Mirkin C A. Nanoparticles with Raman spectroscopic fingerprints for DNA and RNA detection. Science, 2002, 297 (5586) : 1536-1540.

[96] Liu J, Lu Y. Preparation of aptamer-linked gold nanoparticle purple aggregates for colorimetric sensing of analytes. Nature Protocols, 2006, 1 (1) : 246-252.

[97] Lim D K, Jeon K S, Kim H M, et al. Nanogap-engineerable Raman-active nanodumbbells for single-molecule detection. Nature Materials, 2010, 9 (1) : 60-67.

[98] Lim D K, Jeon K S, Hwang J H, et al. Highly uniform and reproducible surface-enhanced Raman scattering from DNA-tailorable nanoparticles with 1nm interior gap. Nature Nanotechnology, 2011, 6 (7) : 452-460.

[99] Lee J H, Nam J M, Jeon K S, et al. Tuning and maximizing the single-molecule surface-enhanced Raman scattering from DNA-tethered nanodumbbells. ACS Nano, 2012, 6 (11) : 9574-9584.

[100] Li X Z, Zhang S, Yu Z, et al. Surface-enhanced Raman spectroscopic analysis of phorate and fenthion pesticide in apple skin using silver nanoparticles. Applied Spectroscopy, 2014, 68 (4) : 483-487.

[101] Liu X J, Zong C H, Ai K L, et al. Engineering natural materials as surface-enhanced Raman spectroscopy substrates for in situ molecular sensing. ACS Applied Materials and Interfaces, 2012, 4(12): 6599-6608.

[102] Chen H J, Wang Y L, Dong S J, et al.. An approach for fabricating self-assembled monolayer of Ag nanoparticles on gold as the SERS-active substrate. Spectrochimica Acta Part A: Molecular and Biomolecular Spectroscopy, 2006, 64(2): 343-348.

[103] Kim K, Lee H B, Shin K S. Surface-enhanced Raman scattering characteristics of nanogaps formed by a flat Ag substrate and spherical Pt nanoparticles. Spectrochimica Acta Part A: Molecular and Biomolecular Spectroscopy, 2013, 100: 10-14.

[104] Kim K, Choi J Y, Shin K S. Raman scattering characterization of 1,4-phenylenediisocyanide in Au-Au and Ag-Au nanogaps. Spectrochimica Acta Part A: Molecular and Biomolecular Spectroscopy, 2013, 100: 3-9.

[105] Yazgan N N, Boyacı I H, Topcu A, et al. Detection of melamine in milk by surface-enhanced Raman spectroscopy coupled with magnetic and Raman-labeled nanoparticles. Analytical and Bioanalytical Chemistry, 2012, 403(7): 2009-2017.

[106] He Y, Su S, Xu T, et al. Silicon nanowires-based highly-efficient SERS-active platform for ultrasensitive DNA detection. Nano Today, 2011, 6(2): 122-130.

[107] Xu T T, Huang J A, He L F, et al. Ordered silicon nanocones arrays for label-free DNA quantitative analysis by surface-enhanced Raman spectroscopy. Applied Physics Letters, 2011, 99(15): 153116.

[108] Zhang J, Qu S, Zhang L, et al. Quantitative surface enhanced Raman scattering detection based on the “sandwich” structure substrate. Spectrochimica Acta Part A: Molecular and Biomolecular Spectroscopy, 2011, 79(3): 625-630.

[109] Betz J F, Yu W W, Cheng Y, et al. Simple SERS substrates: Powerful, portable, and full of potential. Physical Chemistry Chemical Physics, 2014, 16(6): 2224-2239.

[110] Craig A P, Franca A S, Irudayaraj J. Surface-enhanced Raman spectroscopy applied to food safety. Annual Review of Food Science and Technology, 2013, 4: 369-380.

[111] Yu W W, White I M. A simple filter-based approach to surface enhanced Raman spectroscopy for trace chemical detection. Analyst, 2012, 137(5): 1168-1173.

[112] Yazdi S H, White I M. Optofluidic surface enhanced Raman spectroscopy microsystem for sensitive and repeatable on-site detection of chemical contaminants. Analytical Chemistry, 2012, 84(18): 7992-7998.

[113] Mecker L C, Tyner K M, Kauffman J F, et al. Selective melamine detection in multiple sample matrices with a portable Raman instrument using surface enhanced Raman spectroscopy-active gold nanoparticles. Analytica Chimica Acta, 2012, 733: 48-55.

[114] Li J M, Ma W F, Wei C, et al. Detecting trace melamine in solution by SERS using Ag nanoparticle coated poly (styrene-co-acrylic acid) nanospheres as novel active substrates. Langmuir, 2011, 27 (23): 14539-14544.

[115] Gao R K, Choi N, Chang S I, et al. Highly sensitive trace analysis of paraquat using a surface-enhanced Raman scattering microdroplet sensor. Analytica Chimica Acta, 2010, 681 (1-2): 87-91.

[116] Zhang Y Z, Wang Z Y, Wu L, et al. Rapid simultaneous detection of multi-pesticide residues on apple using SERS technique. Analyst, 2014, 139 (20): 5148-5154.

[117] Kim A, Barcelo S J, Li Z Y. SERS-based pesticide detection by using nanofinger sensors. Nanotechnology, 2015, 26 (1): 015502.

[118] Fateixa S, Soares S F, Daniel-da-Silva A L, et al. Silver-gelatine bionanocomposites for qualitative detection of a pesticide by SERS. Analyst, 2015, 140 (5): 1693-1701.

[119] Mahmoud K A, Zourob M. Fe_3O_4/Au nanoparticles/lignin modified microspheres as effectual surface enhanced Raman scattering (SERS) substrates for highly selective and sensitive detection of 2,4,6-trinitrotoluene (TNT). Analyst, 2013, 138 (9): 2712-2719.

[120] Zhou X, Liu H L, Yang L B, et al. SERS and OWGS detection of dynamic trapping molecular TNT based on a functional self-assembly Au monolayer film. Analyst, 2013, 138 (6): 1858-1864.

[121] Demeritte T, Kanchanapally R, Fan Z, et al. Highly efficient SERS substrate for direct detection of explosive TNT using popcorn-shaped gold nanoparticle-functionalized SWCNT hybrid. Analyst, 2012, 137 (21): 5041-5045.

[122] Yang L B, Ma L, Chen G Y, et al. Ultrasensitive SERS detection of TNT by imprinting molecular recognition using a new type of stable substrate. Chemistry—A European Journal, 2010, 16 (42): 12683-12693.

[123] Ye S J, Xiao J, Guo Y Y, et al. Aptamer-based SERS assay of ATP and lysozyme by using primer self-generation. Chemistry—A European Journal, 2013, 19 (25): 8111-8116.

[124] Wu L, Wang Z Y, Zong S F, et al. Simultaneous evaluation of p53 and p21 expression level for early cancer diagnosis using SERS technique. Analyst, 2013, 138 (12): 3450-3456.

[125] Pelossof G, Tel-Vered R, Willner I. Amplified surface plasmon resonance and electrochemical detection of Pb^{2+} ions using the Pb^{2+}-dependent DNAzyme and hemin/G-quadruplex as a label. Analytical Chemistry, 2012, 84 (8): 3703-3709.

[126] Pérez-Pineiro R, Correa-Duarte M A, Salgueirino V, et al. SERS assisted ultra-fast peptidic screening: A new tool for drug discovery. Nanoscale, 2012, 4 (1): 113-116.

[127] Fang Y, Wei Y, Bai C, et al. Surface-enhanced fourier transform Raman scattering from a DNA triple helix poly[dA]·2poly[dT] at a silver electrode: Beyond the short-range mechanism.

Journal of Physical Chemistry, 1996, 100 (43) : 17410-17413.

[128] Kneipp K, Kneipp H, Kartha V B, et al. Detection and identification of a single DNA base molecule using surface-enhanced Raman scattering (SERS) . Physical Review E, 1998, 57 (6) : R6281-R6284.

[129] Barhoumi A, Zhang D, Tam F, et al. Surface-enhanced Raman spectroscopy of DNA. Journal of the American Chemical Society, 2008, 130 (16) : 5523-5529.

[130] Panikkanvalappil S R, MacKey M A, El-Sayed M A. Probing the unique dehydration-induced structural modifications in cancer cell DNA using surface enhanced Raman spectroscopy. Journal of the American Chemical Society, 2013, 135 (12) : 4815-4821.

[131] Chen R, Du X, Cui Y, et al.Vertical flow assays: Vertical flow assay for inflammatory biomarkers based on nanofluidic channel array and SERS nanotags (Small 32/2020) . Small, 2020, 16 (32) . 2002801-1-2002801-13.

[132] Braun G, Lee S J, Dante M, et al. Surface-enhanced Raman spectroscopy for DNA detection by nanoparticle assembly onto smooth metal films. Journal of the American Chemical Society, 2007, 129 (20) : 6378-6379.

[133] Han M S, Lytton-Jean A K R, Mirkin C A. A gold nanoparticle based approach for screening triplex DNA binders. Journal of the American Chemical Society, 2006, 128 (15) : 4954-4955.

[134] Kang T, Yoo S M, Yoon I, et al. Patterned multiplex pathogen DNA detection by Au particle-on-wire SERS sensor. Nano Letters, 2010, 10 (4) : 1189-1193.

[135] Peng H I, Strohsahl C M, Leach K E, et al. Label-free DNA detection on nanostructured Ag surfaces. ACS Nano, 2009, 3 (8) : 2265-2273.

[136] Pastoriza-Santos I, Liz-Marzán L M. Formation and stabilization of silver nanoparticles through reduction by *N,N*-dimethylformamide. Langmuir, 1999, 15 (4) : 948-951.

[137] Sabanayagam C R, Lakowicz J R. Increasing the sensitivity of DNA microarrays by metal-enhanced fluorescence using surface-bound silver nanoparticles. Nucleic Acids Research, 2007, 35 (2) : e13.

[138] Xu H X, Bjerneld E J, Käll M, et al. Spectroscopy of single hemoglobin molecules by surface enhanced Raman scattering. Physical Review Letters, 1999, 83 (21) : 4357-4360.

[139] Han X X, Huang G G, Zhao B, et al. Label-free highly sensitive detection of proteins in aqueous solutions using surface-enhanced Raman scattering. Analytical Chemistry, 2009, 81 (9) : 3329-3333.

[140] Ni J, Lipert R J, Dawson G B, et al. Immunoassay readout method using extrinsic Raman labels adsorbed on immunogold colloids. Analytical Chemistry, 1999, 71 (21) : 4903-4908.

[141] Grubisha D S, Lipert R J, Park H Y, et al. Femtomolar detection of prostate-specific antigen: An immunoassay based on surface-enhanced Raman scattering and immunogold labels.

Analytical Chemistry, 2003, 75(21): 5936-5943.

[142] Driskell J D, Uhlenkamp J M, Lipert R J, et al. Surface-enhanced Raman scattering immunoassays using a rotated capture substrate. Analytical Chemistry, 2007, 79(11): 4141-4148.

[143] Wang G, Lipert R J, Jain M, et al. Detection of the potential pancreatic cancer marker MUC4 in serum using surface-enhanced Raman scattering. Analytical Chemistry, 2011, 83(7): 2554-2561.

[144] Wang G, Park H Y, Lipert R J, et al. Mixed monolayers on gold nanoparticle labels for multiplexed surface-enhanced Raman scattering based immunoassays. Analytical Chemistry, 2009, 81(23): 9643-9650.

[145] Goodfellow M, O' Donnell A G. Handbook of New Bacterial Systematics. London: Academic Press, 1993.

[146] Efrima S, Bronk B V. Silver colloids impregnating or coating bacteria. The Journal of Physical Chemistry B, 1998, 102(31): 5947-5950.

[147] Knauer M, Ivleva N P, Liu X, et al. Surface-enhanced Raman scattering-based label-free microarray readout for the detection of microorganisms. Analytical Chemistry, 2010, 82(7): 2766-2772.

[148] Liu T Y, Tsai K T, Wang H H, et al. Functionalized arrays of Raman-enhancing nanoparticles for capture and culture-free analysis of bacteria in human blood. Nature Communications, 2011, 2(538): 1-8.

[149] Driskell J D, Kwarta K M, Lipert R J, et al. Low-level detection of viral pathogens by a surface-enhanced Raman scattering based immunoassay. Analytical Chemistry, 2005, 77(19): 6147-6154.

[150] Ravindranath S P, Wang Y L, Irudayaraj J. SERS driven cross-platform based multiplex pathogen detection. Sensors and Actuators B: Chemical, 2011, 152(2): 183-190.

第2章　金属纳米结构表面等离子体共振理论计算基础

基于金属纳米结构的 SERS 技术可以实现拉曼信号的大幅度增强。研究表明，SERS 增强机理来源于化学增强和物理增强[1,2]。化学增强是指待检测物与 SERS 基底之间形成化学键连接，形成络合物或发生电荷转移，实现了 SERS 信号的增强。然而，化学增强与待检测物的化学吸附特性相关，通常吸附特性好的物质具有更好的化学增强。化学增强对总体 SERS 增强贡献相对较小，为 10～100 倍。物理增强是指在 SERS 基底上的电磁场增强。在纳米尖端或纳米间隙的位置，SERS 基底表面的电磁场会产生聚集或耦合，形成局部表面等离子体共振，生成 SERS 热点。SERS 信号的强度与局部电磁场增强的四次方成正比。因此，物理增强机理通常被认为是 SERS 增强的主要来源。通常以物理增强机理为研究基础，对 SERS 基底的电磁场增强特性进行研究和分析。

Drude 模型是等离子体光学中广泛应用的金属材料光学性质模型。本章由 Drude 模型出发，对金属表面等离子体、金属表面等离子体共振产生的原理，以及金属表面等离子体波的传播特性进行详细介绍。这些都是周期性纳米结构产生特殊光学特性的基础而必要的知识。为探索 SERS 基底的增强机理，研究基底结构尺寸对 SERS 性能的影响，实现对金属纳米结构受表面等离子体共振的数值分析，在上述物理模型和麦克斯韦方程的基础上将麦克斯韦方程进行离散，形成时域有限差分算法，对 SERS 基底的电磁场增强特性进行计算和分析。

2.1　等离子体光学中的基本理论

2.1.1　自由电子气模型

光在介质中传播，会与介质相互作用，发生吸收、色散、散射等现象。光与金属的相互作用主要表现在光波对金属物质中电荷产生的影响。光波的电磁场随时间和空间做周期性变化，从而影响金属中的电荷密度分布，并导致金属表面电荷极化。这些效应所产生的电磁场与外来光波的电磁场耦合在一起后，表现出各种不同的光学现象。

1990 年物理学家 Drude 提出了著名的自由电子气模型，即 Drude 模型[3]。他假设金属的原子核是不动的，而传导电子是完全自由的，就像理想气体中的粒子一样。电子在运动的过程中将会与晶体中的原子核、杂质或晶格缺陷产生弹性碰撞而被散射。碰撞为电子改变速度的瞬时事件，忽略电子与电子之间的碰撞。单位时间内电子发生碰撞的概率为 $1/\tau$ 。其中，τ 为弛豫时间，与电子的速度和位置无关。不发生碰撞时，电子与电子之间、电子与原子核之间的相互作用都可以忽略不计，较好地解释了金属的导电现象。

基于 Drude 理论的金属色散模型可以用如下的方程表示[3]：

$$\varepsilon(\omega)=1-\frac{\omega_{\mathrm{p}}^2}{\omega^2+\mathrm{i}\omega\gamma_{\mathrm{D}}} \tag{2.1}$$

式中，ω_{p} 为金属的等离子体共振频率，$\omega_{\mathrm{p}}=(Nq^2/m\varepsilon_0)^{1/2}$ ；γ_{D} 为自由电子的碰撞概率，$\gamma_{\mathrm{D}}=1/\tau$ 。

金属的介电常数是入射光波长的复函数，随着入射光波长的改变不断变化。金属的介电常数为复数，其实部与虚部分别为

$$\mathrm{Re}[\varepsilon]=\varepsilon_{\mathrm{R}}=1-\frac{\omega_{\mathrm{p}}^2}{\omega^2+\gamma_{\mathrm{D}}^2} \tag{2.2}$$

$$\mathrm{Im}[\varepsilon]=\varepsilon_{\mathrm{I}}=\frac{\omega_{\mathrm{p}}^2\gamma_{\mathrm{D}}}{\omega(\omega^2+\gamma_{\mathrm{D}}^2)} \tag{2.3}$$

不同的金属对应着不同的 ω_{p} 和 γ_{D} ，因此在数值计算中这些色散参数需要根据材料进行设置，例如，对于金，$\omega_{\mathrm{p}}=1.37\times10^{16}\mathrm{s}^{-1}$ ，$\gamma_{\mathrm{p}}=4.08\times10^{16}\mathrm{s}^{-1}$ 。

2.1.2　金属表面等离子体波

根据 Drude 自由电子气理论，自由电子在金属表面均匀分布，在不受到外加电场时，电子是完全自由的。当入射光的电磁场作用到金属上时，金属表面自由电子会在电场方向上形成不均匀的密度分布，形成电子密度波，同时产生诱导式电偶极。当它们以某一特定频率进行集体式的电偶极振荡时，即等离子体共振，共振频率用 ω_{p} 来表示。

对于一般的金属以及可见光的电磁波频率范围内，τ 和 ω 通常都能够满足 $\omega/\gamma_{\mathrm{D}}\gg1$ 的条件，其中 ω 为电磁波频率，式(2.1)可以简化为

$$\mathrm{Re}[\varepsilon]=\varepsilon_{\mathrm{R}}=1-\frac{\omega_{\mathrm{p}}^2}{\omega^2+\gamma_{\mathrm{D}}^2} \tag{2.4}$$

可以由电磁波的波动方程得到金属的色散关系：

$$\mathrm{Im}[\varepsilon]=\varepsilon_{\mathrm{I}}=\frac{\omega_{\mathrm{p}}^{2}\gamma_{\mathrm{D}}}{\omega(\omega^{2}+\gamma_{\mathrm{D}}^{2})} \tag{2.5}$$

在入射光电场作用下，位于金属表面附近的自由电子浓度以梯度分布，产生电偶极振荡形成表面等离子体激元，如图 2.1 所示。伴随着表面等离子体的振荡，产生了一种传播于金属表面，并且振幅沿 Z 方向衰减的表面电磁波，即表面等离子体波(surface plasmon wave, SPW)[3]。

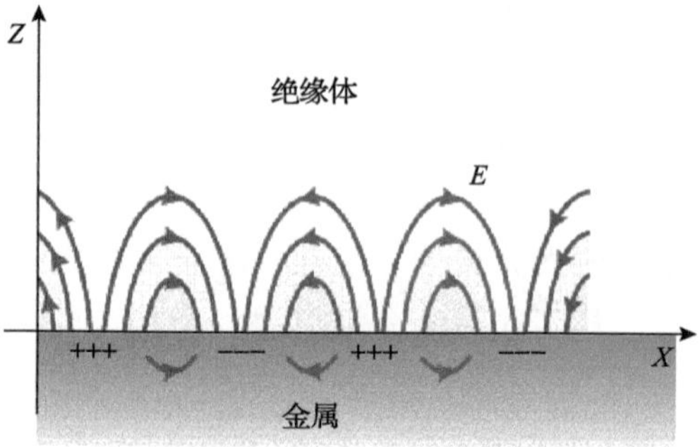

图 2.1　沿界面传播的等离子体激元的电荷及电磁场示意图

从图 2.1 中可以看到，电介质位于 Z 轴正半轴，金属位于 Z 轴负半轴。等离子波沿着 X 方向在电介质与金属的交界面上传播，垂直于 X 方向的 Z 方向上衰减。设电介质的介电常数为 ε_1，金属的介电常数为 ε_2，X 方向的波矢为 k_x，Z 方向在介质内和金属内的波矢分别为 k_{z1} 和 k_{z2}，c 为光速。

根据金属表面电磁波的电场分布函数，结合麦克斯韦(Maxwell)方程，可以得到金属表面等离子体的色散关系式：

$$k_x=\frac{\omega}{c}\left(\frac{\varepsilon_1\varepsilon_2}{\varepsilon_1+\varepsilon_2}\right)^{\frac{1}{2}} \tag{2.6}$$

$$k_{zi}=\left[\varepsilon_i\left(\frac{\omega}{c}\right)^2-k_x^2\right]^{\frac{1}{2}},\quad i=1,2 \tag{2.7}$$

对金属而言，金属的色散介电常数可以用式(2.6)和式(2.7)来表示，因此可以得到一个复波矢 $k_x=k_{x\mathrm{R}}+k_{x\mathrm{I}}$，其中，

$$k_{x\mathrm{R}}=\frac{\omega}{c}\left(\frac{\varepsilon_{1\mathrm{R}}\varepsilon_2}{\varepsilon_{1\mathrm{R}}+\varepsilon_2}\right)^{\frac{1}{2}} \tag{2.8}$$

$$k_{x\mathrm{I}} = \frac{\omega}{c}\left(\frac{\varepsilon_{1\mathrm{R}}\varepsilon_2}{\varepsilon_{1\mathrm{R}}+\varepsilon_2}\right)^{\frac{3}{2}}\frac{\varepsilon_{1\mathrm{I}}}{2(\varepsilon_{1\mathrm{R}})^2} \tag{2.9}$$

式中，下角 R 和 I 分别表示复数的实部和虚部。

为了得到实数 k_x，需要 $\varepsilon_{1\mathrm{R}} < 0$ 和 $|\varepsilon_{1\mathrm{R}}| > \varepsilon_2$。一般而言，金属在本征频率附近满足这个条件。因此在自由电子模态下，金属-介质结合面等离子体激元的色散关系为

$$k_x = \frac{\omega}{c}\left(\frac{1-\omega_\mathrm{p}^2}{\omega^2+\gamma_\mathrm{D}^2}\right)\varepsilon_2\left(\frac{1-\omega_\mathrm{p}^2}{\omega^2+\gamma_\mathrm{D}^2}+\varepsilon_2\right)^{-\frac{1}{2}} \tag{2.10}$$

k_x 的虚部 $k_{x\mathrm{I}}$ 代表表面等离子体激元沿着 X 方向的衰减情况，因此一般用 $k_{x\mathrm{R}}$ 代替 k_x。

另外，可以得到如下信息：

$$k_x = \frac{\omega}{c}\left(\frac{\varepsilon_1\varepsilon_2}{\varepsilon_1+\varepsilon_2}\right)^{\frac{1}{2}} > \frac{\omega}{c}\varepsilon_1^{\frac{1}{2}} \tag{2.11}$$

说明表面等离子体电磁场的波矢大于入射光的波矢。在图 2.2 中，将入射光与表面等离子体电磁波沿 X 方向的色散关系进行比较，k_0 为入射光波矢，k_{SP} 为表面等离子体波矢。因为表面等离子体的色散曲线恒位于入射光色散曲线的右侧，所以单纯地入射一道频率为 ω 的光，将无法激发表面等离子体激元[4]。

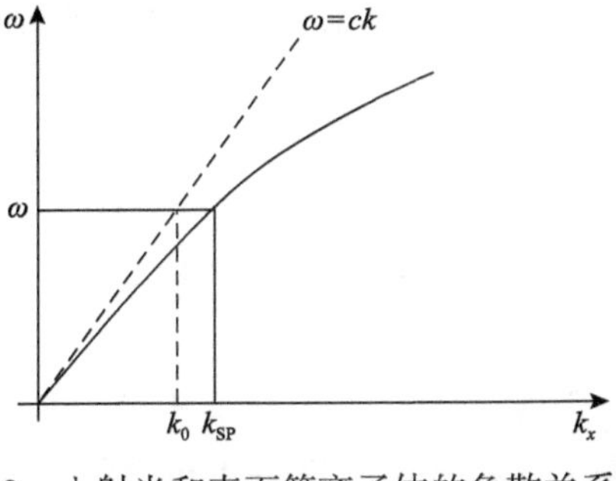

图 2.2　入射光和表面等离子体的色散关系曲线

由式(2.9)可以看出，表面等离子体电磁场的波向量沿 Z 方向的分量在电介质中和金属中均为虚数，所以在 Z 方向上，从界面出发，无论向电介质方向还是向金属方向，电磁场始终呈指数形式衰减。也就是说，金属表面等离子体波不会在 Z 方向上传播。表面等离子体的电磁场是一种消逝场(evanescent field)，表面等离子体波是一种消逝波(evanescent wave)(又称消散波)。

根据式(2.9)，当满足 $\varepsilon_1 < 0$ 和 $\omega/c < k_x$ 时，k_{z1} 和 k_{z2} 是虚数，因此表面等离子体场在垂直于界面方向上($|E_z|$)呈指数衰减，表面等离子体场下降到 1/e 时的长度为扩展长度 $Z = 1/|k_{z1}|$，如图 2.3 所示。图中 δ_d 表示电介质一面的扩展长度，δ_m 表示金属一面的扩展长度。

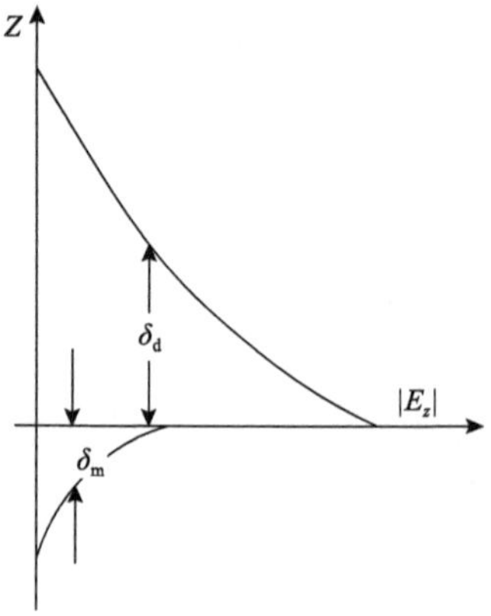

图 2.3　金属和介质接触面的表面等离子体波消逝场强度分布图

2.2　时域有限差分方法

电磁场基本方程自 1864 年由麦克斯韦提出后在解决电磁场问题中发挥了非常重要的作用，推动电磁学研究及应用深度渗透至通信、光学等多个领域。解决所有电磁场问题的最终要求是，求得满足实际条件的麦克斯韦方程的精确解答，获得封闭形式的解析解，并给予正确的物理解释。然而，只有一些典型的几何形状和结构相对简单的问题才有可能求得严格的解析解。对于一些工程，解析方法往往无能为力。随着现代计算机技术以及信息技术的迅猛发展，一些模拟理论及模拟工具日益成熟。目前，时域有限差分算法在电磁场计算分析领域应用较为广泛[5]。

时域有限差分方法是由 Yee[6]于 1966 年提出的一种电磁场数值计算方法。该方法对电磁场的电场分量(E)和磁场分量(H)在空间和时间上采用交替抽样离散策略，每个电场(或磁场)分量被四个磁场(或电场)分量围绕，从而将含时间变量的麦克斯韦旋度方程转化为一组差分方程，通过时间步进迭代求解空间电磁场。Yee 提出的这种抽样方式后来被称为 Yee 元胞。时域有限差分方法以 Yee 元胞为空间电磁场离散单元，将麦克斯韦旋度方程转化为差分方程，表述简明，容易理解；它结合计算机技术能处理十分复杂的电磁问题；在时间轴上逐步求解，有很好的稳定性和收敛性，因此该方法在工程电磁学各个领域备受重视。

2.2.1　麦克斯韦方程组

当电场或磁场随时间而变化时，即在时变电磁场的情况下，时变电场可以激励时变磁场，时变磁场同样也可以激励时变电场。以法拉第电磁感应定律为基础，电场变量和磁场变量之间存在一定的变换关系。麦克斯韦在总结电磁学定律的基础上，提出了位移电流概念，对安培环路定律进行了修正，得到了一组完美的描述时变电磁场变化规律的数学表达式，称为麦克斯韦方程组[7]。

真空中的麦克斯韦方程组由法拉第电磁感应定律、全电流定律、高斯定理、磁场高斯定理四个方程组成，其微分形式可以表示为

$$\begin{cases}\nabla\times E=-\dfrac{\partial B}{\partial t}\\ \nabla\times B=\mu_0 J+\mu_0\varepsilon_0\dfrac{\partial E}{\partial t}\\ \nabla\cdot E=\dfrac{\rho}{\varepsilon_0}\\ \nabla\cdot B=0\end{cases}\tag{2.12}$$

式中，E 为电场强度；B 为磁通密度；J 为传导电流密度；μ_0 为磁导率；ε_0 为介电常数；ρ 为电荷密度。

与真空中的麦克斯韦方程组相对应的真空中的物质方程可以表示为

$$\begin{cases}D=\varepsilon_0 E\\ B=\mu_0 H\\ J=\sigma E\end{cases}\tag{2.13}$$

式中，D 为电通密度(电位移矢量)；H 为磁场强度；σ 为电导率。

真空的电导率为零，因此真空中没有传导电流。当电磁场在介质中传导时，传导空间中的介质在电磁场的作用下发生了极化和磁化，产生了极化电荷、极化电流和磁化电流，使麦克斯韦方程组相对于真空也产生了对应的变化。

在外加电场的作用下，介质的分子被极化，从而在介质中产生了剩余的极化电荷。当外加电场随时间发生变化时，介质的极化强度也将发生变化，从而产生极化电流。在外加磁场的作用下，分子电流取向变得更加一致，从而形成了磁化电流。

考虑到介质中的极化电荷、极化电流和磁化电流，由以上分析可知，介质中的麦克斯韦方程组可以表示为

$$\begin{cases}\nabla \times E = -\dfrac{\partial B}{\partial t} \\ \nabla \times H = J + \dfrac{\partial D}{\partial t} \\ \nabla \cdot D = \rho \\ \nabla \cdot B = 0\end{cases} \tag{2.14}$$

电磁场对材料介质作用的关系式称为物质方程，可以表示为

$$\begin{cases}D = \varepsilon E = \varepsilon_0 E + P \\ B = \mu H = \mu_0 (H + M) \\ J = \sigma E\end{cases} \tag{2.15}$$

式中，P 为介质的极化强度；M 为介质的磁化强度。

麦克斯韦方程组和介质的物质方程包含电场参数(电场强度 E、电通密度 D)、磁场强度参数(磁场强度 H、磁通密度 B)、场空间分布情况(∂x、∂y、∂z)、时间变化情况(∂t)、电磁场中的介质特性参数(ε、μ、ρ、J)，这些参数可以描述整个介质空间中每时每刻电磁场的分布情况和变化情况。

因此，关于电磁波产生和传播过程中的所有问题，都可以在给定初始条件和边界条件的情况下，通过麦克斯韦方程组和介质的物质方程进行建模求解。通过这种方法，可以求解光波在各种介质、各种边界条件下的传播问题。

2.2.2　时域有限差分方程

针对金属纳米结构的特点，对三维情形的时域有限差分离散过程进行推导。若空间是一个无源区域，其介质的参数不随时间变化且各向同性，则麦克斯韦方程组中的两个旋度方程可以表示为

$$\nabla \times H = \varepsilon \frac{\partial E}{\partial t} + \sigma_e E \tag{2.16}$$

$$\nabla \times E = -\mu \frac{\partial H}{\partial t} - \sigma_m H \tag{2.17}$$

式中，ε 为介质介电系数；μ 为磁导率；σ_e 为电导率；σ_m 为等效磁阻率。

在直角坐标系(x,y,z)中，式(2.16)和式(2.17)可展开变化为六个标量方程：

$$\mu \frac{\partial H_x}{\partial t} + \sigma_m H_x = \frac{\partial E_y}{\partial z} - \frac{\partial E_z}{\partial y} \tag{2.18}$$

$$\mu\frac{\partial H_y}{\partial t}+\sigma_{\mathrm{m}}H_y=\frac{\partial E_z}{\partial x}-\frac{\partial E_x}{\partial z} \tag{2.19}$$

$$\mu\frac{\partial H_z}{\partial t}+\sigma_{\mathrm{m}}H_z=\frac{\partial E_x}{\partial y}-\frac{\partial E_y}{\partial x} \tag{2.20}$$

$$\varepsilon\frac{\partial E_x}{\partial t}+\sigma_{\mathrm{e}}E_x=\frac{\partial H_z}{\partial y}-\frac{\partial H_y}{\partial z} \tag{2.21}$$

$$\varepsilon\frac{\partial E_y}{\partial t}+\sigma_{\mathrm{e}}E_y=\frac{\partial H_x}{\partial z}-\frac{\partial H_z}{\partial x} \tag{2.22}$$

$$\varepsilon\frac{\partial E_z}{\partial t}+\sigma_{\mathrm{e}}E_z=\frac{\partial H_y}{\partial x}-\frac{\partial H_x}{\partial y} \tag{2.23}$$

式(2.18)～式(2.23)这六个偏微分方程构成了完整的三维电磁问题解算方案，是对麦克斯韦方程在时间上和空间上的差分离散，是时域有限差分方法的基础。通过在时间轴上的迭代计算，可以对电磁场的传播过程进行计算。

1966 年，Yee 首先提出了麦克斯韦方程组旋度方程的有限差分形式。在时域有限差分离散中，电场和磁场中各节点的空间排布为 Yee 元胞，如图 2.4 所示。将电磁空间划分网格，用 Δx、Δy 和 Δz 表示 x、y 和 z 三个坐标轴方向的网络空间网格步长，则网格的空间坐标可表示为

$$(i,j,k)=(i\Delta x, j\Delta y, k\Delta z) \tag{2.24}$$

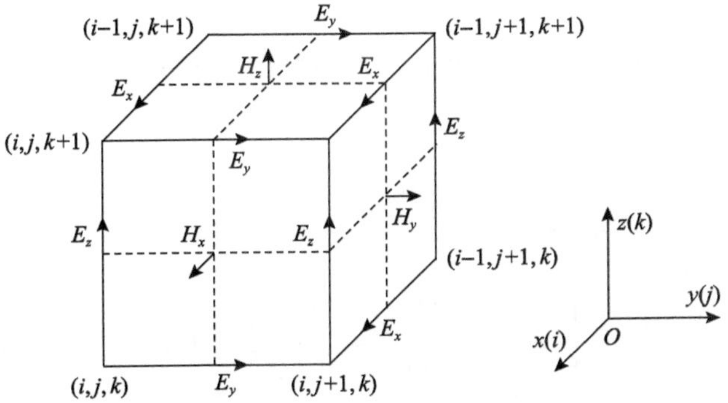

图 2.4　时域有限差分算法中离散的 Yee 元胞

因为时间变量既与时间变量有关，又与空间坐标相关，所以任意时变参量可以简化表示为

$$F^n(i,j,k)=F(i\Delta x, j\Delta y, k\Delta z, n\Delta t) \tag{2.25}$$

然后用中心有限差分对时变参量在空间 (x,y,z) 和时间 t 上求偏导数，可以得到

$$\frac{\partial F^n(x,y,z)}{\partial x}=\frac{F^n\left(i+\frac{1}{2},j,k\right)-F^n\left(i-\frac{1}{2},j,k\right)}{\Delta x}+O\left(\Delta x^2\right) \tag{2.26}$$

$$\frac{\partial F^n(x,y,z)}{\partial y}=\frac{F^n\left(i,j+\frac{1}{2},k\right)-F^n\left(i,j-\frac{1}{2},k\right)}{\Delta y}+O\left(\Delta y^2\right) \tag{2.27}$$

$$\frac{\partial F^n(x,y,z)}{\partial z}=\frac{F^n\left(i,j,k+\frac{1}{2}\right)-F^n\left(i,j,k-\frac{1}{2}\right)}{\Delta z}+O\left(\Delta z^2\right) \tag{2.28}$$

$$\frac{\partial F^n(x,y,z)}{\partial t}=\frac{F^{n+\frac{1}{2}}(i,j,k)-F^{n-\frac{1}{2}}(i,j,k)}{\Delta t}+O\left(\Delta t^2\right) \tag{2.29}$$

将式(2.26)～式(2.29)代入麦克斯韦方程组旋度方程(式(2.18)～式(2.23))中，即可得到 Yee 提出的麦克斯韦方程组旋度方程的差分形式[8]。

为简便计算，可以在差分方程中进行平均近似：

$$E_x^{n+\frac{1}{2}}\left(i+\frac{1}{2},j,k\right)=\frac{E_x^{n+1}\left(i+\frac{1}{2},j,k\right)+E_x^n\left(i+\frac{1}{2},j,k\right)}{2} \tag{2.30}$$

这样进行近似后，可以得到麦克斯韦方程组旋度方程的差分形式，电场和磁场各分量满足的差分方程如下：

$$\begin{aligned}E_x^{n+1}\left(i+\frac{1}{2},j,k\right)=&A\left(i+\frac{1}{2},j,k\right)\cdot E_x^n\left(i+\frac{1}{2},j,k\right)\\&+B\left(i+\frac{1}{2},j,k\right)\cdot\left\{\frac{1}{\Delta y}\left[H_z^{n+\frac{1}{2}}\left(i+\frac{1}{2},j+\frac{1}{2},k\right)-H_z^{n+\frac{1}{2}}\left(i+\frac{1}{2},j-\frac{1}{2},k\right)\right]\right.\\&\left.-\frac{1}{\Delta z}\left[H_y^{n+\frac{1}{2}}\left(i+\frac{1}{2},j,k+\frac{1}{2}\right)-H_y^{n+\frac{1}{2}}\left(i+\frac{1}{2},j,k-\frac{1}{2}\right)\right]\right\}\end{aligned} \tag{2.31}$$

$$E_y^{n+1}\left(i,j+\frac{1}{2},k\right)=A\left(i,j+\frac{1}{2},k\right)\cdot E_y^{n}\left(i,j+\frac{1}{2},k\right)+B\left(i,j+\frac{1}{2},k\right)\cdot\left\{\frac{1}{\Delta z}\left[H_x^{n+\frac{1}{2}}\left(i,j+\frac{1}{2},k+\frac{1}{2}\right)-H_x^{n+\frac{1}{2}}\left(i,j+\frac{1}{2},k-\frac{1}{2}\right)\right]-\frac{1}{\Delta x}\left[H_z^{n+\frac{1}{2}}\left(i+\frac{1}{2},j+\frac{1}{2},k\right)-H_z^{n+\frac{1}{2}}\left(i-\frac{1}{2},j+\frac{1}{2},k\right)\right]\right\} \tag{2.32}$$

$$E_x^{n+1}\left(i+\frac{1}{2},j,k\right)=C\left(i+\frac{1}{2},j,k\right)\cdot E_x^{n}\left(i+\frac{1}{2},j,k\right)+D\left(i+\frac{1}{2},j,k\right)\cdot\left\{\frac{1}{\Delta y}\left[H_z^{n+\frac{1}{2}}\left(i+\frac{1}{2},j+\frac{1}{2},k\right)-H_z^{n+\frac{1}{2}}\left(i+\frac{1}{2},j-\frac{1}{2},k\right)\right]-\frac{1}{\Delta z}\left[H_y^{n+\frac{1}{2}}\left(i+\frac{1}{2},j,k+\frac{1}{2}\right)-H_y^{n+\frac{1}{2}}\left(i+\frac{1}{2},j,k-\frac{1}{2}\right)\right]\right\} \tag{2.33}$$

$$H_x^{n+\frac{1}{2}}\left(i,j+\frac{1}{2},k+\frac{1}{2}\right)=C\left(i,j+\frac{1}{2},k+\frac{1}{2}\right)\cdot H_x^{n-\frac{1}{2}}\left(i,j+\frac{1}{2},k+\frac{1}{2}\right)-D\left(i,j+\frac{1}{2},k+\frac{1}{2}\right)\cdot\left\{\frac{1}{\Delta y}\left[E_z^{n}\left(i,j+1,k+\frac{1}{2}\right)-E_z^{n}\left(i,j,k+\frac{1}{2}\right)\right]-\frac{1}{\Delta z}\left[E_y^{n}\left(i,j+\frac{1}{2},k+1\right)-E_y^{n}\left(i,j+\frac{1}{2},k\right)\right]\right\} \tag{2.34}$$

$$H_y^{n+\frac{1}{2}}\left(i+\frac{1}{2},j,k+\frac{1}{2}\right)=C\left(i+\frac{1}{2},j,k+\frac{1}{2}\right)\cdot H_y^{n-\frac{1}{2}}\left(i+\frac{1}{2},j,k+\frac{1}{2}\right)-D\left(i+\frac{1}{2},j,k+\frac{1}{2}\right)\cdot\left\{\frac{1}{\Delta z}\left[E_x^{n}\left(i+\frac{1}{2},j,k+1\right)-E_x^{n}\left(i+\frac{1}{2},j,k\right)\right]-\frac{1}{\Delta x}\left[E_z^{n}\left(i+1,j,k+\frac{1}{2}\right)-E_z^{n}\left(i,j,k+\frac{1}{2}\right)\right]\right\} \tag{2.35}$$

$$H_z^{n+\frac{1}{2}}\left(i+\frac{1}{2},j+\frac{1}{2},k\right)=C\left(i+\frac{1}{2},j+\frac{1}{2},k\right)\cdot H_z^{n-\frac{1}{2}}\left(i+\frac{1}{2},j+\frac{1}{2},k\right)$$
$$-D\left(i+\frac{1}{2},j+\frac{1}{2},k\right)\cdot\left\{\frac{1}{\Delta x}\left[E_y^n\left(i+1,j+\frac{1}{2},k\right)-E_y^n\left(i,j+\frac{1}{2},k\right)\right]\right.$$
$$\left.-\frac{1}{\Delta y}\left[E_x^n\left(i+\frac{1}{2},j+1,k\right)-E_x^n\left(i+\frac{1}{2},j,k\right)\right]\right\} \tag{2.36}$$

式中，系数 $A(i,j,k)$、$B(i,j,k)$、$C(i,j,k)$ 和 $D(i,j,k)$ 分别定义如下：

$$A(i,j,k)=\frac{\dfrac{\varepsilon(i,j,k)}{\Delta t}-\dfrac{\sigma_{\mathrm{e}}(i,j,k)}{2}}{\dfrac{\varepsilon(i,j,k)}{\Delta t}+\dfrac{\sigma_{\mathrm{e}}(i,j,k)}{2}}=\frac{1-\dfrac{\sigma_{\mathrm{e}}(i,j,k)\Delta t}{2\varepsilon(i,j,k)}}{1+\dfrac{\sigma_{\mathrm{e}}(i,j,k)\Delta t}{2\varepsilon(i,j,k)}} \tag{2.37}$$

$$B(i,j,k)=\frac{1}{\dfrac{\varepsilon(i,j,k)}{\Delta t}+\dfrac{\sigma_{\mathrm{e}}(i,j,k)}{2}}=\frac{\dfrac{\Delta t}{\varepsilon(i,j,k)}}{1+\dfrac{\sigma_{\mathrm{e}}(i,j,k)\Delta t}{2\varepsilon(i,j,k)}} \tag{2.38}$$

$$C(i,j,k)=\frac{\dfrac{\mu(i,j,k)}{\Delta t}-\dfrac{\sigma_{\mathrm{m}}(i,j,k)}{2}}{\dfrac{\mu(i,j,k)}{\Delta t}+\dfrac{\sigma_{\mathrm{m}}(i,j,k)}{2}}=\frac{1-\dfrac{\sigma_{\mathrm{m}}(i,j,k)\Delta t}{2\mu(i,j,k)}}{1+\dfrac{\sigma_{\mathrm{m}}(i,j,k)\Delta t}{2\mu(i,j,k)}} \tag{2.39}$$

$$D(i,j,k)=\frac{1}{\dfrac{\mu(i,j,k)}{\Delta t}+\dfrac{\sigma_{\mathrm{m}}(i,j,k)}{2}}=\frac{\dfrac{\Delta t}{\mu(i,j,k)}}{1+\dfrac{\sigma_{\mathrm{m}}(i,j,k)\Delta t}{2\mu(i,j,k)}} \tag{2.40}$$

式(2.31)～式(2.33)表示麦克斯韦方程组旋度方程关于电场各分量满足的差分方程，可以进行时域有限差分算法中电场的时间推进计算。式(2.34)～式(2.36)表示麦克斯韦方程组旋度方程关于磁场各分量满足的差分方程，可以进行时域有限差分算法中磁场的时间推进计算[9]。以上麦克斯韦方程组旋度方程关于电磁场各分量满足的差分方程共同组成了电磁场的时间推进计算公式。任意网格点的电场分量都可以通过这一点上一时间的电场强度值和四周环绕它的网格点的磁场强度值计算得出；同理，任意网格点的磁场分量都可以通过这一点上一时间的磁场值和四周环绕它的网格点的电场值计算得出；由此可进行电磁场计算分析。

2.2.3　数值稳定性分析

时域有限差分方法是以一组时域有限差分方程来代替微分形式的麦克斯韦旋度方程，即以差分方程的解来代替原电磁场偏微分方程的解。只有当离散后的差分方程的解是收敛和稳定的，这种代替才有意义。收敛性[10]是指当离散间隔趋于零时，差分方程的解在空间任意一点和任意时刻都一致趋于原方程的解。稳定性[10]是指在特定的离散间隔条件下，差分方程的数值解与原方程的严格解之间的差有界。任何波都可以看成平面波的叠加，因此这里只需要考虑时域有限差分算法对平面波的稳定性情况。

首先，考虑时谐场情况[10]，有

$$f(x,y,z,t)=f_0\exp(\mathrm{j}\omega t) \tag{2.41}$$

这一稳态解是下面一阶微分方程的解：

$$\frac{\partial f}{\partial t}=\mathrm{j}\omega f \tag{2.42}$$

用差分近似代替式(2.42)中左端的一阶导数，得到如下方程：

$$\frac{f^{n+\frac{1}{2}}(x,y,z)-f^{n-\frac{1}{2}}(x,y,z)}{\Delta t}=\mathrm{j}\omega f^{n}(x,y,z) \tag{2.43}$$

定义数值增长因子 q 为

$$q=\frac{f^{n+\frac{1}{2}}(x,y,z)}{f^{n}(x,y,z)}=\frac{f^{n}(x,y,z)}{f^{n-\frac{1}{2}}(x,y,z)} \tag{2.44}$$

将式(2.44)代入式(2.43)可得

$$q^2-\mathrm{j}\omega q\Delta t-1=0 \tag{2.45}$$

式(2.45)的解为

$$q=\frac{\mathrm{j}\omega\Delta t}{2}\pm\sqrt{1-\left(\frac{\omega\Delta t}{2}\right)^2} \tag{2.46}$$

对于时谐场，其数值稳定性要求当时间步 $n\to\infty$，Δt 足够小时，增长因子 $|q|\leqslant 1$。根据式(2.46)可知，满足 $|q|\leqslant 1$ 的充分条件为

$$\frac{\omega\Delta t}{2}\leqslant 1 \tag{2.47}$$

实际上，这个条件并不是很苛刻的要求，在下面的讨论中将用到这一关系。

由麦克斯韦方程可以导出电磁场任意直角分量均满足齐次波动方程[10]：

$$\frac{\partial^2 f}{\partial x^2}+\frac{\partial^2 f}{\partial y^2}+\frac{\partial^2 f}{\partial z^2}+\frac{\omega^2}{c^2}f=0 \tag{2.48}$$

式中，$c=\frac{1}{\sqrt{\varepsilon\mu}}$ 为介质中的光速，考虑平面波的解，即[10]

$$f(x,y,z,t)=f_0\exp\left[-\mathrm{j}(k_x x+k_y y+k_z z-\omega t)\right] \tag{2.49}$$

对式(2.48)中的二阶导数进行有限差分近似，即

$$\frac{\partial^2 f}{\partial x^2}\approx\frac{f(x+\Delta x)-2f(x)+f(x-\Delta x)}{(\Delta x)^2} \tag{2.50}$$

将式(2.49)代入式(2.50)可得

$$\frac{\partial^2 f}{\partial x^2}\approx\frac{\exp(\mathrm{j}k_x\Delta x)+\exp(-\mathrm{j}k_x\Delta x)-2}{(\Delta x)^2}f=-\frac{\sin^2\left(\frac{k_x\Delta x}{2}\right)}{\left(\frac{\Delta x}{2}\right)^2}f \tag{2.51}$$

因此，波动方程(式(2.48))可以表示为

$$\frac{\sin^2\left(\frac{k_x\Delta x}{2}\right)}{\left(\frac{\Delta x}{2}\right)^2}+\frac{\sin^2\left(\frac{k_y\Delta y}{2}\right)}{\left(\frac{\Delta y}{2}\right)^2}+\frac{\sin^2\left(\frac{k_z\Delta z}{2}\right)}{\left(\frac{\Delta z}{2}\right)^2}-\frac{\omega^2}{c^2}=0 \tag{2.52}$$

式(2.52)表达了平面波波矢量 $k=(k_x,k_y,k_z)$ 与频率 ω 之间应满足的关系，即色散关系。式(2.52)又可以改写为

$$\left(\frac{c\Delta t}{2}\right)^2\left[\frac{\sin^2\left(\frac{k_x\Delta x}{2}\right)}{\left(\frac{\Delta x}{2}\right)^2}+\frac{\sin^2\left(\frac{k_y\Delta y}{2}\right)}{\left(\frac{\Delta y}{2}\right)^2}+\frac{\sin^2\left(\frac{k_z\Delta z}{2}\right)}{\left(\frac{\Delta z}{2}\right)^2}\right]=\left(\frac{\omega\Delta t}{2}\right)^2\leqslant 1 \tag{2.53}$$

式中，不等式关系应用了式(2.52)。式(2.53)对任何波矢量 $k=(k_x,k_y,k_z)$ 均成立的充分条件是[10]

$$(c\Delta t)^2\left[\frac{1}{(\Delta x)^2}+\frac{1}{(\Delta y)^2}+\frac{1}{(\Delta z)^2}\right]\leqslant 1 \tag{2.54}$$

即

$$c\Delta t\leqslant\frac{1}{\sqrt{\dfrac{1}{(\Delta x)^2}+\dfrac{1}{(\Delta y)^2}+\dfrac{1}{(\Delta z)^2}}} \tag{2.55}$$

式(2.55)中给出了空间和时间离散间隔之间应满足的关系，又称为Courant稳定性条件[10]。一般情况下，在计算时选用三维的立方体元胞作为基本的计算单元，并且令 $\Delta x=\Delta y=\Delta z=\delta$，则 Courant 稳定性条件即式(2.55)具有更简单的形式[10]，即

$$c\Delta t\leqslant\frac{\delta}{\sqrt{3}} \tag{2.56}$$

另外，对于二维情况，Courant 稳定性条件演变为[10]

$$c\Delta t\leqslant\frac{1}{\sqrt{\dfrac{1}{(\Delta x)^2}+\dfrac{1}{(\Delta y)^2}}} \tag{2.57}$$

若 $\Delta x=\Delta y=\delta$，则式(2.57)变为

$$c\Delta t\leqslant\frac{\delta}{\sqrt{2}} \tag{2.58}$$

由式(2.56)和式(2.57)可知，为了保证时域有限差分方法的数值稳定，时间间隔必须小于波以光速通过 Yee 元胞对角线长度的 1/3(三维情况)或 1/2(二维情况)所需的时间[10]。

2.2.4　数值色散分析

对于无耗介质，设 ε 和 μ 均与频率无关，那么介质中的光速，即电磁波的传播速度 $c=1/\sqrt{\varepsilon\mu}$ 与频率无关，即无色散。而当介质的特性与频率相关时，电磁波的传播速度 $c=1/\sqrt{\varepsilon(\omega)\mu(\omega)}$ 必然是频率的函数，这种现象称为色散[11]。显然，在非色散介质中，电磁波的传播速度应与频率无关。因此，如果时域有限差分法的

计算是精确的，那么该方法模拟的电磁波的传播速度应与频率无关，即无色散。但是即使介质本身无色散，用有限差分法对麦克斯韦方程进行数值计算时，也会产生数值色散，即计算得到的数值波的传播速度与频率有关。

由式(2.53)可知，当时间步长 Δt 足够小时，三维情况下时域有限差分方法中的数值色散关系式为[10]

$$\frac{\sin^2\left(\frac{k_x\Delta x}{2}\right)}{(\Delta x)^2}+\frac{\sin^2\left(\frac{k_y\Delta y}{2}\right)}{(\Delta y)^2}+\frac{\sin^2\left(\frac{k_z\Delta z}{2}\right)}{(\Delta z)^2}=\frac{1}{(c\Delta t)^2}\sin^2\left(\frac{\omega\Delta t}{2}\right) \tag{2.59}$$

式中，$c=1/\sqrt{\varepsilon\mu}$ 为介质中的光速，代入式(2.59)可得

$$\frac{\sin^2\left(\frac{k_x\Delta x}{2}\right)}{(\Delta x)^2}+\frac{\sin^2\left(\frac{k_y\Delta y}{2}\right)}{(\Delta y)^2}+\frac{\sin^2\left(\frac{k_z\Delta z}{2}\right)}{(\Delta z)^2}=\varepsilon\mu\frac{1}{(\Delta t)^2}\sin^2\left(\frac{\omega\Delta t}{2}\right) \tag{2.60}$$

与数值色散关系相对应，在均匀、无损耗、各向同性介质中的平面波色散关系式为

$$k_x^2+k_y^2+k_z^2=\omega^2\varepsilon\mu \tag{2.61}$$

由式(2.60)可知，当时间步长和空间步长都趋于零时，式(2.60)就趋于式(2.61)。也就是说，虽然时域有限差分方法中的数值色散是无法避免的，但是可以通过减小时间步长和空间步长来减小数值色散。在实际计算分析时，要根据具体的问题要求以及计算机的硬件条件来选取合适的步长，但是一般情况下，应满足[10]

$$\Delta x,\Delta y,\Delta z\leqslant\frac{\lambda}{12},\quad \Delta t\leqslant\frac{T}{12} \tag{2.62}$$

式中，λ 和 T 分别为电磁波在介质中的波长和周期。

2.2.5 边界条件分析

由于硬件的限制，同时考虑到降低数值计算的难度，时域有限差分数值计算只能在有限的范围内进行。但是为了能够对近似无限大的纳米结构的光学特性进行模拟，就必须在计算区域的边界上设置相应的吸收边界条件。从吸收边界条件的发展历程来看，主要有以下几种吸收边界条件，即插值边界[12]、Mur 吸收边界[13]以及完美匹配层(perfectly matched layer, PML)吸收边界[14]等。

总体上，吸收边界大致分为两种[11]：一种是根据微分方程推导出的边界，如 Mur 吸收边界；另一种是由假象的吸收材料组成的边界，如由 Berenger 提出的 PML 吸收边界。Mur 吸收边界占用计算资源较少，所以早期在时域有限差分计算中广泛应用。而 PML 边界条件与其他边界条件相比，最大的优势就是具有更高的精度。因此，在针对周期性纳米结构的仿真中，采用 PML 吸收边界作为仿真边界条件。

PML 吸收边界是 Berenger[14]首先提出的。这种吸收边界方法是通过在计算区域的边界上人为地设置一种特殊的介质层，该介质层可以完全吸收透过它的入射光而没有反射，因此该边界条件可以对入射光波起到非常好的吸收作用。

本书研究对象是周期性纳米结构，如周期性的三角孔阵列及金字塔阵列等，为了获得它们的电磁场情况，经常需要使用周期性边界条件[11]。通过设置周期性边界条件，只需要对所研究的纳米结构的一个最小周期进行建模，然后在该单元结构的边界上设置周期性边界条件即可实现对近似无限大纳米结构的电磁场计算分析，这样既节约了计算资源，也大大提高了计算的效率。

参考文献

[1] 丁松园, 吴德印, 杨志林, 等. 表面增强拉曼散射增强机理的部分研究进展. 高等学校化学学报, 2008, 29(12): 2569-2581.

[2] 邱文强, 陈荣, 程敏, 等. 表面增强拉曼散射机理研究进展. 激光生物学报, 2010, 19(5): 700-705.

[3] Raether H. Surface Plasmons on Smooth and Rough Surfaces and on Gratings. Heidelberg: Springer Berlin, 1988.

[4] 王俊峰. 基于 FDTD 的多构型纳米结构阵列光学特性研究. 长沙: 国防科学技术大学, 2012.

[5] 刘波, 高本庆. 电磁场时域数值方法及其混合技术概述. 微波学报, 2006, 22(2): 1-6.

[6] Yee K E. Numerical solution of initial boundary value problems involving Maxwell's equations in isotropic media. IEEE Transactions on Antennas and Propagation, 1966, 14(5): 302-307.

[7] 陈军. 光学电磁理论. 北京: 科学出版社, 2005.

[8] 王长清. 电磁场计算中的时域有限差分法. 北京: 北京大学出版社, 2014.

[9] 高本庆. 时域有限差分法. 北京: 国防工业出版社, 1995.

[10] 葛德彪, 闫玉波. 电磁波时域有限差分方法. 西安: 西安电子科技大学出版社, 2005.

[11] 刘琼. 周期性结构的表面等离子体共振性能研究. 长沙: 中南大学, 2009.

[12] Engquist B, Majda A. Absorbing boundary conditions for numerical simulation of waves. Proceedings of the National Academy of Sciences of the United States of America, 1977, 31(139): 629-651.

[13] Mur G. Absorbing boundary conditions for the finite-difference approximation of the time-domain electromagnetic-field equations. IEEE Transactions on Electromagnetic Compatibility, 1981,

23(4): 377-382.

[14] Berenger J P. Three-dimensional perfectly matched layer for the absorption of electromagnetic waves. Journal of Computational Physics, 1996, 127(2): 363-379.

第 3 章　金属纳米结构光学特性数值分析

根据等离子体光学的基础理论，金属纳米结构能够和入射光发生耦合，产生表面等离子体共振效应，金属纳米结构能够表现出一些特殊的光学效应，如表面增强拉曼效应、超强光透射效应、减反射效应、表面增强荧光效应等。长期以来，这些特殊光学效应仅能通过实验来观察，表面等离子体共振模式、金属表面电磁场增强机理模糊不清，对光学性能调节的操作复杂。时域有限差分方法为金属纳米结构光学特性的数值分析提供了强大有力的工具。本章主要通过时域有限差分法来研究硅基上的纳米柱和纳米孔阵列的减反射特性。

3.1　纳米结构的减反射特性数值计算

宽带减反射结构在许多领域具有潜在应用价值，尤其是在太阳能电池领域[1,2]、光电设备[3,4]以及光传感器领域[5,6]的潜在应用，使得最近有越来越多的研究学者关注到它的制备以及应用研究。硅和空气界面上的折射率存在不连续性，产生了菲涅耳反射，使得大约 30%的入射光都被硅表面反射出去。为了抑制菲涅耳反射，研究人员从实验上和理论上对硅基上的宽带减反射结构进行了大量的研究，提出了许多可行的结构，包括金字塔结构[7-10]、纳米棒/纳米线[11-13]和多孔结构[14]等。

实验方面，Sun 等[15]提出了一种模板法，采用悬涂的二氧化硅球作为掩模，制备了原片级亚波长的纳米柱阵列，并实现了在整个太阳光谱上低达 2.5%的反射率。理论方面，Song 等[16]采用严格耦合波方法对比分析了具有圆锥截面和抛物线截面的纳米柱阵列的减反射特性。然而，过去的理论和实验研究大多都集中在对纳米柱阵列的研究。Han 等[17]通过数值计算分析研究了纳米孔阵列在光伏太阳能电池领域的应用，并将纳米孔阵列和纳米柱阵列进行了对比，发现对于光谱吸收问题，纳米孔阵列和纳米柱阵列效果相近，甚至要优于纳米柱阵列。然而，他们建模时，采用了“自由”纳米孔/纳米柱阵列，即孔结构不在基底上。

本节主要通过三维时域有限差分方法对硅基底的纳米柱和纳米孔阵列的减反效果进行数值计算分析研究。研究发现，对于减反射，具有相同截面的纳米柱阵列要优于纳米孔阵列；对于纳米柱阵列，具有余弦截面的纳米柱阵列和具有抛物线截面的纳米柱阵列的减反射效果相近，并且两者都优于圆锥截面纳米柱阵列；对于三种不同截面的纳米孔阵列，它们的减反射效果相近。

3.1.1　纳米柱和纳米孔阵列减反射特性数值分析模型

本节主要对硅基上的具有不同截面的纳米结构的减反射特性进行研究，主要考虑了三种截面的纳米结构，即余弦截面、抛物线截面和圆锥截面。在建模的过程中，为了精确控制纳米结构的形貌，采用数学方程进行建模。定义长径比为纳米结构的高度 h 和底面上圆的直径 D 之比。考虑到降低实验验证的难度，在计算过程中，固定长径比为 3∶1，高度 h 为 900nm，得到的三种不同截面的纳米结构的数学方程为

$$
\begin{aligned}
z &= 900\cos\left(\frac{\pi}{300}\sqrt{x^2+y^2}\right) \\
z &= -\frac{900}{150^2}\left(x^2+y^2\right)+900 \\
z &= -\frac{900}{150}\sqrt{x^2+y^2}+900
\end{aligned}
\tag{3.1}
$$

如图 3.1 所示，在软件 FDTD Solutions 中采用式(3.1)建立了三种截面的纳米柱阵列的计算模型。图 3.1(a)～(c)分别为具有余弦截面、抛物线截面和圆锥截面的纳米结构。

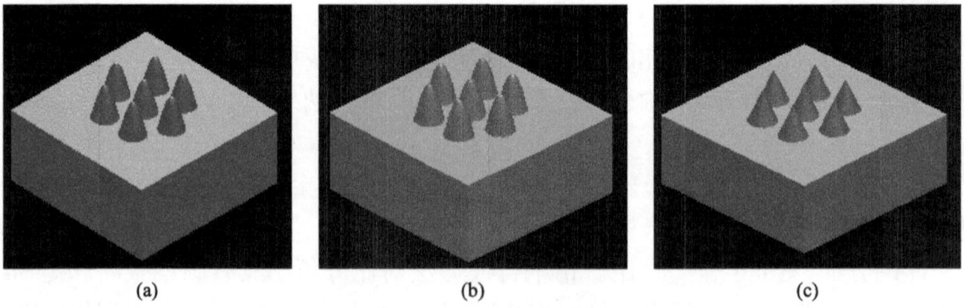

图 3.1　三种不同截面纳米柱阵列的计算模型

X 轴和 Y 轴定义在基底的上表面内，而 Z 轴定义为垂直于基底面向外的方向。在 X 轴和 Y 轴方向上采用周期边界条件，在 Z 轴方向上采用 PML 边界条件。具有归一化强度的沿 Y 轴方向极化的平面波垂直入射到硅基底上，硅的介电常数采用 Lumerical 公司的多参数模型拟合得到。在计算过程中，为了避免发散，设置时间稳定系数为 0.8。

3.1.2　不同截面的纳米柱和纳米孔阵列的减反射特性

有研究者已经分别研究了纳米柱阵列和纳米孔阵列的减反射特性，如 Song

等[16]研究了具有抛物线截面和圆锥截面的纳米柱阵列的减反射特性。本节对纳米柱阵列垂直光入射条件下的减反射特性进行更详细的对比和分析。采用时域有限差分法计算得到的反射率曲线如图 3.2 所示，其中，晶格常数 $a=424\text{nm}$，光源为正入射的平面波。

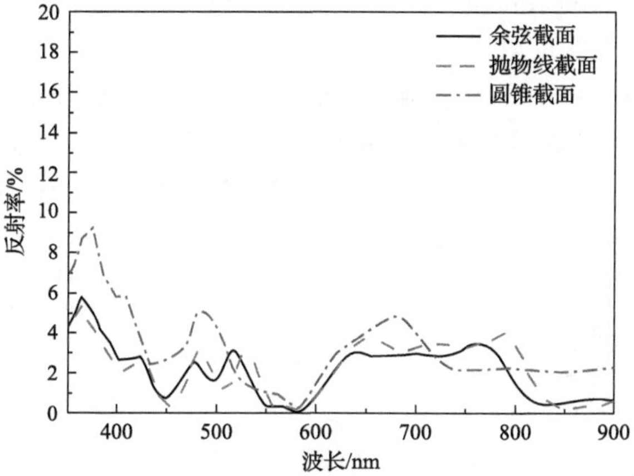

图 3.2　不同截面的纳米柱阵列反射率曲线

由图 3.2 可以看出，余弦截面的纳米柱阵列的减反射特性与抛物线截面的纳米柱阵列相近，并且两者都优于圆锥截面的纳米柱阵列。在晶格常数 $a=300\text{nm}$ 和 $a=500\text{nm}$ 时，得到了相同的结论。但是为了降低实验验证的难度，固定晶格常数 $a=424\text{nm}$。

与纳米柱阵列相似，研究纳米孔阵列的减反射特性，晶格常数保持不变，计算结果如图 3.3 所示。与图 3.2 不同的是，所有的曲线都几乎重合。由此可见，对于纳米孔阵列，形貌对减反射效果的影响并不大。

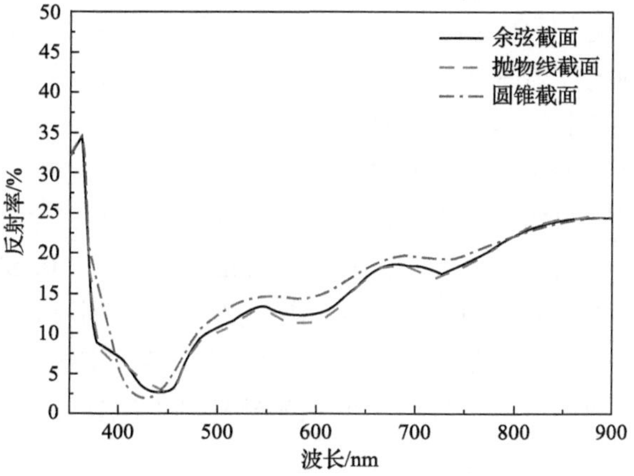

图 3.3　不同截面的纳米孔阵列反射率曲线

3.1.3　相同截面的纳米柱和纳米孔阵列的减反射特性

本节针对纳米柱阵列与纳米孔阵列的减反射特性进行对比分析，计算得到的具有相同余弦截面的纳米柱阵列和纳米孔阵列的反射光谱如图 3.4 所示。图 3.4 中，实线表示硅基上的余弦截面的纳米柱阵列的反射率曲线，虚线表示相同的余弦截面的纳米孔阵列的反射率曲线。从图中可以看出，在 350～900nm 范围内，纳米孔阵列的反射率要明显大于相应的纳米柱阵列。在这种条件下，纳米柱阵列的反射率在 5%以下，而纳米孔阵列的平均反射率在 15%。由此可见，对于余弦截面的纳米结构，硅基上的纳米柱阵列的减反射效果要优于相应的纳米孔阵列。

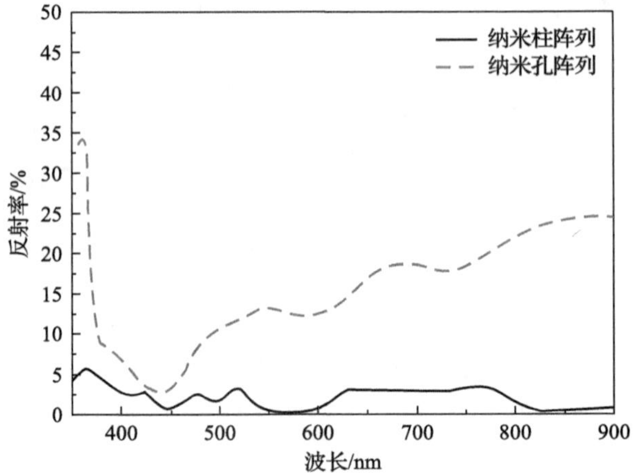

图 3.4　相同余弦截面的纳米柱阵列和纳米孔阵列的反射率曲线

相同抛物线截面的纳米柱阵列与相应纳米孔阵列的反射率曲线如图 3.5 所示。图 3.5 中，实线表示抛物截面纳米柱阵列的反射率曲线，虚线表示相应的纳米孔阵列的反射率曲线。仔细对比图 3.4 和图 3.5 可知，抛物线截面的纳米结构和余弦截面的纳米结构的反射率曲线很相似。因此，对于抛物线截面得到了和余弦截面相似的结论：硅基上的纳米柱阵列的减反射效果要优于纳米孔阵列。

计算得到的具有圆锥截面的纳米结构的反射率曲线如图 3.6 所示。图 3.6 中，实线表示硅基上圆锥截面的纳米柱阵列的反射率曲线，虚线表示相应的纳米孔阵列的反射率曲线。由图 3.6 可见，在 350～400nm 及 450～900nm 的波长范围内，圆锥截面的纳米孔阵列的反射率要大于相应的纳米柱阵列反射率；只有在 400～450nm 范围内，纳米孔阵列的反射率才低于相应的纳米柱阵列。在这种条件下，对于具有圆锥截面的纳米结构，硅基上的纳米柱阵列的减反射效果要优于相应的纳米孔阵列。

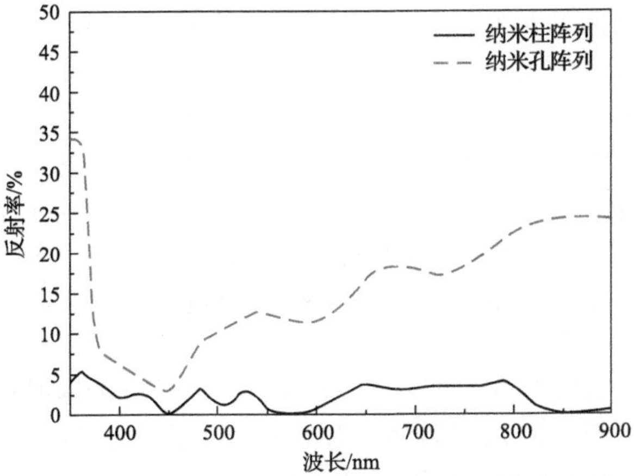

图 3.5　抛物线截面的纳米柱阵列与相应纳米孔阵列的反射率曲线

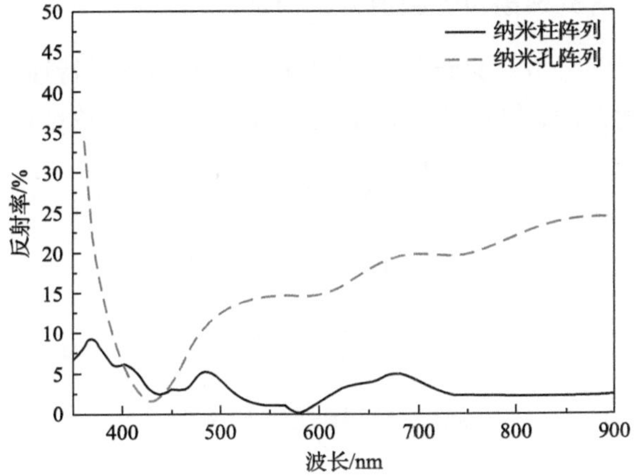

图 3.6　圆锥截面的纳米柱阵列与相应纳米孔阵列的反射率曲线

3.2　金属纳米孔阵列的透射特性

自从 Ebbesen 等[18]首次报道透过金属膜上的亚波长孔阵列的超强光透射(extraordinary optical transmission, EOT)现象以来，这种现象得到了广泛的关注[19-21]。由于 EOT 效应在表面等离子体共振传感[22-24]、光子设备[25-27]、分子吸收[28]以及荧光[29]方面都有巨大的潜在应用，该效应正逐渐成为研究领域的热点课题。不同形貌的纳米孔阵列以及孤立的纳米单孔[30]都被深入地研究。但是，对于 EOT 效应形成机理的理论解释一直存在争议，还有待进一步讨论和研究。

1998 年，Ebbesen 等[18]通过聚焦离子束系统制备了呈四方排列的圆柱形孔阵列。尽管标准的透射理论[31]预测的透射率在 10^{-3} 量级，但是他们惊奇地发现，与面积归一化以后的透射率在十倍于孔径的波长范围内都超过 1，认为表面等离子体是这种高透射的主要形成机理。Kim 等[32]利用纳米球光刻技术来制备等边三角形孔阵列，发现通过等边三角形孔阵列的相对于面积归一化后的透射率要明显地大于圆孔和方孔阵列。但是，在他们的实验过程中还存在一个问题，即他们并没有保证孔的面积相同，所以结论的可信度还有待进一步验证。Rodrigo 等[33]利用时域有限差分方法来计算等腰三角形的光学响应，并且证实了这种孔阵列可以表现出 EOT 效应。但是，由于实验制备的复杂性，他们并没有进一步探索等腰三角形产生 EOT 效应的原因。

本节采用时域有限差分方法来研究金属纳米孔阵列的透射特性。研究证实，孔的形状是决定透射率和 EOT 峰值位置的关键因素。此外，狭缝的周长以及三角形的尖端对 EOT 效应都可能有重要的影响。

3.2.1 金属纳米孔阵列透射特性数值分析模型

采用时域有限差分方法来计算金属纳米孔阵列的透射特性。这种方法可以帮助解麦克斯韦旋度方程，材料被认为是色散材料，介电函数被认为是频率的函数。

$$\begin{aligned}&\frac{\partial D}{\partial t}=\nabla\times H\\&D(\omega)=\varepsilon_0\varepsilon_{\mathrm{r}}^*(\omega)E(\omega)\\&\frac{\partial H}{\partial t}=-\frac{1}{\mu_0}\nabla\times E\end{aligned}\tag{3.2}$$

式中，H、E 和 D 分别为磁场强度、电场强度和电位移矢量；$\varepsilon_{\mathrm{r}}^*(\omega)$ 为相对复介电函数。

如图 3.7 所示，X 轴和 Y 轴被定义在硅基平面内，而 Z 轴定义为垂直平面向外。在 X 轴方向和 Y 轴方向上采用周期边界条件，在 Z 轴方向上采用 PML 边界条件。具有归一化强度的沿 Y 轴方向极化的平面波垂直入射到硅基底上，而硅基底的介电常数是通过 Lumerical 公司的多参数模型进行拟合的。图 3.7 中方框代表计算区域。

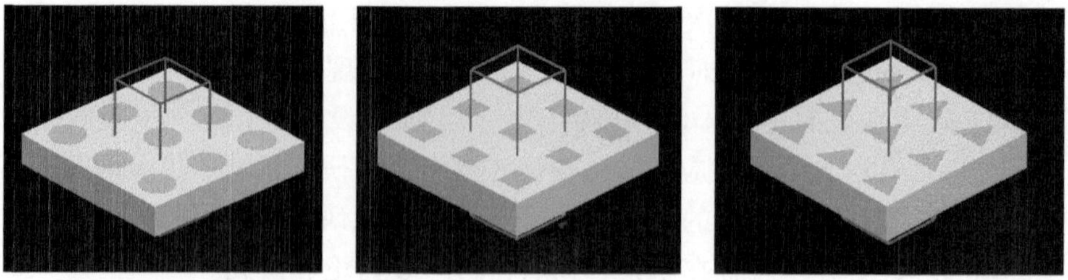
(a) (b) (c)

图 3.7 三种不同形貌的纳米孔阵列的仿真模型

通过归一化的零级透射率[34]来表征 EOT 效应：

$$T_{\text{norm}} = \frac{T}{S_{\text{hole}}/S_{\text{cell}}} = \frac{P_{\text{out}}}{P_{\text{in}}}\frac{S_{\text{cell}}}{S_{\text{hole}}} \tag{3.3}$$

式中，P_{in} 和 P_{out} 分别为流入和流出金膜的功率；S_{hole} 为一个单元内孔的总面积；S_{cell} 为单元的面积。若产生了 EOT 效应，则 T_{norm} 应该大于 1。

3.2.2　不同形貌纳米孔阵列的透射特性

为揭示孔形状对通过金属膜上亚波长纳米孔阵列光学透射效应的影响规律，主要研究三种具有相同面积和周期的不同形貌的孔阵列，包括圆形、方形和等边三角形。考虑图 3.7 所示的厚度 h 为 320nm 的金膜上的呈四方排列的纳米孔阵列。图 3.7(a)中，圆孔直径为 238nm，周期为 400nm；图 3.7(b)中，方孔边长为 168nm，周期为 400nm；图 3.7(c)中，等边三角形的边长为 255nm，周期为 400nm。

不同于文献[32]，本章在计算研究孔形状的影响时，保证了孔面积为相同的常数。本节主要研究呈四方排列的圆孔、方孔和等边三角形孔的透射现象，如图 3.8 所示。

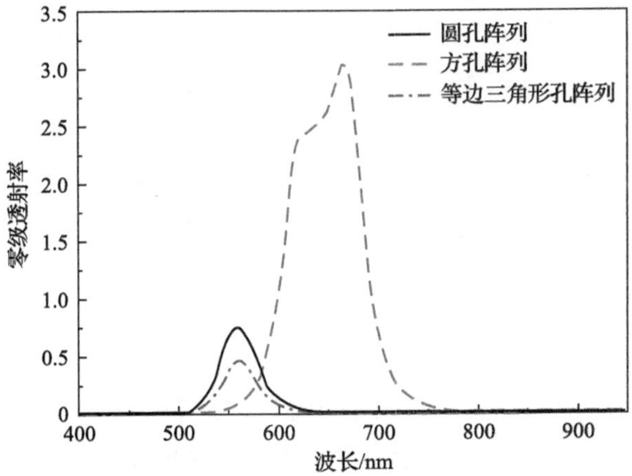

图 3.8　通过不同截面纳米孔阵列的零级透射率计算曲线

从图 3.8 中得到了与文献[33]相似的结论：在具有相同面积和周期的三种结构中，等边三角形孔具有最大的透射率。但是，与文献[33]不同的是，在这种条件下，圆孔和方孔并没有表现出 EOT 效应，即 $T_{\text{norm}} < 1$，结果见表 3.1。另外，当增大圆孔和方孔的尺寸时，这两种形状的孔也可以表现出 EOT 效应。

表 3.1　金膜上三种形状孔的透射特性分析

孔类型	特征尺寸/nm	周长/nm	峰值	
			λ/nm	T_{norm}
圆孔	D=189	593	560.5	0.46
方孔	L=168	672	559.5	0.77
等边三角形孔	L=255	765	664.1	3.1

根据文献[35]，在垂直入射光条件下，计算峰值位置 λ_{max} 的标准方程为

$$\lambda_{max} = \frac{a}{\sqrt{i^2 + j^2}}\sqrt{\frac{\varepsilon_1\varepsilon_2}{\varepsilon_1 + \varepsilon_2}} \tag{3.4}$$

式中，a 为晶格常数；ε_1 为金属的介电常数；ε_2 为周围电解质的介电常数；i 和 j 为整数，代表由阵列导致的衍射级或散射级。

从图 3.8 和表 3.1 可以知道，式(3.4)并不总是正确的。式(3.4)没有考虑到孔面积、孔形状以及膜厚度等因素的影响。根据计算结果，即使在保证孔面积和膜厚都相同的情况下，对于三种类型的孔，它们的峰值位置也并不是相同的，因此可以得到如下结论：孔形状是决定 EOT 峰值位置和透射率的关键因素之一。

由表 3.1 可知，当圆形、方形和等边三角形这三种类型的孔面积相同时，等边三角形孔周长最大，方孔次之，圆孔最小。因此，根据计算结果，可以认为纳米孔阵列的透射率与结构周长呈正相关。进一步分析可知，图 3.8 中的实线和虚线对应的共振峰是由结构的表面等离子体共振效应决定的；图 3.8 中的点划线对应的共振峰则是由结构的波导效应决定的。

3.2.3　三角形纳米孔阵列的透射特性

等边三角形和等腰三角形都展现出出色的 EOT 效应，本节针对具有相同面积和周期但截面形状不同的孔阵列的透射特性进行分析。在时域有限差分模型构建过程中，将不同截面的三角形置于厚度为 320nm 的自由金膜上，并呈四方排列，如图 3.9 所示。其中，等腰三角形的底边长为 238nm，腰长为 305nm，周期为 400nm，如图 3.9(a)所示；与等腰三角形具有相同面积和周期的等边三角形阵列如图 3.9(b)所示。

等腰三角形和等边三角形纳米孔阵列的透射效应计算的结果如图 3.10 所示。由图 3.10 可见，等腰三角形孔和等边三角形孔都展现出 EOT 效应，并且等腰三角形的透射率更高，峰值位置也发生了红移，具体数据如表 3.2 所示。

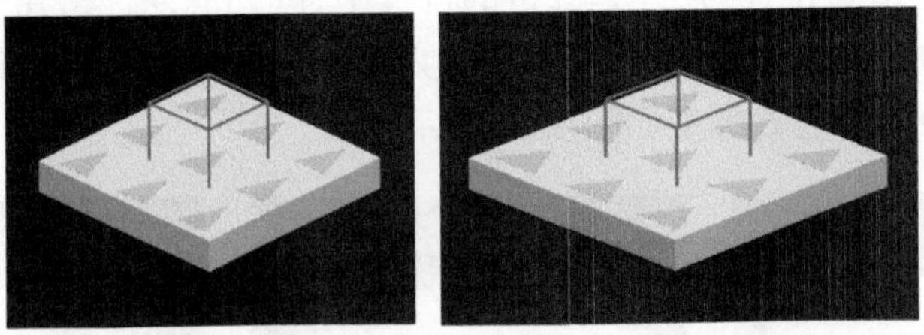

(a)　　　　(b)

图 3.9　两种不同截面的三角形孔阵列的仿真模型

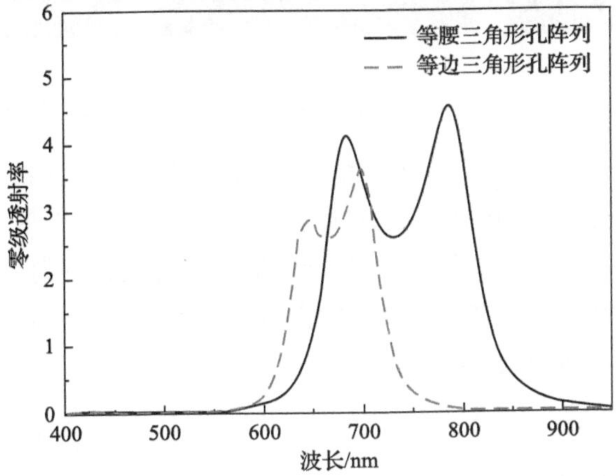

图 3.10　通过不同截面三角形孔阵列的零级透射率计算曲线

表 3.2　金膜上两种三角形孔的透射特性分析

孔类型	形貌	特征尺寸/nm	周长/nm	峰值 1		峰值 2	
				λ/nm	T_{norm}	λ/nm	T_{norm}
等腰三角形		L=305, B=225	835	683.5	4.1	785.8	4.6
等边三角形	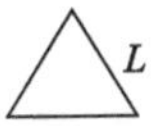	L=271	813	644.1	2.9	697.2	3.6

根据表 3.2 中数据可知，等腰三角形的周长为 835nm，等边三角形的周长为 813nm，等腰三角形的周长更长。根据“纳米孔阵列的透射率与周长呈正相关”的结论，等腰三角形纳米孔阵列预计拥有优异的 EOT 效果，两种形状孔阵列的 EOT 强度应相差不多。但计算表明，等腰三角形孔阵列的 EOT 效应要明显强于等边三角形的。因此，需要继续探讨影响三角形 EOT 的因素。

在 Rodrigo 等[33]工作的基础上，进一步研究具有不同顶角、相同腰长的等腰三角形孔阵列的透射特性。在计算分析的过程中，阵列周期保持相同，均为 450nm，金膜厚度为 320nm，等腰三角形腰长设置为 305nm，等腰三角形顶角 θ 分别设置为 42°、30°和 20°，仿真模型如图 3.11 所示。

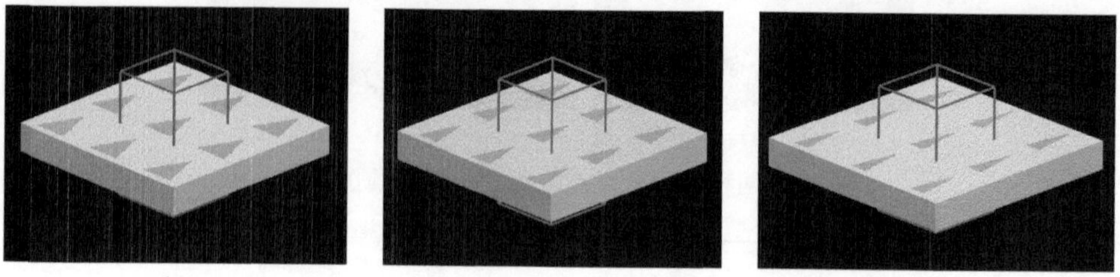

(a)　　　　(b)　　　　(c)

图 3.11　三种不同顶角的等腰三角形孔阵列仿真模型

三种不同顶角等腰三角形孔阵列的零级透射率计算的结果如图 3.12 所示。由图 3.12 可知，所有的三角形孔都表现出增强透射效应。对于具有相同腰长的等腰三角形，顶角越小，周长就越小。该结论与“纳米孔阵列的透射率与周长呈正相关”的结论相反。因此可见，等腰三角形尖端对 EOT 效应产生的影响要远大于周长所产生的影响，具体数据见表 3.3。

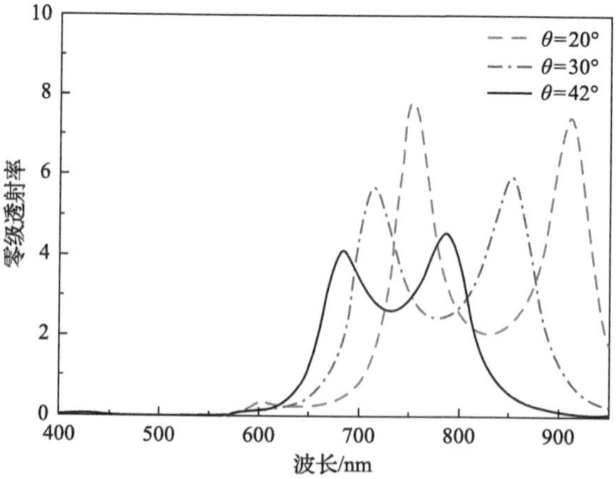

图 3.12　三种不同顶角等腰三角形孔阵列的零级透射率计算曲线

表 3.3　不同顶角的等腰三角形孔阵列的透射特性分析

孔类型	形貌	特征角度/(°)	峰值 1		峰值 2	
			λ/nm	T_{norm}	λ/nm	T_{norm}
等腰三角形#1		42	683.5	4.1	785.8	4.6

续表

孔类型	形貌	特征角度/(°)	峰值 1		峰值 2	
			λ/nm	T_{norm}	λ/nm	T_{norm}
等腰三角形#2		30	714.4	5.8	850.3	6.0
等腰三角形#3		20	753.1	7.9	910	7.5

综上所述，通过时域有限差分方法研究金属纳米孔阵列的透射效应，证实了等边三角形阵列比有相同面积和周期的圆孔阵列及方孔阵列具有更大的透射率；对于具有不同顶角的等腰三角截面，其尖端效应对 EOT 效应也有重要的影响。

参考文献

[1] Wang K X, Yu Z, Liu V, et al. Absorption enhancement in ultrathin crystalline silicon solar cells with antireflection and light-trapping nanocone gratings. Nano Letters, 2012, 12(3): 1616-1619.

[2] Sahoo K C, Li Y M, Chang E Y. Numerical calculation of the reflectance of sub-wavelength structures on silicon nitride for solar cell application. Computer Physics Communications, 2009, 180(10): 1721-1729.

[3] Ho Y H, Liu C C, Liu S W, et al. Efficiency enhancement of flexible organic light-emitting devices by using antireflection nanopillars. Optics Express, 2011, 19(3): A295-302.

[4] Kanamori Y, Ishimori M, Hane K. High efficient light-emitting diodes with antireflection subwavelength gratings. IEEE Photonics Technology Letters, 2002, 14(8): 1064-1066.

[5] Glaser T, Ihring A, Morgenroth W, et al. High temperature resistant antireflective moth-eye structures for infrared radiation sensors. Microsystem Technologies, 2005, 11(2): 86-90.

[6] Lee C, Bae S Y, Mobasser S, et al. A novel silicon nanotips antireflection surface for the micro sun sensor. Nano Letters, 2005, 5(12): 2438-2442.

[7] Wang W T, Lu N, Hao J Y, et al. Self-assembled monolayer islands masked chemical etching for broad-band antireflective silicon surfaces. The Journal of Physical Chemistry C, 2010, 114(5): 1989-1995.

[8] Sun C H, Min W L, Linn N C, et al. Templated fabrication of large area subwavelength antireflection gratings on silicon. Applied Physics Letters, 2007, 91(23): 231105.

[9] Hao J Y, Lu N, Xu H B, et al. Langmuir-Blodgett monolayer masked chemical etching: An approach to broadband antireflective surfaces. Chemistry of Materials, 2009, 21(9): 1802-1805.

[10] Kim J, Inns D, Fogel K, et al. Surface texturing of single-crystalline silicon solar cells using low density SiO_2 films as an anisotropic etch mask. Solar Energy Materials and Solar Cells, 2010,

94(12): 2091-2093.

[11] Jee S W, Park S J, Kim J, et al. Efficient three-dimensional nanostructured photoelectric device by Al-ZnO coating on lithography-free patterned Si nanopillars. Applied Physics Letters, 2011, 99(5): 053118.

[12] Hsu C M, Connor S T, Tang M X, et al. Wafer-scale silicon nanopillars and nanocones by Langmuir-Blodgett assembly and etching. Applied Physics Letters, 2008, 93(13): 133109.

[13] Zhu J, Yu Z, Burkhard G F, et al. Optical absorption enhancement in amorphous silicon nanowire and nanocone arrays. Nano Letters, 2009, 9(1): 279-282.

[14] Chen L C, Wang C K, Huang J B, et al. A nanoporous AlN layer patterned by anodic aluminum oxide and its application as a buffer layer in a GaN-based light-emitting diode. Nanotechnology, 2009, 20(8): 085303.

[15] Sun C H, Jiang P, Jiang B. Broadband moth-eye antireflection coatings on silicon. Applied Physics Letters, 2008, 92(6): 061112.

[16] Song Y M, Jang S J, Yu J S, et al. Bioinspired parabola subwavelength structures for improved broadband antireflection. Small, 2010, 6(9): 984-987.

[17] Han S E, Chen G. Optical absorption enhancement in silicon nanohole arrays for solar photovoltaics. Nano Letters, 2010, 10(3): 984-987.

[18] Ebbesen T W, Lezec H J, Ghaemi H F, et al. Extraordinary optical transmission through sub-wavelength hole arrays. Nature, 1998, 391(6668): 667-669.

[19] Matsui T, Agrawal A, Nahata A, et al. Transmission resonances through aperiodic arrays of subwavelength apertures. Nature, 2007, 446(7135): 517-521.

[20] Yang J C, Gao H, Suh J Y, et al. Enhanced optical transmission mediated by localized plasmons in anisotropic, three-dimensional nanohole arrays. Nano Letters, 2010, 10(8): 3173-3178.

[21] Li J Y, Hua Y L, Fu J X, et al. Influence of hole geometry and lattice constant on extraordinary optical transmission through subwavelength hole arrays in metal films. Journal of Applied Physics, 2010, 107(7): 073101.

[22] Gordon R, Sinton D, Kavanagh K L, et al. A new generation of sensors based on extraordinary optical transmission. Accounts of Chemical Research, 2008, 41(8): 1049-1057.

[23] Gao D, Chen W, Mulchandani A, et al. Detection of tumor markers based on extinction spectra of visible light passing through gold nanoholes. Applied Physics Letters, 2007, 90(7): 073901.

[24] Tetz K A, Pang L,Fainman Y. High-resolution surface plasmon resonance sensor based on linewidth-optimized nanohole array transmittance. Optics Letters, 2006, 31(10): 1528-1530.

[25] Yu N F, Fan J, Wang Q J, et al. Small-divergence semiconductor lasers by plasmonic collimation. Nature Photonics, 2008, 2(9): 564-570.

[26] Yu N F, Blanchard R, Fan J, et al. Small divergence edge-emitting semiconductor lasers with

two-dimensional plasmonic collimators. Applied Physics Letters, 2008, 93(18): 181101.

[27] Genet C, Ebbesen T W. Light in tiny holes. Nature, 2007, 445(7123): 39-46.

[28] Dintinger J, Klein S, Ebbesen T W. Molecule-surface plasmon interactions in hole arrays: Enhanced absorption, refractive index changes, and all-optical switching. Advanced Materials, 2006, 18(10): 1267-1270.

[29] Wenger J, Gerard D, Dintinger J, et al. Emission and excitation contributions to enhanced single molecule fluorescence by gold nanometric apertures. Optics Express, 2008, 16(5): 3008-3020.

[30] Thio T, Pellerin K M, Linke R A, et al. Enhanced light transmission through a single subwavelength aperture. Optics Letters, 2001, 26(24): 1972-1974.

[31] Bethe H A. Theory of diffraction by small holes. Physical Review, 1944, 66(7-8): 163-182.

[32] Kim J H, Moyer P J. Transmission characteristics of metallic equilateral triangular nanohole arrays. Applied Physics Letters, 2006, 89(12): 121106.

[33] Rodrigo S G, Mahboub O, Degiron A, et al. Holes with very acute angles: A new paradigm of extraordinary optical transmission through strongly localized modes. Optics Express, 2010, 18(23): 23691-23697.

[34] Ghaemi H F, Thio T, Grupp D E, et al. Surface plasmons enhance optical transmission through subwavelength holes. Physical Review B, 1998, 58(11): 6779-6782.

[35] Thio T, Ghaemi H F, Lezec H J, et al. Surface-plasmon-enhanced transmission through hole arrays in Cr films. Journal of the Optical Society of America B, 1999, 16(10): 1743.

第 4 章　基于旋涂工艺制备的二维有序胶体晶体

随着纳米技术的发展，多种金属纳米结构被成功制备出来，并且应用于 SERS 检测。这些金属纳米结构表现出良好的 SERS 特性，然而单个金属纳米结构的 SERS 性能较弱，不便于研究，同时不利于应用；杂乱无序的纳米结构群会给光学响应带来干扰，可重复性差，缺乏规律性和可控性；周期性金属纳米结构的表面等离子体光子学特性是多个金属纳米结构近场耦合导致的集体光学响应，易于重复实现，对光学信号也有明显增强，为 SERS 基底制备和研究开辟了新的道路。

二维有序胶体晶体的可控制备是周期性金属纳米结构的基础。而自组装的方法被认为是制作二维或三维胶体晶体最可行和最常见的途径。大多数胶体自组装过程，如重力沉积技术、可控蒸发技术等，都是基于自组装的缓慢过程，对外界因素(湿度、温度等)比较敏感。旋涂技术是近几年新兴的胶体晶体快速自组装技术，以其低成本、高效率、高可靠性等优点受到了关注[1-4]。旋涂技术是微加工标准工艺中的成熟工艺，一般用来在硅片等基底上制造光刻胶或其他聚合物薄膜。通过改变转速或旋涂时间，薄膜的厚度均匀而可控。旋涂法制备胶体晶体具有低成本、高产出、适应性强、兼容性好的特点。针对不同粒径的 PS 球，采用旋涂法完成了二维有序胶体晶体的可控制备，为大面积多构型周期性纳米结构的快速可控制备打下坚实基础。

4.1　旋涂法制备二维有序胶体晶体的基本原理

二维有序胶体晶体制备是通过某种方式将具有相同大小和形状(通常是球形)的胶粒排布在经过处理的具有良好亲水性的平整基片上。一般情况下，这些胶粒在基底表面上是随机排布的，但是适当控制条件，这些胶粒可以通过自组装过程在基底上形成阵列[5]。旋转涂抹工艺的工作原理是高速旋转基底，利用离心力使滴在基底上的胶液均匀地涂布在基底上，厚度视不同胶液和基底间的黏滞系数而不同，也和旋转速度及时间有关。旋转涂抹工艺主要应用于薄膜的制作。本章主要通过旋转涂抹法制备二维有序胶体晶体。

胶体晶体的制备工艺主要包括 PS 球溶胶体系的清洗与配置、硅基底的清洗与处理、PS 球的旋涂等三个主要步骤。

为防止 PS 球之间发生粘连，往往在溶液中添加阻聚剂，需要在旋涂前去除，以免影响旋涂的效果，因此需要进行反复清洗。通常长期保存的 PS 球溶胶体系的浓度一般较低，质量分数只有 5%左右，因此需要进行浓缩。PS 球溶胶体系的清洗与配置主要包括离心浓缩、超声分散、计算配比等工艺。PS 球溶胶体系的清洗是将购置得到的 PS 球溶胶体系离心浓缩后，去除上清液，重新加入分散溶剂，进行超声分散，将纳米球重新均匀分散到溶液里。PS 球溶胶体系的配制是通过计算配比，得到去除上清液的体积和加入分散溶剂的体积，通过改变 PS 球溶胶体系的体积来调节其浓度。采用质量分数为 10%的 PS 球溶胶体系，因此需要通过清洗、重新配比将溶液质量浓度从 5%提高到 10%。

为了防止硅基底上杂质影响 PS 球的自组装过程，需要对硅基底可能存在的灰尘、有机物等进行彻底的清洗。为了增强硅基底的亲水性，提高 PS 球溶胶体系在硅基底上的自组装效果，需要对硅基底进行亲水化处理。硅基底的清洗与处理主要包括超声清洗、加热浸泡等工艺。硅基底的清洗是将硅基底分别通过丙酮溶液超声清洗、乙醇溶液超声清洗、去离子水超声清洗等，去除硅基底上大部分的灰尘、油脂等杂质。硅基底的处理是将硅基底浸泡在加热至 80℃的 30%体积浓度过氧化氢的混合溶液和 98%体积浓度浓硫酸（体积比为 3∶7）中进行亲水化处理，为下一道工艺中旋涂 PS 纳米球做准备。采用 3in（1in=2.54cm）的抛光硅片作为基底需要通过清洗、处理得到亲水性好的基底层。

为了得到排列规整的 PS 球阵列，需要对旋涂工艺中的工艺参数进行精确控制。PS 球的旋涂工艺包括设定参数、固定基底、滴加溶液、旋涂等步骤，如图 4.1 所示。首先设定旋涂工艺参数：旋涂转速、旋涂加速度和旋涂时间；然后固定硅基底：将清洗好的 3in 抛光硅片通过真空吸附的方式固定在匀胶机的旋转吸盘上；接着滴加纳米球溶液：将配置好浓度的纳米球溶液滴加在硅基底表面，进行一定时间的浸润，使溶液均匀地布满整个硅基底表面；最后，启动匀胶机进行旋涂：让匀胶机按设定的加速度达到设定的转速，旋转足够的时间，当旋转结束后即可得到旋涂完成的 PS 纳米球阵列。

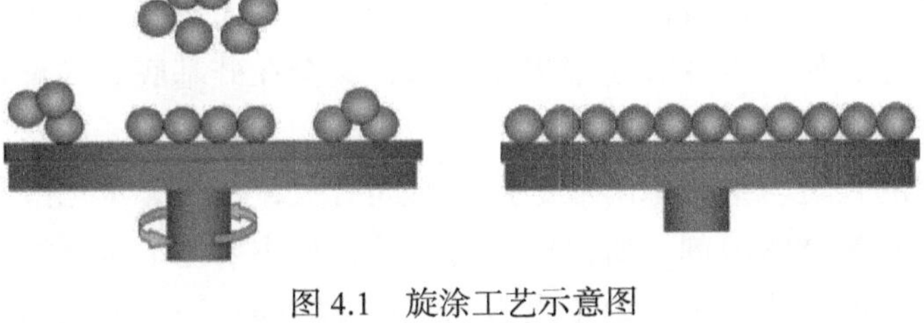

图 4.1　旋涂工艺示意图

旋涂工艺的工作原理是硅基底沿垂直于基底表面的轴进行高速旋转，利用离心力使滴在基底上的纳米球溶液均匀地涂布在硅基底表面，厚度视不同胶液和基底间的黏滞系数而不同，也和旋转速度及时间有关。

PS 纳米球在旋涂过程中受多方面因素影响，受到纳米球自身的重力、溶液对纳米球的浮力、纳米球之间的毛细力、旋转过程中产生的离心力、纳米球在硅基底表面移动所受到的阻力，其受力分析如图 4.2 所示。可以看出，当纳米球粒径选定后，纳米球的重力基本固定，当纳米球溶液液面较高时，其所受到的浮力和毛细力也基本固定，而阻力由浮力和重力决定，也保持固定，离心力主要受旋转速度和所处位置与旋转中心的距离影响较大。而当纳米球溶液液面由于挥发而降低后，纳米球所受到的浮力和毛细力会大大减弱，使得阻力增大，从而将纳米球固定在硅基底表面。

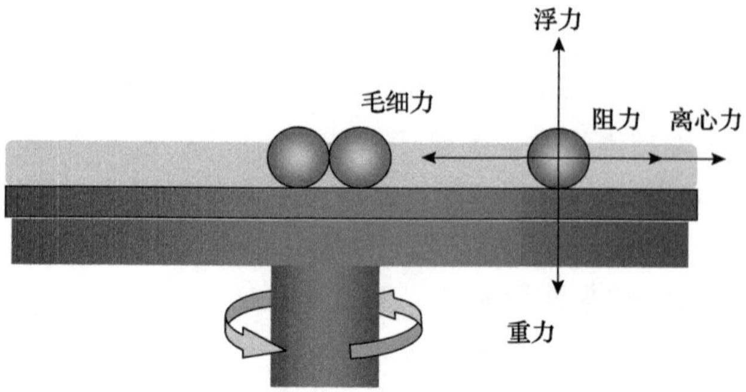

图 4.2　旋涂工艺中纳米球溶胶的受力分析

由以上分析可得，PS 纳米球旋涂过程中影响最大的两个工艺参数是旋转速度和挥发时间。其中，旋转速度过高，离心力较大，容易在硅基底表面形成没有纳米球的孔洞区域；而旋转速度过低，离心力较小，又会在硅基底表面堆积形成双层乃至多层纳米球阵列结构。

溶液溶剂挥发时间，即纳米球溶液从滴加在硅基底开始，到溶液溶剂完全挥发只留下纳米球为止的时间间隔，也可以称为浸润时间，即纳米球浸润在溶液中的时间。其中，浸润时间越长，离心力作用的时间也越长，使纳米球之间距离增大，容易在硅基底表面形成没有纳米球的孔洞区域；而浸润时间越短，离心力作用的时间也越短，使纳米球容易聚集在一起，又会在硅基底表面堆积形成双层乃至多层纳米球阵列结构。

浸润时间的长短与纳米球溶液的挥发时间有关，选用无水乙醇和去离子水的混合溶液作为纳米球的溶剂，所以浸润时间的长短主要与纳米球溶液溶剂中无水乙醇和去离子水的配比有关。由于无水乙醇挥发时间较短，而去离子水的挥发时间较长，两者的混合溶液的挥发时间介于两者之间，按一定比例对无水乙醇和去离子水进行混合，可以控制乙醇水溶液的挥发时间。

4.2　二维有序胶体晶体的旋涂

实验中，采用的 PS 纳米球有三种，平均直径分别为 230nm、310nm 和 509nm。根据后续实验需要，采用双面抛光硅片作为旋涂自组装基底，采用浓硫酸(98%)、H_2O_2(30%)、乙醇等试剂作为分析纯，所用水为去离子水系统制备的电阻率大于 18MΩ/cm 的去离子水。

旋涂工艺制备二维有序胶体晶体主要分三个步骤。

(1)基片的预处理：将实验用的直径为 3in 的硅片先后在丙酮、乙醇、去离子水中使用的超声清洗机分别超声处理 15min；然后将基片在 80℃ Piranha 溶液(H_2SO_4与 H_2O_2 的混合液)中(H_2O_2/H_2SO_4=3∶7(体积比))浸泡 1h，冷却后用去离子水清洗多次，保存在乙醇中，使用前用氮气吹干。

(2)PS 球溶胶体系的配制：以乙醇和水的混合溶液(体积比=1∶1)为分散溶剂，按需要的质量分数加入不同质量的 PS 微球粉末，并在超声清洗机中充分超声分散。

(3)旋涂参数的设定：可调旋涂参数包括旋涂加速度、最高转速和旋涂时间，设定好参数后将经过预处理的 3in 硅片固定在旋涂仪的吸盘上，用微量移液器将胶体溶液滴加在硅片表面，待溶液与硅片表面充分润湿后(约 45s)启动旋涂仪，程序终止后即可实现 PS 二维有序胶体晶体的制备。

旋涂自组装技术可控性高，通过控制溶剂的成分可在一定范围内控制胶体晶体的自组装成膜时间，通过调节胶体溶液浓度可调节胶体晶体膜厚，通过对旋涂参数的控制可改善胶体晶体成膜质量。实验结束后，可用光学显微镜观察胶体晶体在基底表面的分布情况。

4.2.1　晶圆级单层胶体晶体的可控制备

为高效可控地制备大面积二维有序胶体晶体模板，本章通过实验的方法不断优化参数，制备得到了晶圆级的 PS 单层和双层有序胶体晶体。

单层或双层 PS 胶体晶体的有序程度取决于制造条件，其中衬底的润湿性、溶液浓度、旋涂转速和加速度是影响最显著的因素。表 4.1 分别为用旋涂法制备得到的三种小粒径 PS 单层胶体晶体的速度和加速度参数。

表 4.1　单层胶体晶体旋涂参数表

PS 纳米球直径/nm	旋涂速度/(r/min)	旋涂加速度/((r/min)/s)
230	3000	750
310	3250	1000
509	1750	600

在自然光照射下两种不同粒径的 PS 单层胶体晶体的照片如图 4.3 所示，其中平均直径为 310nm 胶体晶体如图 4.3(a)所示，平均直径为 230nm 的胶体晶体如图 4.3(b)所示。在自然光照射下，不同粒径 PS 球胶体晶体展现出不同的颜色。胶体晶体的颜色相对单一，可以初步证明 PS 球胶体晶体膜在硅片表面分布均匀。如图 4.3(a)所示，胶体晶体表面出现了少数白色斑点，这是由于 PS 球溶胶体系未充分分散，在旋涂过程中发生沉淀，这个问题可以通过应用表面活性剂和充分超声分散来解决。如图 4.3(b)所示，硅片边缘呈彩色环形带，这是多层 PS 胶体晶体，而暗色部分为均匀覆盖在硅片上的单层胶体晶体。

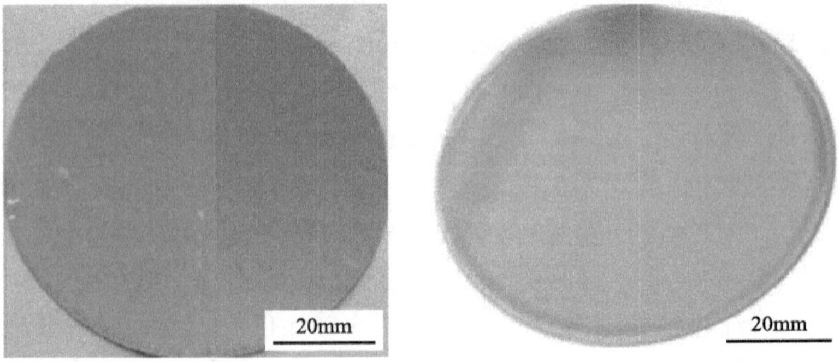

(a) (b)

图 4.3 两种粒径的 PS 单层胶体晶体在白光入射下的照片(彩图请扫封底二维码)

为表征 PS 单层胶体晶体在硅片表面分布的均匀性，采用显微镜随机在 3in 硅片表面选择的四个区域进行观测，检测结果如图 4.4 所示。从图 4.4 中可以看出，显微镜视野中 90%以上的面积都均匀覆盖了六方有序排列的 PS 单层胶体晶体，六角有序排列区域的面积在 1000μm^2 左右。与自然界天然形成的胶体晶体(蛋白石)一样，旋涂法制备的单层胶体晶体也有很多缺陷，包括点缺陷(空穴)、线缺陷(晶界错位)等。这些缺陷影响单层胶体晶体的有序性，但对纳米结构分布的密度没有太大的影响。

(a) (b)

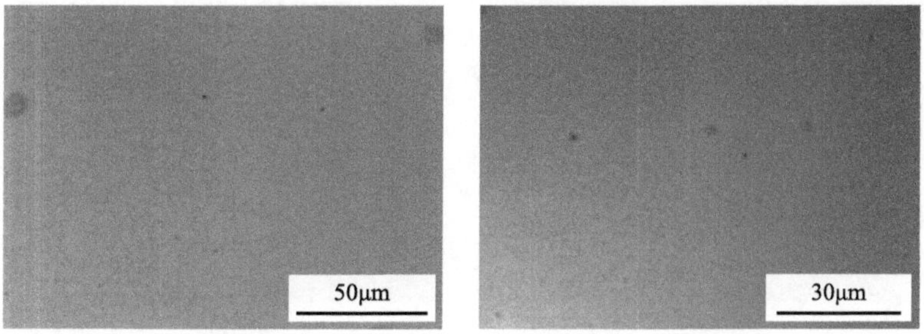

(c)　(d)

图 4.4　硅晶圆上不同区域单层胶体晶体的光学显微镜图

采用场发射 SEM 对 PS 单层胶体晶体的微观形貌进行表征，其型号为 Hitachi S-4800。图 4.5 为三种粒径 PS 单层胶体晶体的 SEM 图。由图可以看出，PS 单层胶体晶体由六方紧密排列的有序纳米球组成，其中图 4.5(a)、(c)和(e)分别为直径为 230nm、310nm 和 509nm 的 PS 胶体晶体单层的高倍 SEM 图，图 4.5(b)、(d)和(f)为对应的低倍 SEM 图。由 SEM 图可以看出，小范围面积的胶体晶体基本为单层，没有多层胶体晶体或空隙。但胶体晶体由很多小面积单晶域组成，单晶域内的纳米球排列短程有序，但是单晶域总体的取向是杂乱无序的，这是由旋涂过程自身固有的局限造成的。旋涂过程是一种快速自组装过程，胶体晶体生长速度的加快促使了缺陷产生。通过提高纳米球的单分散性，改善衬底表面润湿性及改良旋涂参数等措施均可提高胶体晶体的长程有序性，但也不能完全避免缺陷和多晶域现象的产生。

(a)　(b)

(c)　(d)

(e)　　(f)

图 4.5　三种粒径 PS 单层胶体晶体的 SEM 图

4.2.2　晶圆级双层胶体晶体的可控制备

双层胶体晶体和单层胶体晶体的制备参数有显著的差别。制备双层胶体晶体需要更大的胶体溶液浓度，纳米球也更容易聚集，因此需要更长的分散时间。本节介绍制备的两种粒径的晶圆级胶体晶体，其旋涂参数如表 4.2 所示。

表 4.2　双层胶体晶体旋涂参数表

PS 纳米球粒径/nm	旋涂速度/(r/min)	旋涂加速度/((r/min)/s)
347	2400	300
509	1500	100

图 4.6 为采用旋涂法制备的两种粒径(图(a)为 347nm，图(b)为 509nm)的晶圆级 PS 双层胶体晶体。与单层胶体晶体不同，旋涂法制备的胶体晶体双层表面出现了明显的六臂旋光光学现象。这表明胶体晶体的单晶域虽然不是严格有序的，但其取向沿径向有一定的长程有序性。

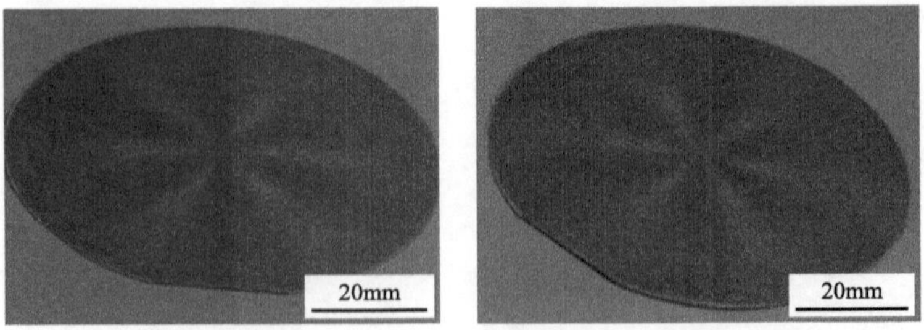

(a)　　(b)

图 4.6　两种粒径的 PS 双层胶体晶体在白光入射下的照片

为表征二维胶体晶体的有序性和均匀性，在硅晶圆表面随机取三个区域，如图 4.7(e)所示。用 SEM 观察硅片表面的胶体晶体形貌，可以看到胶体晶体的低倍 SEM 图，如图 4.7(a)～(c)所示。SEM 图表明，旋涂制备的双层胶体晶体分布非常均匀，90%以上的硅片表面都覆盖了 PS 双层胶体晶体，几乎没有单层部分和胶体球多层堆积部分。PS 双层胶体晶体结构为面心立方晶体结构，且(111)晶面平行于硅片表面，如图 4.7(d)和(f)所示。

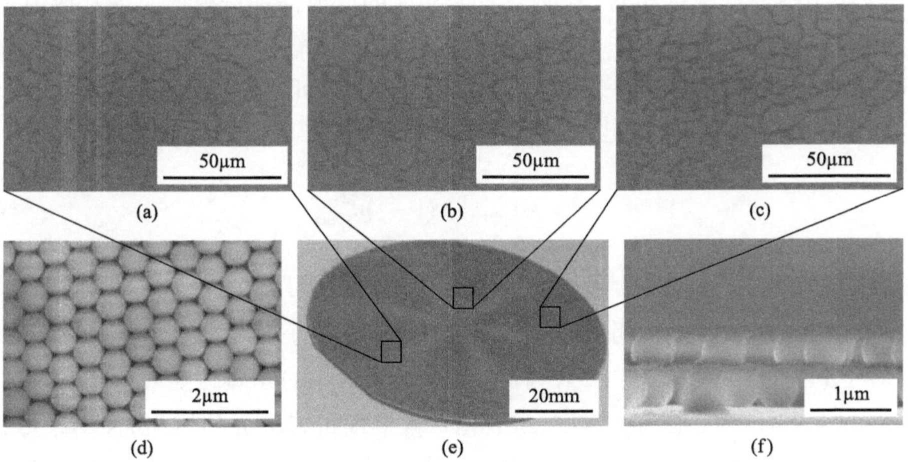

图 4.7　晶圆级 PS 双层胶体晶体的 SEM 图

对于粒径为 347nm 的 PS 纳米球，可以得到相似的结果。图 4.8 所示为该 PS 双层胶体晶体的 SEM 图(图(a)为低倍，图(b)为高倍)。

图 4.8　粒径为 347nm 的 PS 双层胶体晶体的 SEM 图

4.2.3　二维有序胶体晶体光禁带分析

胶体晶体的一个重要性质就是其周期有序结构能产生布拉格(Bragg)衍射，从而形成光禁带。这种光禁带性质与胶体晶体制备基元的尺寸、化学组分及其堆积模式密切相关。从 SEM 图片可以看出，所制备的胶体晶体中纳米球呈面心立方堆积结构。根据 Bragg 衍射方程，可以得到光禁带的峰位与胶体晶体相应参数有如下关系：

$$k\lambda = 4\left(\frac{2}{3}\right)^{\frac{1}{2}}(n^2 - \sin^2\theta)^{\frac{1}{2}} r \qquad (4.1)$$

式中，k 为 Bragg 衍射的级数，在研究胶体晶体的反射谱和透射谱时通常取值为 1；λ 为 Bragg 衍射峰的波长；n 为胶体晶体的平均折射率；θ 为测试过程中胶体晶体表面的法线与测试入射线的夹角；r 为胶体晶体微球的直径。

胶体晶体平均折射率可以用式(4.2)计算得出：

$$n^2 = jn_{\text{sphere}}^2 + (1-j)n_{\text{space}}^2 \qquad (4.2)$$

式中，j 为纳米球占胶体晶体的体积分数(单分散纳米球形成面心立方晶体结构时，j=0.74)；n_{sphere} 为胶体微球的折射率；n_{space} 为胶体晶体内部空隙中介质的折射率。

对于 PS 微球，$n_{\text{sphere}}=1.59$，胶体晶体内部空隙的介质为空气，$n_{\text{space}}=1$。计算可得，PS 胶体晶体平均折射率 $n \approx 1.46$。将平均折射率 n 的值和 PS 纳米颗粒的直径(230nm、310nm、347nm 和 509nm)代入式(4.1)，可得在垂直入射条件下一阶光禁带的峰位波长分别为 548.3nm、739.1nm、827.3nm 和 1213.5nm。

对三种粒径的PS单层胶体晶体进行反射光谱测试，测试波长定为200～2000nm，反射光谱如图 4.9 所示。每片硅片上都取相距较远的两点进行反射光谱测量，可以看出，反射谱重复度较好，说明胶体晶体的有序性及均匀性都较好；三种粒径的 PS 胶体晶体在对应光禁带峰位波长附近都有一个反射谱峰，这说明在这个波长附近光更难通过。利用这个性质可以制备增反射或减反射薄膜。

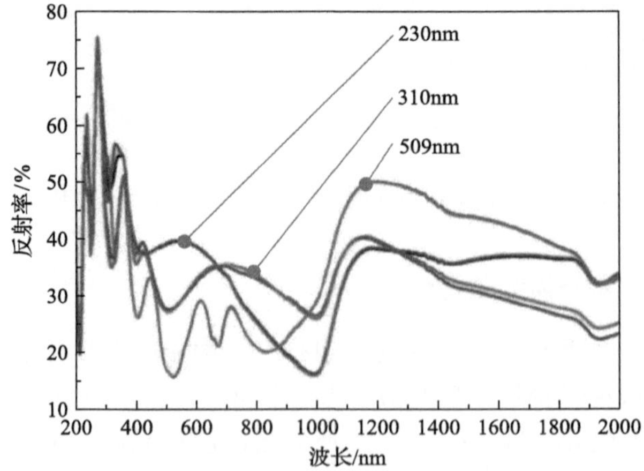

图 4.9　三种粒径的 PS 单层胶体晶体反射光谱

同样，对 347nm(图 4.10(a))、509nm(图 4.10(b))两种粒径的 PS 双层胶体晶

体进行反射谱测量。从图 4.10 中可以看出，反射率曲线重合度较好，在光禁带峰位波长附近有相应的反射峰；347nm 双层胶体晶体的减反射性能明显优于 509nm 双层胶体晶体。因此，通过反射率曲线也可反推验证胶体膜层数及所用纳米球粒径。

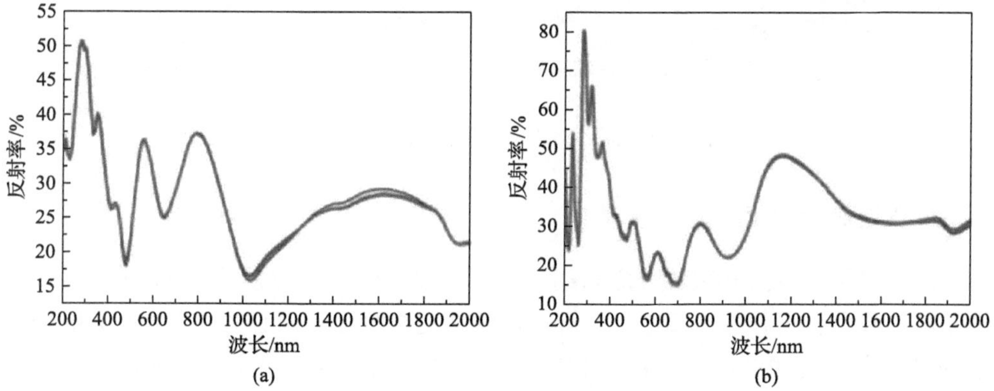

图 4.10　两种粒径的 PS 双层胶体晶体反射光谱图

4.3　限域自组装工艺

在晶片级胶体晶体制备中，旋涂是一种常用的胶体颗粒快速自组装手段，它可以保证胶体晶体排列质量，缩短胶体晶体制备时间，并且与现有的微机电系统(micro-electromechanical systems, MEMS)工艺和集成电路(integrated circuit, IC)工艺相兼容。为保证旋涂质量，往往需要投入大量的人力物力，通过大量实验的方法来确定和优化旋涂实验参数。此外，利用胶体颗粒自组织的方法制备大面积胶体晶体，不可避免地会出现各种缺陷。这些缺陷包括点缺陷、线缺陷、排列致密程度以及层数变化等，其中点缺陷和线缺陷对 SERS 信号一致性的影响不大，而胶体晶体排列致密程度及层数变化对 SERS 信号一致性影响较大。利用旋涂技术制备晶片级胶体晶体时，晶片上往往会出现放射条带状，如图 4.11 所示。这些条带分别是致密的和非致密排列的 PS 球单层，在检测中会对 SERS 信号的一致性造成严重影响。

然而，针对 SERS 技术的应用并不需要在整个晶片上均是高质量排列的 PS 胶体晶体。目前，商用拉曼光谱仪的激光光斑直径不超过 200μm，而且通常配有电子显微镜。因此，仅需要在特定区域内制备高质量排列的胶体晶体，就可以满足 SERS 光谱的一致性的需求。采用 MEMS 工艺在硅片表面制备限域坑，并且在这些特定限域坑内制备高质量的 PS 球胶体晶体，可保证 SERS 光谱的一致性。

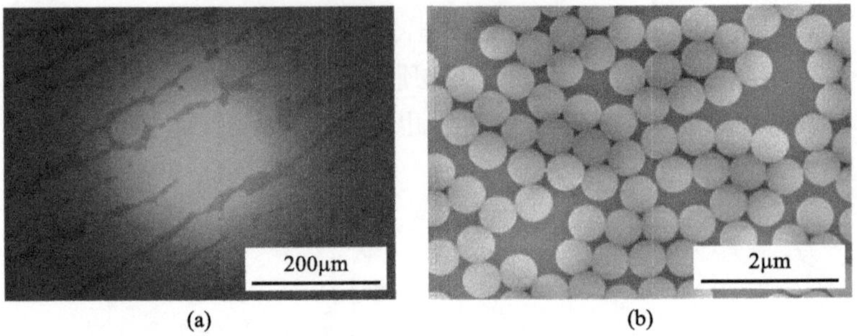

图 4.11　旋涂技术制备的带有缺陷二维胶体晶体

4.3.1　限域旋涂自组装基本原理

旋涂自组装方法和限域旋涂自组装的基本原理如图 4.12 所示。旋涂过程中，胶体颗粒受到多种力作用，其中起关键作用的是毛细管力和离心力。当离心力的作用过强时，大量的 PS 胶体颗粒会被甩出，基底上会出现大量空地；而离心力作用不足时，胶体颗粒会大量聚集形成双层或多层排列结构。因此，为制备高质量胶体晶体单层排列，往往需要多次试验，精确控制旋涂的速度和加速度，调节离心力作用。

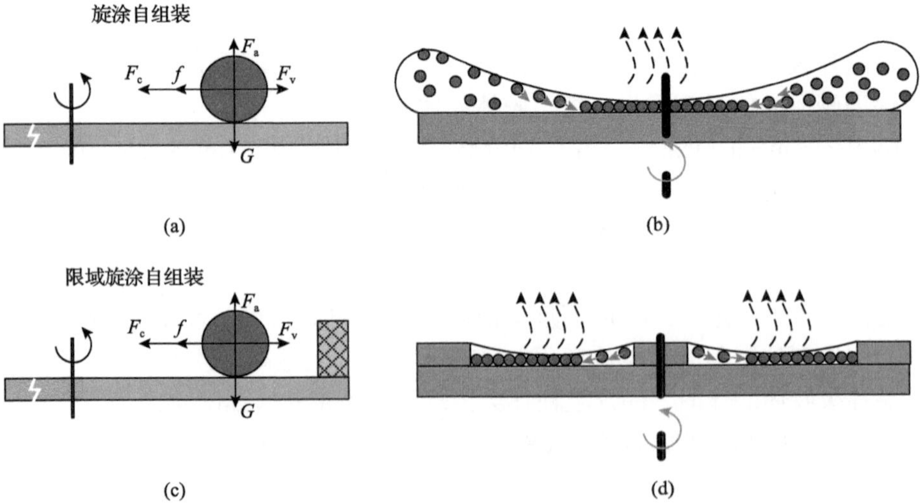

图 4.12　旋涂自组装方法和限域旋涂自组装机理示意图

G-重力；F_a-浮力；F_v-离心力；F_c-毛细管力；f-阻力

利用限域旋涂自组装方法，当离心力作用效果过强时，胶体颗粒被限制在限域坑的坑壁上，保证自组装过程能够继续进行，避免了大量空地的出现，如图 4.12(c)所示。因此，利用限域旋涂自组装的方法，可以拓宽制备高质量胶体晶体的旋涂速度范围，降低了对旋涂速度和加速度精确控制的要求，提高了旋涂工艺的鲁棒性。

研究表明，在自组装过程中，凹液面会促进高质量胶体颗粒排列的形成。如图 4.12(b)所示，由于离心力的作用，溶胶体系会被甩出硅基底，在这一过程中形成了一个大范围的凹液面。但是，由于液面范围过大，溶胶体系并非被连续地甩出，而是间断地一层一层地像波浪一样从中心向周边扩散。这样的扩散就会导致胶体晶体条带状的分布。利用限域自组装的方法，将原来大范围的凹液面改变成为若干个小的凹液面。这样虽然在大范围空间上仍然可能出现条带状分布，但是在小范围的限域坑内可以形成高质量的胶体颗粒排列。

4.3.2　限域坑制备工艺

硅基底表面的图案化处理是通过微加工方法完成的，具体工艺步骤如图 4.13 所示。第一步，利用 MEMS 常规清洗方法，将 3in(100)硅片清洗干净；第二步，利用氧化炉对硅基底表面进行氧化，在硅基底表面氧化一层约 500nm 厚的 SiO_2 层；第三步，在硅基底表面旋涂一层光刻胶；第四步，利用事先设计好的掩模板，在光刻胶上光刻出限域坑的图案；第五步，利用腐蚀液腐蚀 SiO_2 层，在 SiO_2 基底上得到图案化的限域坑；第六步，去除光刻胶。由于这里使用的 PS 球的平均粒径约为 509nm，SiO_2 层的厚度可以达到实验要求。因此，没有对硅基底进行进一步腐蚀。如果需要更深的限域坑，可以以图案化的 SiO_2 层为模板，对硅基底进行进一步的腐蚀，得到设计的深度。

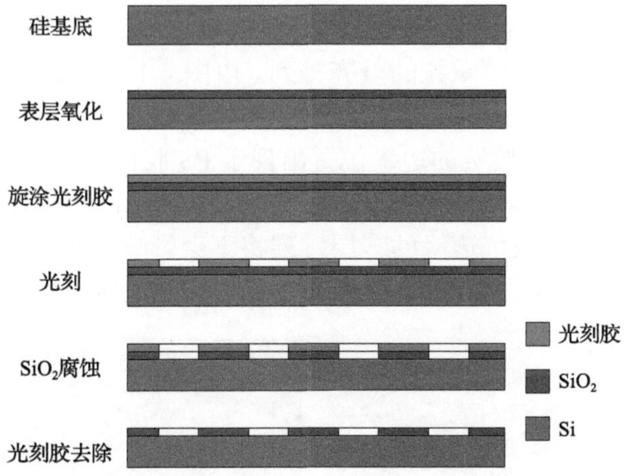

图 4.13　硅基底上限域坑制备工艺流程图(彩图请扫封底二维码)

4.3.3　限域自组装效果

利用限域自组装旋涂技术制备胶体晶体，在限域坑中获得的旋涂效果如图 4.14

所示。在显微镜下，不同层数和排列的胶体晶体会展现出不同的颜色。在限域坑内，胶体晶体显示出均一的颜色。由 SEM 图可知，在限域坑内是 PS 胶体颗粒的密排六方排列。在限域坑外，胶体颗粒的排列显示出不同的颜色，即限域坑外晶体的排列和层数不均一。在晶片级旋涂工艺中，不可能所有限域坑都位于旋转的中心，限域坑是分布在硅片的径向上。通过观察图 4.14 中胶体颗粒分布就可以大致分辨出该限域坑内胶体晶体所受离心力的方向。靠近硅基底中心一侧往往出现多层，而在远离中心一侧往往出现胶体颗粒的空地。

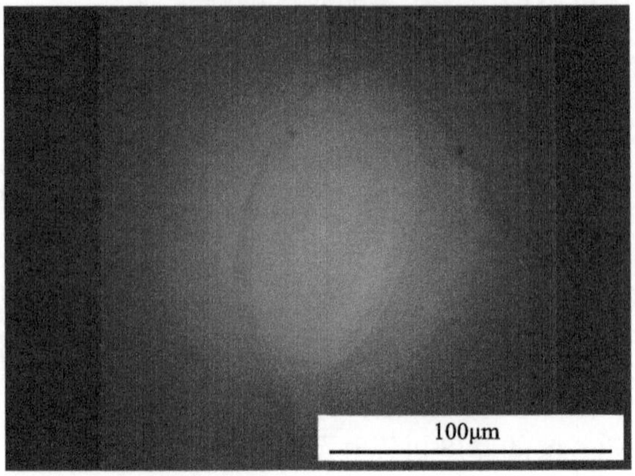

图 4.14　椭圆形限域坑内 PS 胶体晶体的 SEM 图

椭圆形限域坑中 PS 胶体颗粒排列的高倍和低倍 SEM 图如图 4.15 所示。在理想情况下，大幅度地提高旋涂速度可以将限域坑外的 PS 胶体颗粒完全清除，仅在限域坑内保留 PS 胶体颗粒的整齐排列。由图 4.15(a)和(c)可见，限域坑外仅有少量 PS 胶体颗粒残余。限域坑内则是整齐的 PS 胶体颗粒的紧密六方排列，如图 4.15(b)所示。在限域坑的边缘位置出现了 PS 胶体颗粒的双层或多层排列，如图 4.15(d)所示。在 SERS 检测过程中，利用显微镜可以将激光焦点对准到限域坑中心位置。因此，限域坑边缘的多层排列将不会影响 SERS 信号的均一性。综上所述，根据现有 SERS 检测技术的特点，可以通过限域自组装的方法在特定区

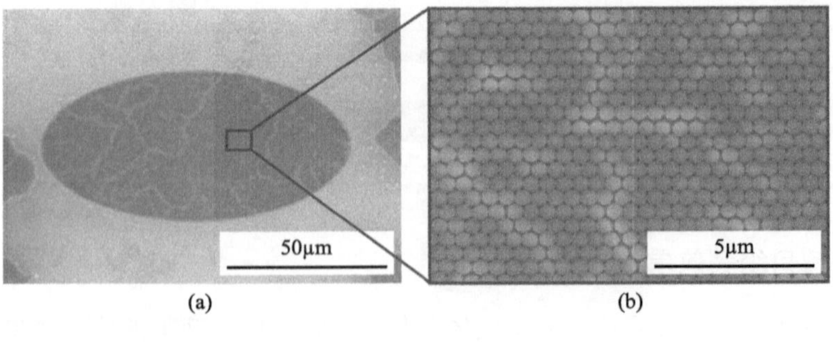

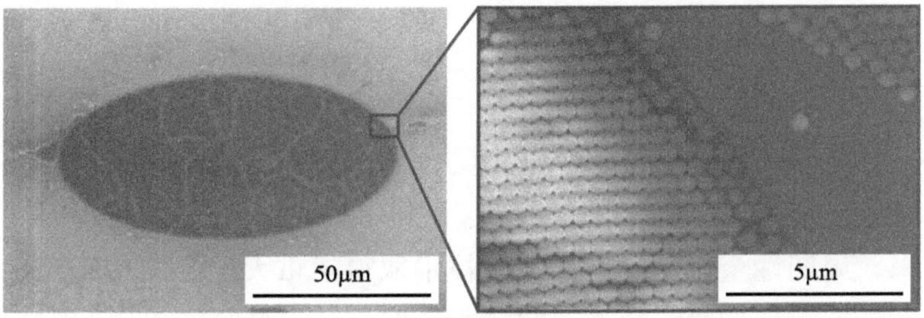

(c)　(d)

图 4.15　椭圆形限域坑内 PS 胶体晶体的 SEM 图

域内构建高质量 PS 胶体颗粒整齐排列，简化 PS 胶体颗粒自组装工艺，提高旋涂工艺的鲁棒性。

参 考 文 献

[1] Chen J, Dong P T, Di D, et al. Controllable fabrication of 2D colloidal-crystal films with polystyrene nanospheres of various diameters by spin-coating. Applied Surface Science, 2013, 270: 6-15.

[2] Giuliani M, González -Viñas W, Poduska K M, et al. Dynamics of crystal structure formation in spin-coated colloidal films. Journal of Physical Chemistry Letters, 2010, 1(9): 1481-1486.

[3] Colson P, Cloots R,Henrist C. Experimental design applied to spin coating of 2D colloidal crystal masks: A relevant method? Langmuir, 2011, 27(21): 12800-12806.

[4] Johnston-Peck A C, Wang J W, Tracy J B. Formation and grain analysis of spin-cast magnetic nanoparticle monolayers. Langmuir, 2011, 27(8): 5040-5046.

[5] 徐泰然. MEMS 和微系统——设计与制造. 王晓浩译. 北京: 机械工业出版社, 2004.

第 5 章　二维有序 AuFON 纳米结构

近年来，周期性金属纳米结构制造技术取得了重大的突破，研究者提出了多种新型周期性纳米结构制造技术。根据制造原理，这些技术可以归纳为“自上而下”和“自下而上”两类。“自上而下”工艺主要指通过材料去除的方法来进行结构制备。该方法通常利用光刻等技术手段实现图形转移，并通过刻蚀等工艺实现纳米结构的制造，但该方法受限于光刻分辨率，且制造成本相对比较高。“自下而上”工艺主要指通过材料叠加的方法来进行结构制备。该方法通常采用自组装、纳米操纵、基因控制生长等技术来实现，成本较低，但可控性差、制造效率较低。将“自上而下”和“自下而上”工艺相结合，可以充分发挥两者的优点，努力避免各自的缺点。

纳米球光刻技术是指以纳米球(PS 球或二氧化硅球)自组装得到的模板为掩模，进行刻蚀或沉积，从而得到纳米结构的工艺[1-5]。该工艺与 MEMS 工艺有很好的兼容性，此外它还具有以下优点：①掩模由价格低廉的纳米球构成，制备过程不需要昂贵的设备；②制备的周期性纳米结构的特征尺寸可以通过简单地调控纳米球尺寸来实现，尺寸涵盖范围广，从几十纳米至几微米都可以容易地实现；③通过反应等离子体刻蚀和预退火等方式可以容易地改变模板形貌，且不会破坏周期性结构的排列方式；④二维有序胶体晶体适合用于制备纳米生物材料，在生化传感领域有较大的潜在应用价值。

基于纳米球光刻技术制备的纳米球上金膜结构(Au film over nanoparticle, AuFON)是一种性能优越的 SERS 基底，具有形貌可调、工艺简单、可复性好等优点。根据 SERS 的物理增强机理，AuFON 结构中曲率半径很小的位置形成纳米尖端，从而形成电磁场的聚集；在颗粒接近的位置可以产生纳米间隙，诱发电磁场耦合。本章利用时域有限差分方法计算 AuFON 结构的表面电磁场分布情况，深入探讨 AuFON 的制备工艺。

5.1　AuFON 基底结构设计

AuFON 结构由基底层、纳米结构层、金属层组成，如图 5.1 所示。其中，基底层主要起支撑纳米结构层的作用。为了便于放置纳米结构层，不影响纳米结构层的形貌，基底层需要尽可能平整。为了使用方便，有时需要将 SERS 基底分成若干份使用，基底层需要便于切割。单晶硅、玻璃等材料都常用于制备基底层，但为了结构表征时使用场发射扫描电子显微镜的方便，需要让基底层导电；而玻璃属于绝缘材料，所以选择掺杂并且抛光后的单晶硅片作为 AuFON 结构中的基底层，可以满足基底层平整、导电、便于切割的要求。

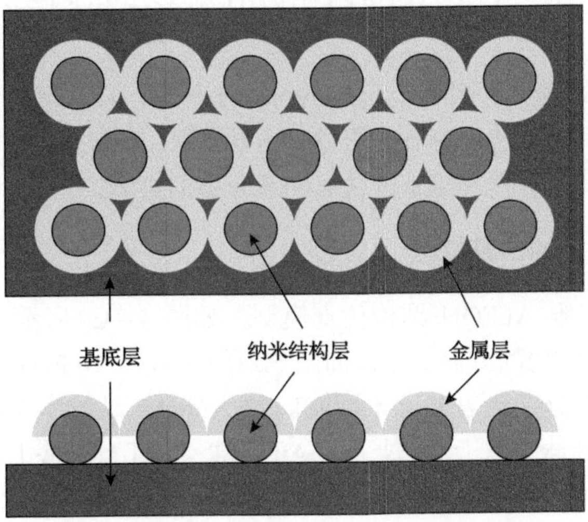

图 5.1　AuFON 结构 SERS 基底结构示意图

AuFON 结构中的纳米结构层主要起构建纳米间隙的作用。为了能形成纳米级间隙，一般都选择纳米级的颗粒进行自组装，PS 纳米球、二氧化硅纳米球、金属纳米颗粒都常用作纳米结构层。为了形成周期性纳米结构，需要选择形状规则的纳米颗粒进行自组装，而金属纳米颗粒的形状难以保持均一性，并且自组装特性较差。同时，为了能够方便地调控周期纳米结构的尺寸参数，需要能够容易地对纳米颗粒进行刻蚀。刻蚀二氧化硅球需要使用六氟化硫等气体，相对操作比较复杂。综上所述，选择可以用氧气进行刻蚀的 PS 纳米球作为 AuFON 结构中的纳米结构层，可以满足纳米结构层均一性好、自组装特性优异、便于加工的要求。

SERS 基底结构中的金属层主要起促发 SERS 的作用。根据 SERS 效应的物理增强机理可知，目前只有一些贵金属和碱金属可以产生表面等离子体共振效应，因此常用的金属层材料主要有金、银、铜等。铜的 SERS 性能相对较差。由于制备的 SERS 基底会用于生物化学检测，需要在 SERS 基底上固联一些生物化学分子，要求基底层具有一定的生物相容性，而铜的生物相容性较差。为了保证 SERS 检测效果的稳定性，需要保持 SERS 基底的稳定性，而银暴露在空气中很容易被氧化或硫化，制成的 SERS 基底稳定性不强。因此，选择以金作为 SERS 基底结构中的金属层，可以满足金属层生物相容性好、稳定性强的要求。

综上所述，AuFON 基底是以单晶硅片为基底层，PS 纳米球自组装后用氧气进行刻蚀得到纳米颗粒作为纳米结构层，再镀制金膜作为金属层的周期纳米结构。

该纳米结构二维有序，加工工艺相对简单，生物相容性好，稳定性强，可以满足生物化学传感的需求。

5.2 AuFON 结构的电磁场增强特性

AuFON 结构本身是一种性能优越的 SERS 基底，具有形貌可调、工艺简单、可复性好等优点。本节通过时域有限差分方法计算 AuFON 结构表面电磁场增强特性，研究结构尺寸对其 SERS 热点强度及分布的影响。

5.2.1 AuFON 结构的仿真模型

本节构建了三维 AuFON 结构仿真模型，如图 5.2(a)所示。图中左下角的坐标指示了 AuFON 结构的方向关系。而图 5.2(b)～(f)是在 FDTD Solutions 软件中构建的仿真模型，分别代表刻蚀不同时间的 AuFON 结构。AuFON 结构仿真模型由硅基底、PS 椭球、位于 PS 球上的 Au 半球、位于硅基底上的 Au 层以及用于构建硅基底上结构的圆柱状真空区域构成。硅基底上的金层并不是一个完整的平面，在金属沉积过程中由于 PS 球的遮蔽，在 PS 球下方区域将不会存在金膜沉积。因此，在硅基底上会出现三角形、圆孔等多种形貌的金属结构。构建仿真模型的结构尺寸参数如表 5.1 所示。在图 5.2(b)中，相邻的 PS 球之间存在干涉。这是由于自组装形成的胶体晶体中两个相邻 PS 球之间并不是点接触，而是存在部分粘连。因此，模型中存在部分干涉情况更符合 PS 球排列实际。在计算材料选择上，PS 球设置为固定的介电常数(2.56)；金和硅的介电常数选自 Palik 库。

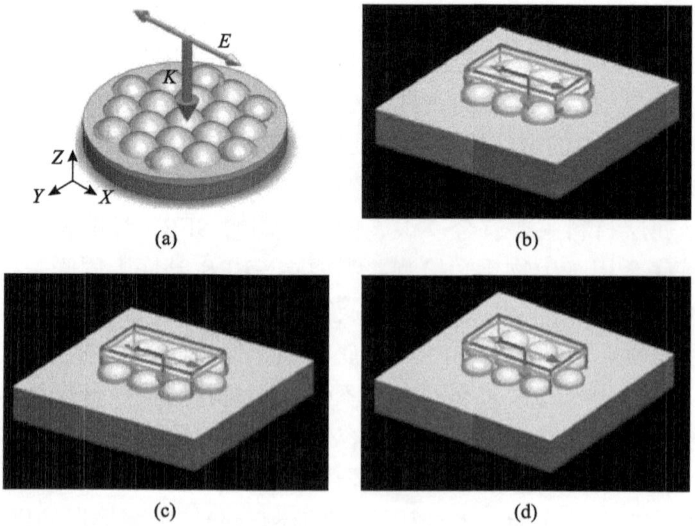

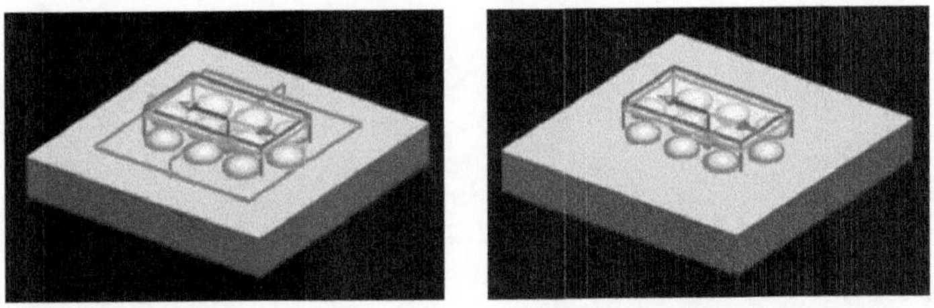

(e)　　　　　　　　(f)

图 5.2　AuFON 结构的电磁场仿真模型构建

表 5.1　AuFON 结构的电磁场仿真模型参数表

参数		图 5.2(b)	图 5.2(c)	图 5.2(d)	图 5.2(e)	图 5.2(f)
周期	—	500	500	500	500	500
金膜半球	r_{Au}	270	250	230	210	190
PS 球	r_1	260	240	220	200	180
	r_2	260	240	220	200	180
	r_3	190	190	170	160	160
圆柱真空	r	260	250	220	200	180

计算区域通常设置为阵列结构的一个周期。为了避免在计算边界位置可能出现的计算误差，该仿真模型中设置的计算区域相对较大，覆盖了两个完整的阵列周期。在 X 方向和 Y 方向上的边界设置为周期性边界条件，在 Z 方向上设置为 PML 边界条件。计算精度设置为较高的精度 7(高精度)。分析中将光源设置为 785nm 波长的平面光源。激光沿着 X 方向偏振，沿 $-Z$ 方向入射到基底。

5.2.2　AuFON 结构的数值计算

为了验证模型构建和计算的准确性，首先分析反射率监视器的计算结果，如图 5.3 所示。图中不同的颜色代表不同材料的介电常数 ε。PS 球与金球相交的界面位置存在部分白色点状缺陷。这是由于在划分网格的过程中，曲面没有被完全拟合出来，

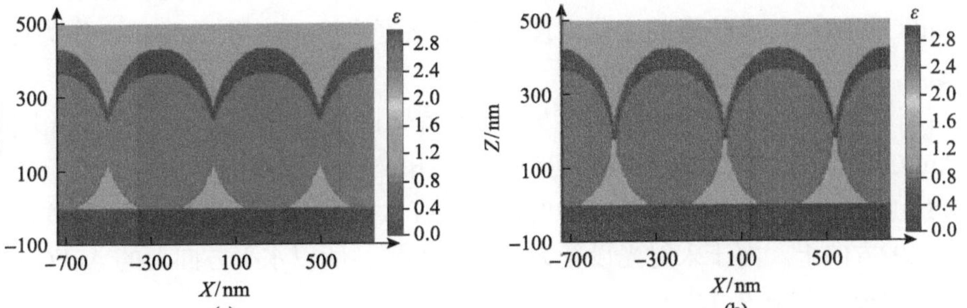

(a)　　　　　　　　(b)

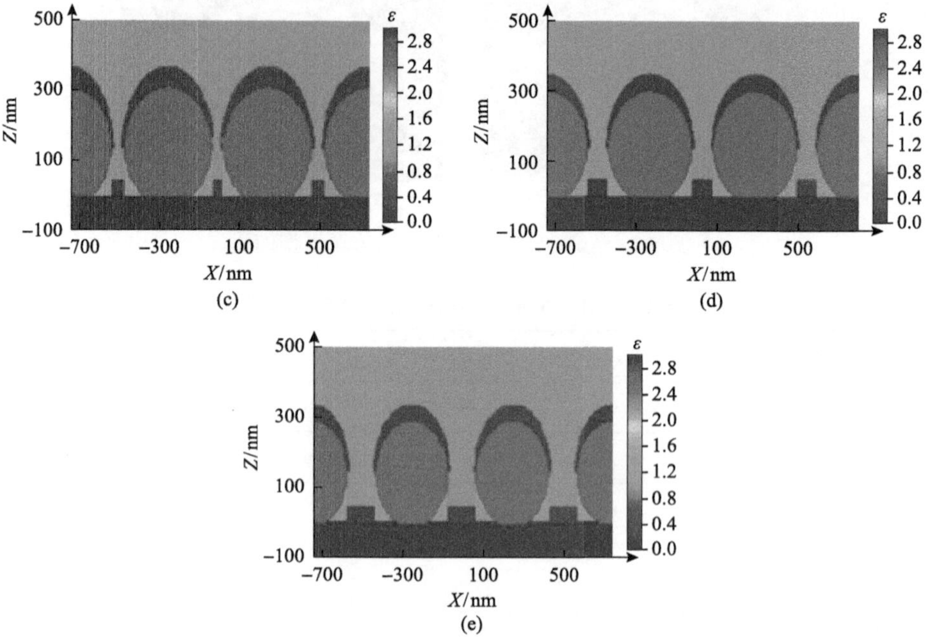

图 5.3　AuFON 结构仿真模型的介电常数计算结果(彩图请扫封底二维码)

可以进一步细化网格来消减这些误差。但是，计算时间会呈三次方增加。

图 5.3(a)和(b)中，监视器平面内的硅基底上没有出现金层结构，这是因为硅基底上的金层结构为三角形结构且不在 *XOZ* 平面内，而是在其他位置。图 5.3(c)～(e)中，在硅基底上出现了金膜结构，这是因为此时硅基底上的金属结构是圆孔结构，金圆孔的直径随 PS 球粒径的减小而减小。

不同结构尺寸 AuFON 结构的电磁场增强特性计算结果如图 5.4 所示。其中，图(a)、(c)、(e)、(g)和(i)为 AuFON 结构在 *XOY* 平面上的电磁场分布，图(b)、(d)、(f)、(h)和(j)为 AuFON 结构在 *XOZ* 平面上的电磁场分布。*XOY* 平面代表在结构某一高度位置的水平面，而 *XOZ* 平面是经过结构原点的正视平面。电磁场强度由颜色的深浅来确定，标尺位于各个插图的右侧。为了更好地体现电磁场强度在 AuFON 结构各个位置的变化，使颜色变化更明显，使用 $\log|E/E_0|^2$ 作为标尺的标度。

由计算结果可见，电磁场主要集中在两个 AuFON 结构接近的位置。相邻的两个 AuFON 结构之间形成了纳米间隙，导致电磁场在这些位置发生耦合，产生了 SERS 热点。AuFON 结构相互接触的位置共有六个，分别位于水平(0,180°)、±60°和±120°方向上。由于入射光设置为 *X* 方向偏振，所以水平方向上的 AuFON 结合位置的电磁场增强最大。

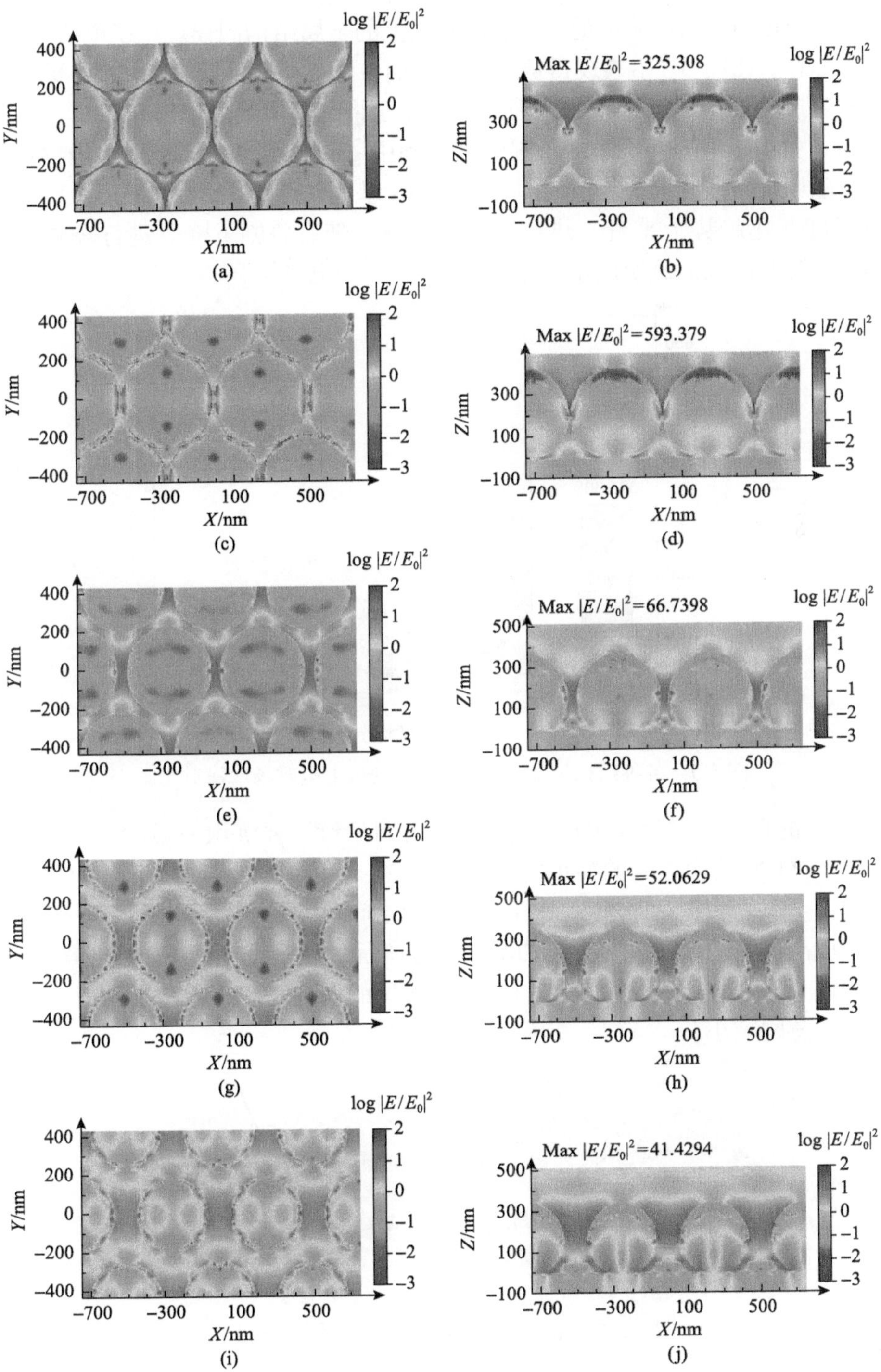

图 5.4　各种结构尺寸 AuFON 基底的电磁场分布图

除了 AuFON 结构接近的位置，硅基底上的金属结构同样产生了电磁场增强，在图 5.4(f)、(h)、(j)中表现得更为明显。而在图 5.4(b)、(d)中，*XOZ* 平面内不存在硅基底上的金属纳米结构，因此不能完全将这种增强表现出来。

为了更精确地表征电磁场增强强度，利用 getelectric 和 max 两个函数获得平面内电磁场增强强度的最大值，即获得 SERS 基底热点的强度，如图 5.5 所示。从热点强度变化趋势上来看，热点强度先升高，随后急剧下降。进行轻微刻蚀的 AuFON 结构(图 5.2(c)所展示的结构)具有最大的电场增强。

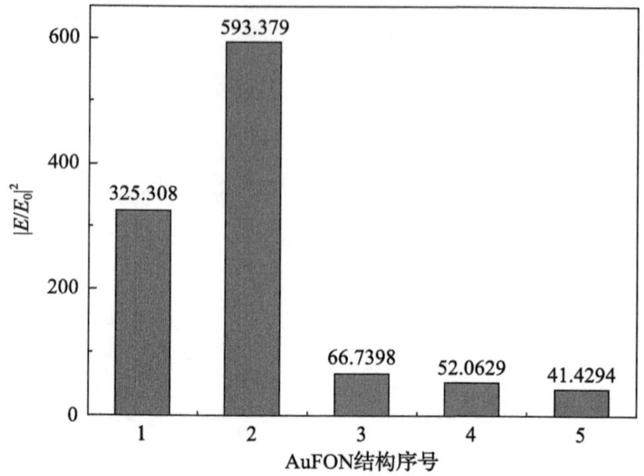

图 5.5　各种结构尺寸 AuFON 基底的最大电磁场增强对比图

PS 球的自组装过程会出现部分粘连，并且后续还要沉积一层金属，会导致两个相邻 AuFON 结构之间的夹角较大，如图 5.6(a)所示。而经过轻微刻蚀的 PS 球，在沉积了金属之后，两个相邻 AuFON 结构之间角度较小，更有利于电磁场的耦合，形成高强度的 SERS 热点，如图 5.6(b)所示。但是当 PS 球的刻蚀量较大时，两个相邻 AuFON 结构之间距离过大，电磁场的耦合作用急剧减小或消失，热点强度随之急剧减小。

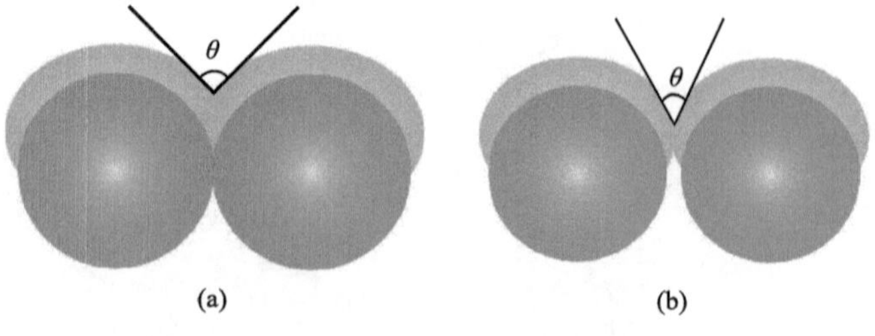

图 5.6　AuFON 结构金膜夹角变化示意图

综上所述，通过时域有限差分方法的计算和分析可以发现，由于电磁场的耦合，AuFON 结构作为 SERS 基底的热点位于两 AuFON 结构结合或接近的位置；对于不同结构尺寸的 AuFON 结构，当 PS 球被轻微刻蚀时，形成的 AuFON 结构的热点强度最高；当 PS 球被过刻蚀时，形成的 AuFON 结构的热点强度会急剧下降。

5.3　AuFON 结构的可控制备

AuFON 结构由基底层、纳米结构层、金属层三种结构构成，其中基底层由抛光硅片构成，纳米结构层由六方排布的 PS 纳米球刻蚀形成，金属层由可以产生 SERS 增强特性的金膜组成。

5.3.1　AuFON 制备的工艺设计

基于纳米球光刻技术制备的 AuFON 结构主要工艺步骤包括基底清洗及亲水化处理、PS 球旋涂(图 5.7(a))、电感耦合等离子体(inductively coupled plasma, ICP)刻蚀(图 5.7(b))、金属沉积(图 5.7(c))等。其中，PS 纳米球的制备通过分散聚合反应得到，主要由苯乙烯不断聚合成链，最终从溶液中析出，聚合生成所需直径的 PS 纳米球。

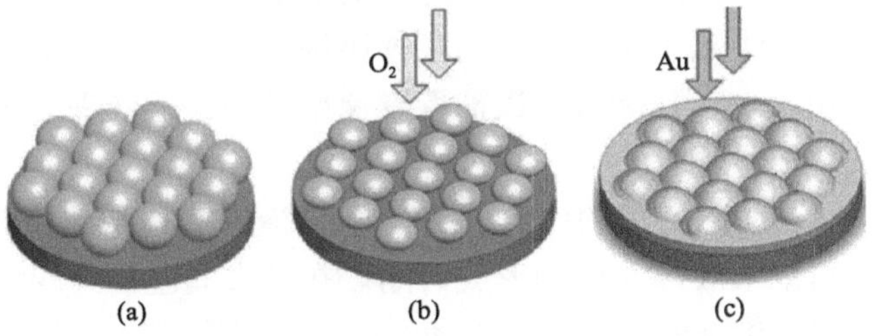

图 5.7　AuFON 结构阵列的制备工艺流程图

纳米结构层的制备可以通过纳米球旋涂工艺得到紧密六方排列纳米球阵列，通过调节纳米胶体球的直径对 AuFON 结构的周期进行调控，通过干法刻蚀得到稀疏六方排列纳米球阵列对 AuFON 结构的直径进行调控，通过调控金属膜的尺寸可以对 AuFON 结构的金属厚度进行调控。

1. 基底清洗及亲水化处理

实验表明，较好的亲水性有助于提高 PS 球单层六方排列的质量。Piranha 溶液可以有效地去除基底表面有机物，减少硅基底表面憎水基，增加亲水基。当 PS 球悬浮液滴加到经过亲水化处理的硅基底表面时，悬浮液迅速向四周扩展，出现浸润现象；当滴加到未经亲水化处理的硅基底表面时，悬浮液将聚集在一起，扩散面积较小。在其他条件保持不变情况下，经过亲水化处理硅基底上形成的胶体晶体质量显著优于未经亲水化处理的硅基底。

本工艺过程以单晶硅片为基底，并对基底进行亲水化处理。在室温下，将基底先后浸入丙酮、乙醇和去离子水，分别超声处理 30min。随后，将基底浸入 Piranha 溶液（H_2SO_4 与 H_2O_2 的混合液，体积比为 7∶3），加热到 80℃，并保持 1h。最后，用去离子水将基底漂洗干净，保存在无水乙醇中待用，使用前用氮气吹干。

2. PS 球旋涂

通过调整旋涂参数可以对胶体晶体的排列质量、层数、晶相等进行控制。以单层 PS 球六方排列为例，影响胶体晶体排列质量的因素众多，包括 PS 球粒径及其固含量、分散溶剂种类及其配比、基底材料及其亲水性、旋转速度及加速度、旋转时间及其阶段设置、胶体颗粒与基底所带电荷极性等。其中，较为重要的参数包括基底润湿性、胶体球悬浮液配比与旋转参数设置。

PS 球悬浮液配比包括 PS 球粒径、PS 球固含量以及溶剂配比。PS 球粒径及浓度对旋转参数的设置有决定作用。当 PS 球粒径较小或浓度较高时，旋转角速度应相应提高；当 PS 球粒径较大或浓度较低时，旋转角速度应相应降低。PS 球悬浮液溶剂配比决定了溶液的蒸发速率，进而决定了基底润湿时间。常用的分散试剂包括丙酮、乙醇、去离子水以及它们各种比例的混合试剂。实验表明，乙醇与去离子水按照体积比 1∶1 作为分散试剂挥发速率适中，溶液表面张力较好，适合作为旋涂分散试剂。

旋涂过程中，由于离心力的作用，PS 球悬浮液液面逐渐减薄；同时，旋转使溶剂加速蒸发，可缩短胶体晶体的形成时间。在基底润湿良好的情况下，当胶体悬浮液配比确定时，优选的转速范围也随之确定。如果转速过小，可能会出现 PS 球多层排列；如果转速过大，在部分区域可能会无 PS 球附着。在具体实验中，可根据 PS 球悬浮液配比大致确定转速，而后通过不断调整优化，最后确定最优转速。

本工艺过程采用旋涂技术来制备紧密六方排列的 PS 球单层，如图 5.7(a)所示。用去离子水和乙醇混合溶液将 PS 球颗粒均匀分散，并将该悬浮液滴加在基底上，利用旋涂技术使 PS 球在基底表面形成大面积单层。具体旋涂参数根据 PS 球粒径及悬浮液浓度大致确定，并通过多次试验来进行调整和优化。

3. ICP 刻蚀

等离子体刻蚀是不同反应的综合，其反应物的浓度、温度和压力会对反应速率产生重要的影响。因此，根据刻蚀要求，可以选择气体组分、流量、气压、刻蚀功率、刻蚀时间等参数，并通过刻蚀效果进行参数优化。ICP 刻蚀对 PS 胶体球在径向和垂直方向都有刻蚀作用，且垂直方向上的刻蚀速率大于径向刻蚀速率。产生这种现象的原因在于，一方面是由于 PS 球具有各向异性，另一方面是由于胶体球的球体形状。以 O_2 为刻蚀气体，对覆有 PS 球的基底进行 ICP 刻蚀，制备 PS 球的非致密排列，如图 5.7(b)所示。

4. 金属沉积

采用蒸镀的方法，在覆有 PS 球非致密排列的基底上沉积一层金膜，如图 5.7(c)所示。在金属沉积过程中，基底可以倾斜不同角度来制备不同形貌的纳米结构。

5.3.2 AuFON 纳米结构层尺寸的调控

纳米结构层尺寸的调控是 AuFON 结构尺寸调控的关键。对纳米结构层模板制备工艺参数的调控，可以改变 AuFON 结构的间距，从而实现金属周期纳米结构基底 SERS 性能的调控。因此，制备一定直径的纳米结构层模板是 AuFON 结构制备工艺的关键条件。

1. 纳米结构层模板的刻蚀方法

刻蚀是通过溶液、反应离子或其他机械方式来剥离、去除材料的一种工艺，成为微纳制造工艺的一种普适叫法。刻蚀通常分为湿法刻蚀和干法刻蚀。湿法刻蚀一般使用溶剂或溶液来进行刻蚀；而干法刻蚀使用气体或等离子体进行刻蚀。

湿法刻蚀是一个纯粹的化学反应过程，是指利用溶液与预刻蚀材料之间的化学反应来去除未被掩模材料掩蔽的部分而达到刻蚀目的。其优点是选择性好、重复性好、生产效率高、设备简单、成本低。但也存在一些缺点：钻刻严重、对图形的控制性较差，不能用于小特征尺寸的刻蚀；会产生大量的化学废液。

干法刻蚀是用等离子体进行薄膜刻蚀的技术。当气体以等离子体形式存在时，这些气体化学活性比常态时要强很多，还可以利用电场对等离子体进行引导和加速，使其具备一定的能量，当其轰击被刻蚀物的表面时，会将被刻蚀物材料的原子击出，从而达到利用物理上的能量转移来实现刻蚀的目的。因此，干法刻蚀是晶圆片表面物理和化学两种过程平衡的结果。干法刻蚀方式的优点是：各向异性好，选择比高，可控性、灵活性、重复性好，细线条操作安全，易实现自动化，无化学废液，处理过程未引入污染，洁净度高。但也存在一些缺点：成本高，设备复杂。

2. 纳米结构层模板的等离子体刻蚀工艺

ICP 刻蚀是微纳加工技术的重要工艺之一，是干法刻蚀技术的一种，具有刻蚀速率高、各向异性强、选择比高、大面积均匀性好、可进行高质量的精细线条刻蚀等优点。ICP 刻蚀机及刻蚀原理如图 5.8 所示。

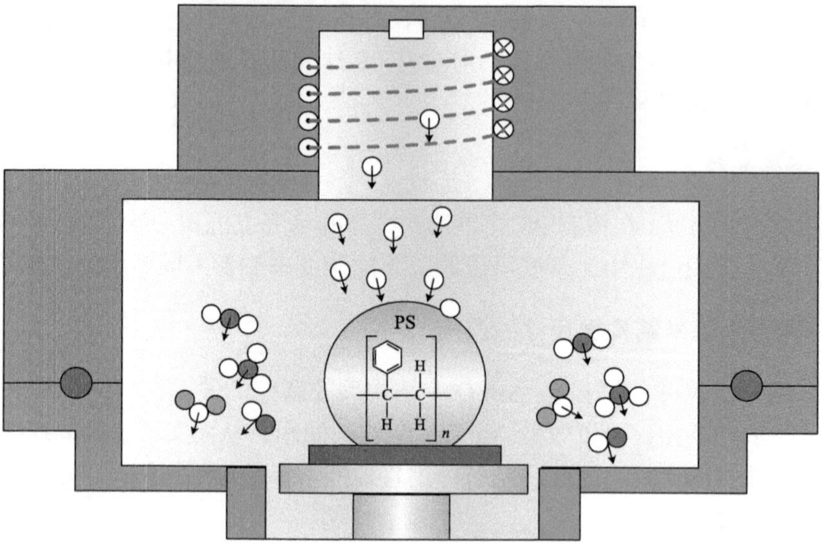

图 5.8　ICP 刻蚀机及刻蚀原理示意图

纳米结构层尺寸的调控工艺主要就是用 O_2 干法刻蚀 PS 纳米球阵列的过程，包括真空环境的获得、氧气的加入、开启射频电源刻蚀等三个主要步骤。

为保证等离子体刻蚀的质量，需要在通入刻蚀气体之前先使反应腔内保持真空环境。真空环境的获得主要是利用机械泵和分子泵相继抽取真空来实现的。机械泵可以高效地抽取低真空，但当达到一定极限后(一般是几帕)，很难再得到更高的真空。而分子泵可以得到较高的真空，但工作效率较低，达到高真空需要时间较长，而且不能用于直接抽取大气压下的气体。因此，需要首先通过机械泵对反应腔抽真空，使其内部气压由大气压逐渐降低到几帕；再切换到分子泵对反应腔抽真空，使其内部气压由几帕逐渐降低至 5×10^{-3}Pa 以下。

为了顺利地刻蚀 PS 纳米球，需要在反应腔内通入氧气作为刻蚀气体，从而在反应腔内形成等离子体，进行物理反应刻蚀和化学反应腐蚀。通过气阀通入高纯氧气，使用流量计对通入的气体流量进行精确控制，同时也可以控制反应腔内的气压环境。

然后打开射频电源，开始进行刻蚀，尽量保持射频功率源的功率大小一致，通过控制时间来对 PS 纳米球的刻蚀速率进行控制。

3. 纳米结构层模板的尺寸调控

感应耦合等离子体刻蚀的工作原理是利用高密度等离子体引起的化学反应和反应气体离子轰击产生的物理作用进行刻蚀。虽然感应耦合等离子体刻蚀是各向异性刻蚀，但其对 PS 纳米球在各个方向上都有刻蚀，只是刻蚀速率有所差别，如图 5.9 所示。可以将感应耦合等离子体刻蚀各个方向上的刻蚀简化到基底的垂直方向和基底水平方向上，由于感应耦合等离子体刻蚀是各向异性刻蚀，其在基底垂直方向上的刻蚀速率要高于基底水平方向上的刻蚀速率，因此刻蚀后得到的 PS 纳米颗粒并不是球形，而是椭球形。

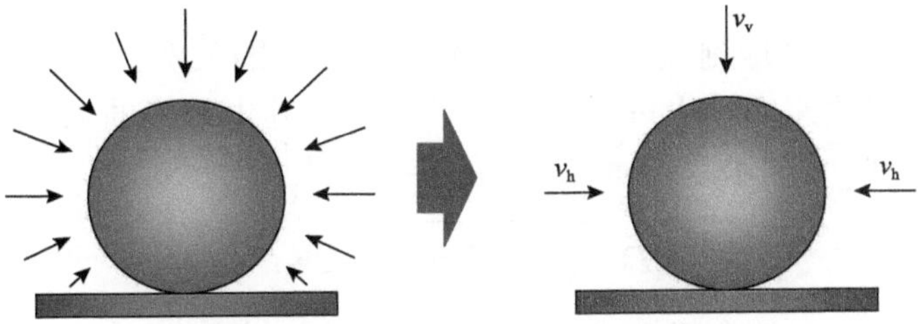

图 5.9　纳米球刻蚀方向简化示意图

由于感应耦合等离子体刻蚀在基底垂直方向上的刻蚀速率 v_v 要高于基底水平方向上的刻蚀速率 v_h，所以把基底垂直方向上的刻蚀作为主要研究对象。当刻蚀厚度没有超过纳米球半径时，如图 5.10(a) 所示，以中央的直角三角形为模型建立方程可得

$$\left(\frac{D_{\mathrm{v}}}{2}\right)^2+\left(\frac{D_{\mathrm{s}}}{2}-\frac{D_{\mathrm{s}}-L_{\mathrm{v}}}{2}\right)^2=\left(\frac{D_{\mathrm{s}}}{2}\right)^2 \tag{5.1}$$

式中，D_v 为只考虑基底垂直方向的刻蚀时，刻蚀后的纳米球的直径；D_s 为纳米球最初的直径；L_v 为纳米球在基底垂直方向被刻蚀掉的厚度，$L_v=v_vt$。

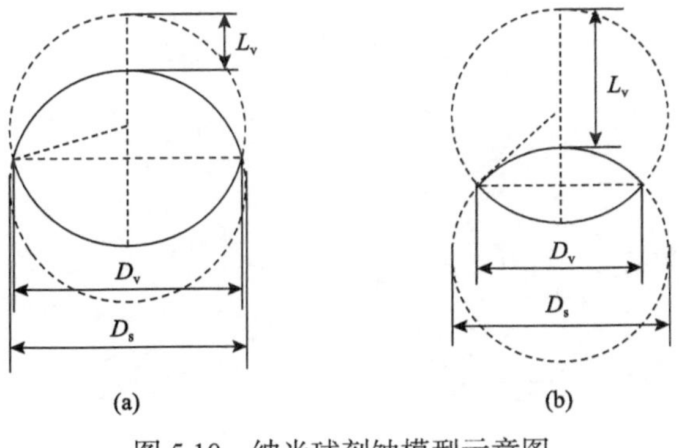

图 5.10　纳米球刻蚀模型示意图

当刻蚀厚度超过纳米球半径时，如图 5.10(b) 所示，虽然形状略有不同，但同样可以以中央的直角三角形为模型建立与方程(5.1)相同的方程。

在如图 5.10 所示的纳米球刻蚀模型基础上考虑基底水平方向的刻蚀，则有

$$D_{\mathrm{v}}-2L_{\mathrm{h}}=D \tag{5.2}$$

式中，D 为考虑基底垂直方向和基底水平方向的刻蚀时刻蚀后的纳米球的直径；

L_h为纳米球在基底水平方向被刻蚀掉的厚度，$L_h=v_h t$。

将方程(5.2)代入方程(5.1)，可得二元二次方程

$$\left(D+2v_h t\right)^2+\left(v_v t\right)^2=D_s^{\,2} \tag{5.3}$$

由此可以得到PS 纳米球刻蚀速度与纳米球直径之间的关系，可以根据得到的纳米球直径推导出刻蚀速度，也可以根据刻蚀速度计算出最终的纳米球直径。由方程(5.3)可以得到 PS 纳米球刻蚀后直径的推算公式：

$$D=\sqrt{D_s^{\,2}-\left(v_v t\right)^2}-2v_h t \tag{5.4}$$

以直径为 720nm 的 PS 纳米球为例，刻蚀不同时间后形成的纳米颗粒的 SEM 图如图 5.11 所示。其中，刻蚀 0min 后由标尺测量的纳米球直径为 720nm，如图 5.11(a)所示；刻蚀 1min 后得到的纳米球直径为 690nm，如图 5.11(b)所示；刻蚀 3min 后得到的纳米球直径为 625nm，如图 5.11(c)所示；刻蚀 5min 后得到的纳米球直径为 535nm，如图 5.11(d)所示；刻蚀 7min 后得到的纳米球直径为 435nm，如图 5.11(e)所示；刻蚀 9min 后得到的纳米球直径为 330nm，如图 5.11(f)所示；刻蚀 11min 后得到的纳米球直径为 240nm，如图 5.11(g)所示；刻蚀 13min 后得到的纳米球直径为 210nm，如图 5.11(h)所示。由此代入式(5.3)中建立方程组，联立求解，可以计算出 PS 纳米球的基底垂直方向的刻蚀速率 v_v 约为 60nm/min，基底水平方向的刻蚀速率 v_h 约为 12nm/min；再代入方程(5.4)，可得 PS 纳米球刻蚀后直径的推算公式：

$$D=\sqrt{720^2-\left(60t\right)^2}-24t \tag{5.5}$$

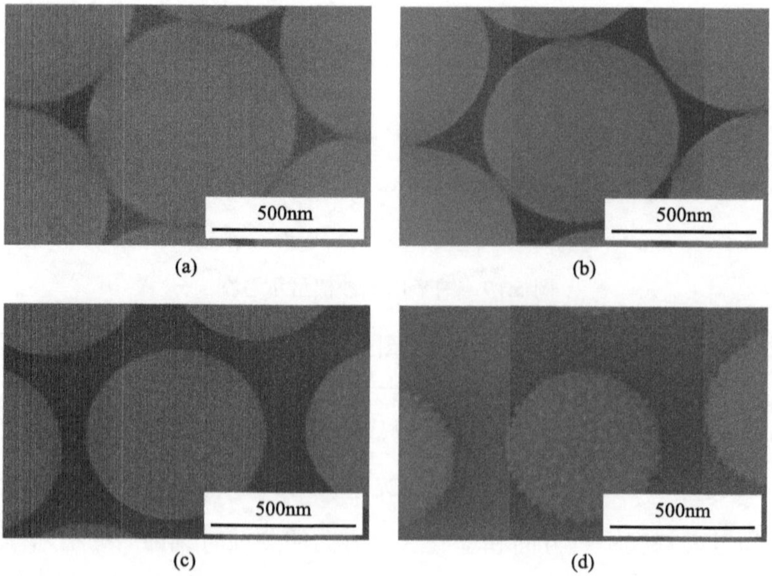

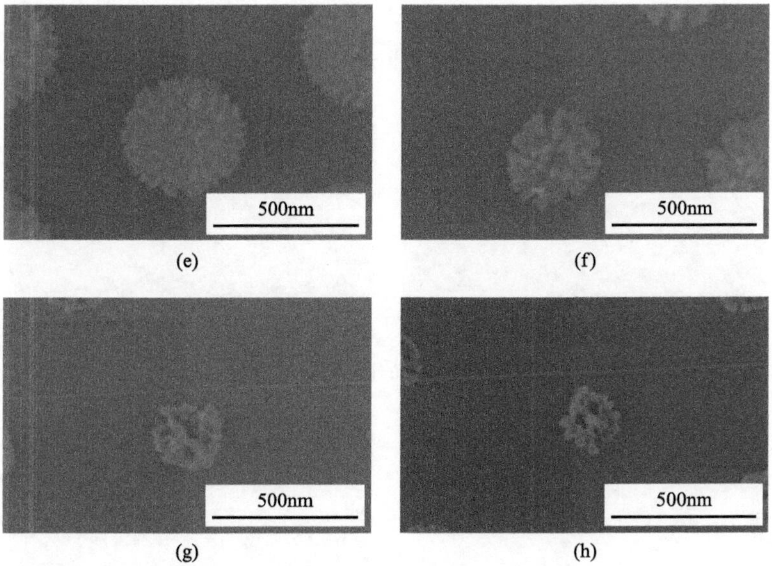

图 5.11　刻蚀不同时间后 PS 纳米球形貌

由 PS 纳米球刻蚀后直径的推算公式作图可得刻蚀时间与 PS 纳米球直径的关系，如图 5.12 所示。其中，实线是理论值，散点是实际测量值。可以看出，当刻蚀时间较短时，理论值与测量值吻合较好；当刻蚀时间较长时，PS 纳米球核心比较致密，导致刻蚀表面质量较差，刻蚀速度下降。刻蚀时间越长，理论值与测量值的误差越大。因此，由于实际刻蚀时诸多因素的影响，PS 纳米球刻蚀后直径的推算公式目前只适用于刻蚀时间在 9min 以内的情况。

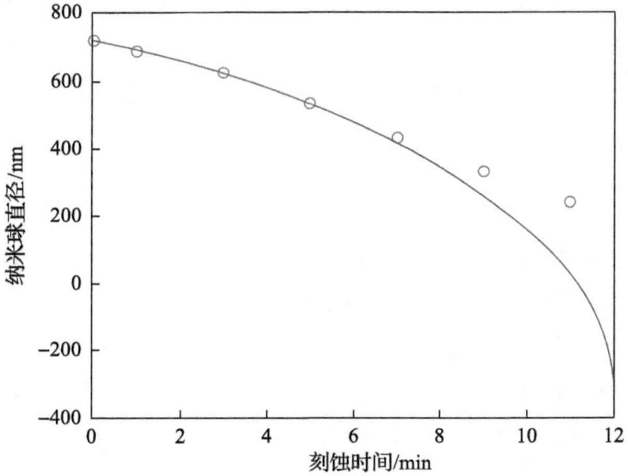

图 5.12　刻蚀时间与 PS 纳米球直径的关系

使用氧气对纳米结构层模板进行 ICP 刻蚀，PS 纳米球的直径发生改变，PS 纳米球紧密的六方阵列被刻蚀成非致密的六方阵列，如图 5.13 所示。经过 ICP 刻蚀的 PS 纳米球不再保持球形，而是被刻蚀成扁球形，如图 5.14 所示。

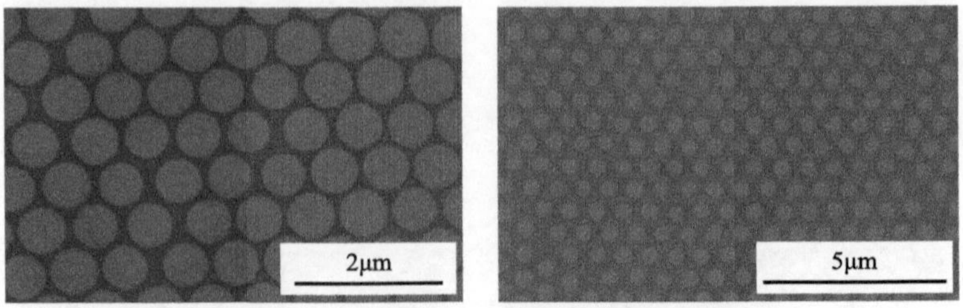

图 5.13　PS 纳米球刻蚀后间距改变标准的 SEM 图

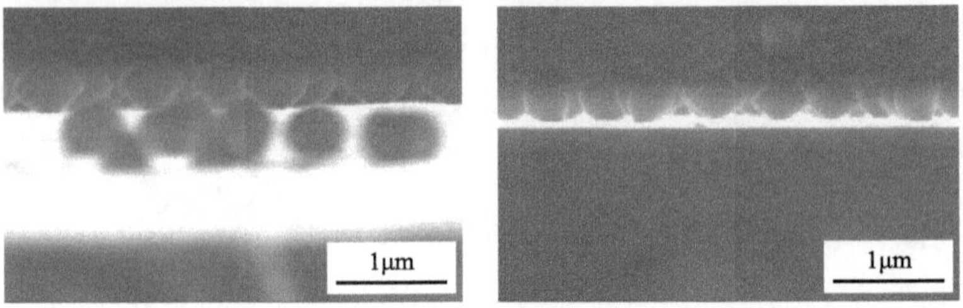

图 5.14　PS 纳米球刻蚀后侧面形貌的 SEM 图

5.3.3　AuFON 金属层的制备

金属层的制备是 AuFON 结构产生 SERS 效应的关键。根据理论分析，只有银、金和铜以及碱金属等自由电子金属可以产生 SERS 效应。所以，只有制备金属层后才能产生 SERS 效应。根据计算结果，AuFON 结构的 SERS 性能与其表面的金属层的厚度有关。因此，通过调控金属层制备工艺参数，改变 AuFON 结构的金属厚度，可实现对金属周期纳米结构基底 SERS 性能的调控。因此，制备适当厚度的金属层是 AuFON 结构制备工艺的关键条件。

1. 金属层的镀膜方法

PS 纳米球上的镀膜即把具有 SERS 性能的金属材料镀制在纳米颗粒表面，主要有化学气相沉积和物理气相沉积两种方式。

化学气相沉积是把一种或几种含有构成薄膜元素的化合物、单质气体通入放置有基材的反应室，让反应物质在气态条件下发生化学反应，在固态基底表面生成固态物质沉积，进而制得固体材料的技术。

物理气相沉积技术是在真空条件下，采用物理方法，将材料源(固相或液相)表面气化成气态原子、分子或部分电离成离子，并通过低压气体(或等离子体)运动，在基底表面沉积形成薄膜的技术。物理气相沉积技术工艺过程简单，对环境无污染，耗材少，成膜均匀致密，与基体的结合力强。物理气相沉积的主要方法有溅射镀膜、真空蒸镀、电弧等离子体镀、离子镀膜及分子束外延等，其中溅射镀膜和真空蒸镀应用较多。

在溅射镀膜过程中，氩气被离子化形成等离子体，带有正电荷，如图 5.15 所示。由于阴极靶材负电位的强烈吸引，氩等离子体被加速，从而获得大量动能。当氩等离子体轰击靶表面时，氩等离子体的动量被传递到靶材上，溅射出一个或多个原子。被溅射出的原子，穿过等离子体到达基底表面就形成了金属膜。

真空蒸镀的基本原理是在真空条件下，使用高能电子束使金属、金属合金或化合物受热蒸发成气相，然后沉积在基底表面上。图 5.16 为真空蒸镀设备原理示意图。真空蒸镀方法具有工艺简单、可以形成台阶面、成膜质量高等优点。由电子枪发射出的电子在空间磁场的作用下，对坩埚中的靶材进行轰击。靶材被电子束加热，当局部温度达到金属沸点时，金属蒸发。蒸气分子的平均自由程增加，在真空腔内以直线运动，在接触基底表面后凝结形成金属膜。

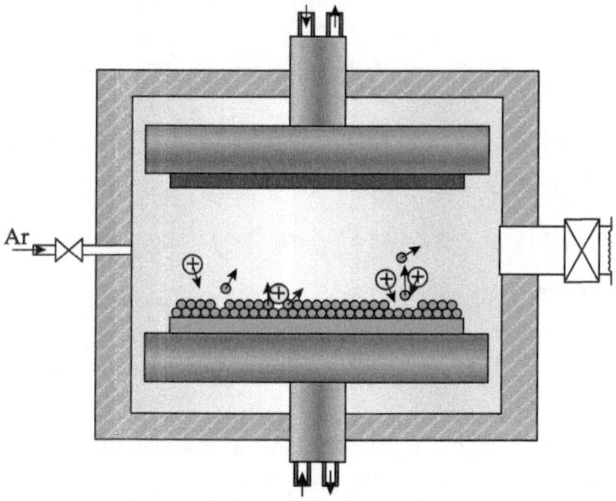

图 5.15　溅射镀膜原理示意图

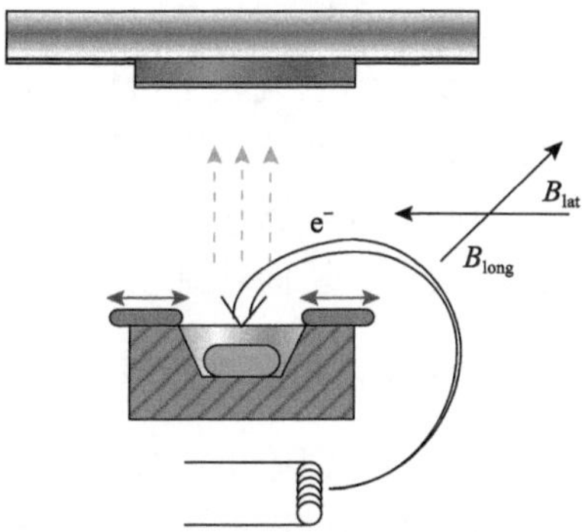

图 5.16　真空蒸镀设备原理示意图

溅射镀膜和真空蒸镀的优缺点可通过表 5.2 进行比较。

表 5.2　溅射镀膜与真空蒸镀特点分析

参数	真空溅射镀膜	电子束蒸镀
成膜组分	具有沉积并保持复杂合金原组分的能力	不同材料的蒸气压不同，被沉积合金最后组分具有任意精度
温度	能够淀积高温熔化和难熔金属	有升温限制
成膜质量	在较大基底上控制沉积均匀薄膜	在较大基底上控制沉积均匀薄膜
方向性	方向性差，可以形成台阶覆盖	方向性好，不能形成台阶覆盖
内应力	冷成膜，内应力较大，附着力小	内应力较小，附着力较大

2. 金属层的蒸发镀膜工艺

金属层的蒸发镀膜工艺主要是用高能电子束熔化靶材金属，形成金属蒸气，漂移到基底表面冷却凝结成膜的过程。该工艺主要包括真空环境的获得、靶材金属的熔化、金属膜的形成等三个主要步骤。

为保证高温金属蒸气不被氧化，以及获得较好的镀膜质量，需要在通入熔化靶材金属之前先使反应腔内保持真空环境。真空环境的获得与 ICP 刻蚀中真空环境的获得类似，主要也是利用机械泵和分子泵相继抽取真空来实现的。不同的是，蒸发镀膜工艺中的反应腔要大于 ICP 刻蚀工艺中的反应腔，因此蒸发镀膜工艺中抽取真空的时间要更长。

为了将靶材金属转化为膜层材料，需要将高能电子束打在靶材金属上，使其达到熔化温度，形成熔融状态，产生金属蒸气。一般靶材金属上会吸附有气体，当电子束加热时，气体释放，会影响真空腔的真空度，因此需要预先加热靶材金属，提前释放吸附气体。当靶材金属完全熔化后，会产生金属蒸气，在真空中向上漂移。

金属蒸气遇到硅基底后，温度降低，在硅基底表面冷却形成金属膜层。通过控制电子束的电流大小可以控制打在靶材金属上高能电子的数目，从而控制熔融靶材的温度，调节蒸发镀膜的速率。通过固定在反应腔上方的石英晶振可以测量出已镀制的金属膜层的厚度，当达到所需厚度后，在靶材金属上方进行遮挡，即可停止镀膜，从而达到精确控制膜层厚度的目的。

3. 金属层的蒸发镀膜调控

真空蒸发镀膜的工作原理是利用高温熔化靶材金属，使金属蒸发到硅基底表面的蒸发凝固过程进行物理气相沉积。因为金属蒸气的移动路径基本上是直线，所以在有掩模存在的情况下会按照掩模形状镀膜，形成台阶效应，如图 5.17 所示。以刻蚀后的 PS 纳米颗粒为掩模，所镀金膜只镀制在 PS 纳米颗粒的表面，而纳米颗粒与硅基底之间的部分被遮挡，无法形成金膜。在纳米颗粒上镀制的金膜厚度

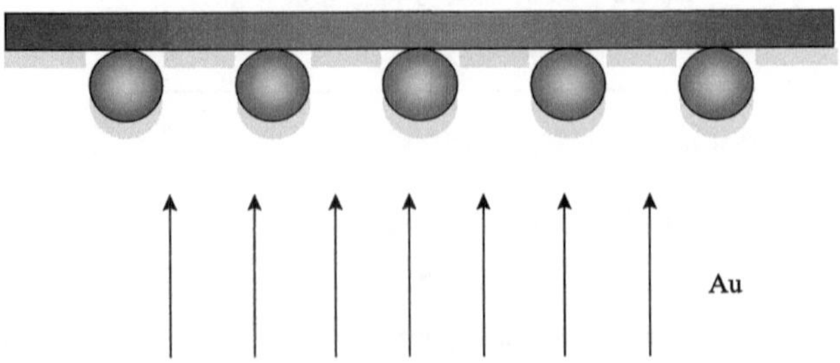

图 5.17　蒸发镀膜工作原理的示意图

可以通过镀膜机中的石英晶振进行测量，当达到所需厚度后停止镀膜即可，所镀制膜层的厚度可以精确到 0.1nm。

因为真空蒸发镀膜具有台阶效应，所以金膜很难镀制在 PS 纳米颗粒侧面。而纳米颗粒阵列形成纳米间隙的部分在两个纳米颗粒之间，即在两个纳米颗粒的侧面连接处，如果侧面无法镀制金膜，将影响纳米间隙的形成，进而影响 SERS 效应。采用在水平方向旋转硅基底的方法，可以有效改善台阶效应。因为 PS 纳米颗粒并不位于金蒸气的正上方，所以当硅基底沿水平方向旋转时，原来从一个方向蒸镀的金属蒸气在纳米颗粒旋转后改变了蒸镀方向，所以可以看成金属蒸气的蒸镀方向发生了改变，这样就使 PS 纳米颗粒的侧壁也会镀到金膜，如图 5.18 所示。

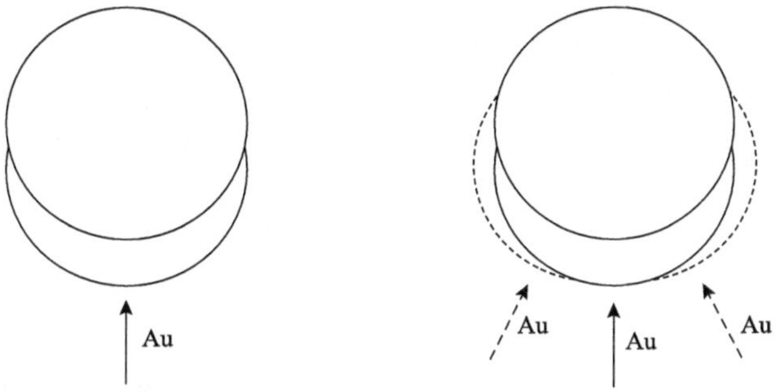

图 5.18　蒸发镀膜工艺调控图

4. 金属层的镀膜结果

纳米球在硅片基底上旋涂成阵列，经过刻蚀、镀膜后成为 AuFON 结构。当刻蚀时间不同时，不同直径的 AuFON 结构如图 5.19～图 5.21 所示，从俯视和斜视的角度表征了该周期纳米结构的几何形貌。图 5.19 为刻蚀了 1min 的 AuFON 结构；图 5.20 为刻蚀了 3min 的 AuFON 结构；图 5.21 为刻蚀了 5min 的 AuFON 结构。从图 5.19 中可以看出，纳米球之间可以形成纳米间隙，会产生 SERS 效应。从图 5.20 和图 5.21 中可以看出，随着刻蚀时间的延长，纳米球之间间隙增大，无法形成纳米间隙，SERS 效应较弱。

图 5.19　PS 纳米颗粒刻蚀 1min 的 AuFON 结构

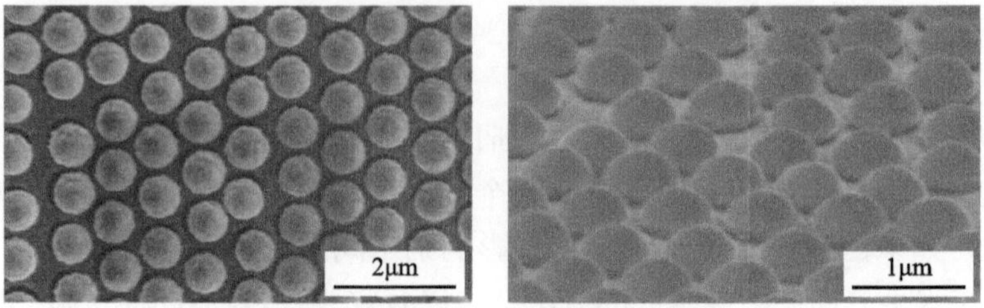

图 5.20　PS 纳米颗粒刻蚀 3min 的 AuFON 结构

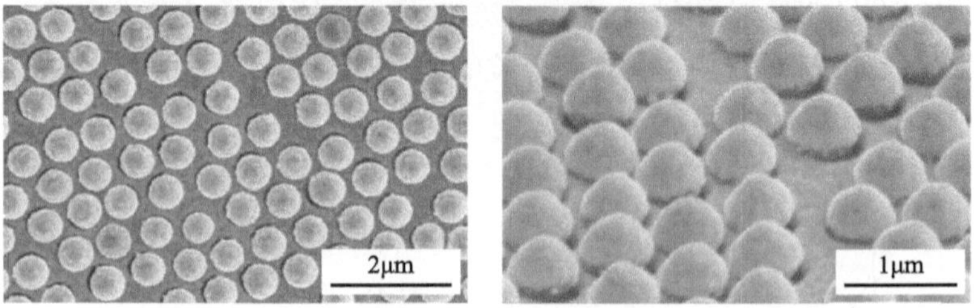

图 5.21　PS 纳米颗粒刻蚀 5min 的 AuFON 结构

5. 倾斜蒸镀制备工艺

利用真空蒸镀的方法来沉积金膜，作为蒸发源的坩埚可以看作一个点，而蒸镀台的面积相对比较大。因此，在大多数情况下，金属并非垂直地沉积到基底上，而是带有一定的角度。如果蒸镀台固定不动，蒸镀台上不同位置的基底，其金属沉积角度不同，形成的金属纳米结构形貌也会出现明显的区别。在蒸镀过程中，保持蒸镀台旋转，可以保证蒸镀金膜的均一性。

金属沉积角度的定义为金属沉积方向与沉积基底法向的夹角。当金属的沉积角度大于 70° 时，就会形成掠角倾斜蒸镀。沉积的金属会产生自影蔽效应，形成纳米棒状结构，具有较强的 SERS 增强效果[6]。以 PS 球作为沉积基底，其法向沿着径向向外，朝向各个方向。以固定的单个 PS 球为例，PS 球边缘位置的金属沉积角度会大于 70°，那么在这些边缘位置会出现纳米棒状结构，如图 5.22(a)所示。图中加粗的曲线指示了会出现纳米棒状结构的位置。当基底偏离了金属垂直沉积的位置时，掠角倾斜蒸镀会出现在更靠近 PS 球顶端的位置，如图 5.22(b)所示。

为验证 PS 球上金纳米棒的形成情况，将覆有 PS 球的硅基底固定在坩埚上方，并且倾斜 45°，这样掠角倾斜位置就会出现在更靠近 PS 球顶端位置。如图 5.23 所示，在远离金属沉积方向上的 PS 球颗粒顶端，出现了与纳米棒类似的粗糙凸起。采用旋转蒸镀的方法，在旋转过程中同样会出现自影蔽效应。但是由于金属沉积角度是不断变化的，就不能形成纳米棒状结构，而是在 PS 球表面出现鳞状粗糙颗粒。这些鳞状粗糙颗粒也会对基底 SERS 性能的提升有贡献。

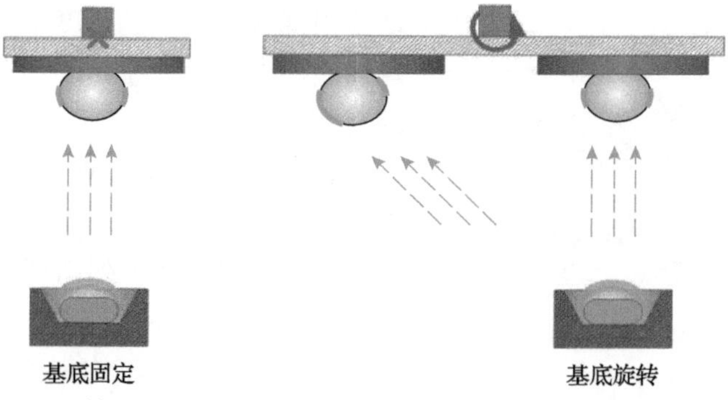

图 5.22　蒸镀台固定和旋转情况下的金属沉积示意图

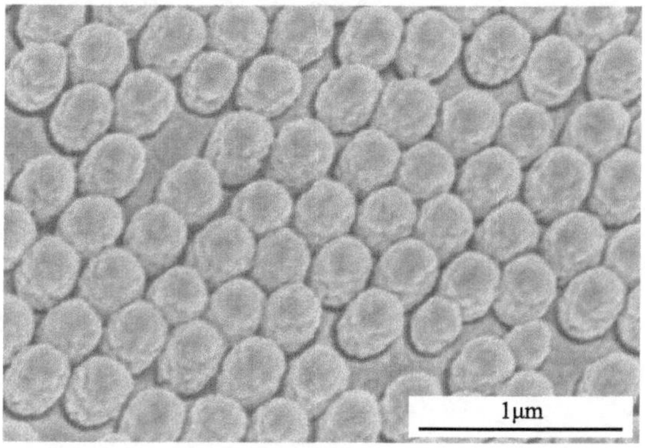

图 5.23　倾斜蒸镀制备的 AuFON 结构形貌

5.3.4　AuFON 纳米结构形貌误差分析

由于在纳米球旋涂、刻蚀、镀膜等工艺上对工艺参数的调控还不够精细，制备得到的 AuFON 结构具有一定的误差。

经过长时间 ICP 刻蚀的 PS 纳米球，其表面不再保持光滑，而是被刻蚀成凹凸不平的表面，如图 5.24 所示。由于 PS 纳米球在制备过程中的聚合速度不均匀，

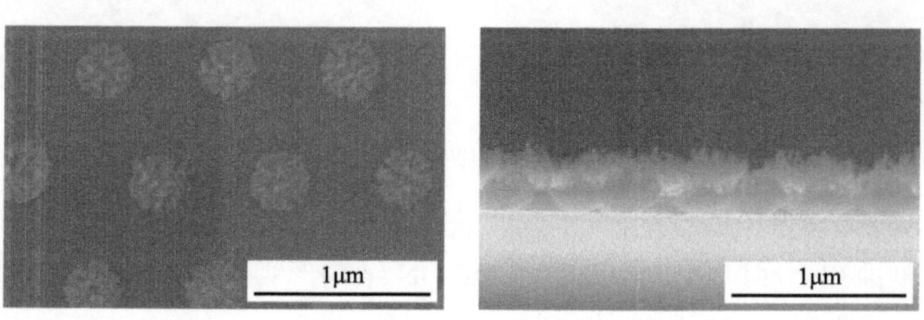

图 5.24　PS 纳米球刻蚀后表面形貌的 SEM 图

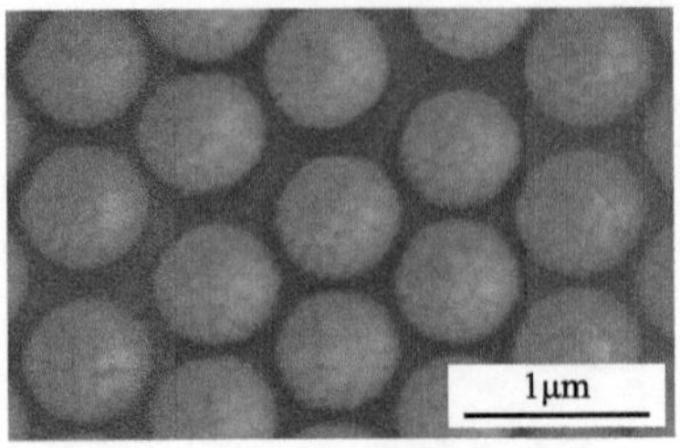

图 5.25 AuFON 结构金属膜表面质量的 SEM 图

球体内部各个部分的密度不均匀，从而导致球体表面的刻蚀速率不均匀，产生凹凸不平的表面。

在纳米球镀膜过程中容易产生电子束电流突变等问题，从而使得镀膜速率不均匀，造成金属结构阵列出现表面金膜粗糙等问题，如图 5.25 所示。PS 纳米颗粒表面的金膜由于镀膜速率不均匀出现了裂缝，使得金膜表面凹凸不平。

5.4 SERS 基底的芯片化制备

SERS 技术应用需要批量化、标准化 SERS 芯片生产。本书介绍的 SERS 结构是以 3in 硅片圆片作为支撑基底，在使用时需要将晶片级的硅片裁剪为独立的 SERS 芯片。选用(100)硅片作为支撑基底，可以利用硅片本身的晶向对 SERS 芯片进行快速且整齐的裁剪，如图 5.26(a)所示。在完成晶片级 SERS 基底制作之后，按照硅片的晶向可以轻松地将芯片裁剪开，如图 5.26(b)所示。利用这样的方法，可以形成结构和尺寸统一的 SERS 芯片，避免芯片裁剪过程中可能的误差和污染。

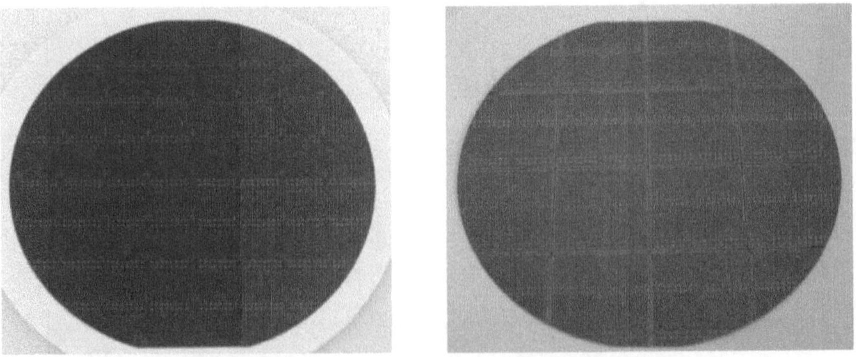

(a) (b)

图 5.26 基于(100)硅片晶向的芯片化 SERS 基底裁剪

综上所述，利用限域自组装工艺，获得紧密六方排列的二维有序胶体晶体；利用 ICP 刻蚀和金属沉积工艺实现对 AuFON 结构形貌的调节和优化；利用(100)硅片的晶向实现对 SERS 芯片的裁剪。

参 考 文 献

[1] Chen K, Rajeeva B B, Wu Z, et al. Moiré nanosphere lithography. ACS Nano, 2015, 9(6): 6031-6040.

[2] Hulteen J C, van Duyne R P. Nanosphere lithography—A materials general fabrication process for periodic particle array surfaces. Journal of Vacuum Science & Technology A: Vacuum, Surfaces, and Films, 1995, 13(3): 1553-1558.

[3] Yan Q F, Chen A, Chua S J, et al. Nanosphere lithography from template-directed colloidal sphere assemblies. Journal of Nanoscience and Nanotechnology, 2006, 6(6): 1815-1818.

[4] Ormonde A D, Hicks E C M, Castillo J, et al. Nanosphere lithography: Fabrication of large-area Ag nanoparticle arrays by convective self-assembly and their characterization by scanning UV-visible extinction spectroscopy. Langmuir, 2004, 20(16): 6927-6931.

[5] Haynes C L, van Duyne R P. Nanosphere lithography: A versatile nanofabrication tool for studies of size-dependent nanoparticle optics. The Journal of Physical Chemistry B, 2001, 105(24): 5599-5611.

[6] Greeneltch N G, Blaber M G, Henry A I, et al. Immobilized nanorod assemblies: Fabrication and understanding of large area surface-enhanced Raman spectroscopy substrates. Analytical Chemistry, 2013, 85(4): 2297-2303.

第 6 章　二维有序三角锥纳米结构和纳米孔阵列

AuFON 结构是基于纳米球光刻技术制备的最简单的金属纳米结构。在金属沉积过程中，金属不仅会沉积在 PS 球表面，而且会沉积在硅基底上。通过改变 ICP 刻蚀时间、金属沉积厚度、金属沉积的角度等工艺参数，可以有效改变 PS 球粒径、金属层厚度和金属形貌等结构参数，进而有效地调节 SERS 基底的性能。在工艺上，当关注附着到硅基底上的金属纳米结构时，需要在 AuFON 制备的工艺基础上，增加 PS 球剥离工艺，即将 PS 球及附着其上的金属膜去除的工艺。通过该工艺，可以有效地制备得到三角锥纳米结构、纳米孔阵列、纳米带阵列和月牙形阵列等。

由于 PS 球刻蚀时间的差异，硅基底上的金属结构的形貌也有较大差别。这些结构在 SERS 检测中同样会提供 SERS 热点。为了更清楚地表征这些在硅基底上的金属结构，利用 3M 胶带反复粘贴，将 PS 球去除，仅留下硅基底上的金属结构[1-6]，如图 6.1 所示。

当 PS 球未经刻蚀时，在六方排列的 PS 球的结合处会形成类似于三角形的形貌，金属沉积过后在硅基底上就会出现三角形的纳米结构，如 6.1(a)所示。当 PS 球轻微刻蚀时，PS 球间隙处的三角形会部分连接在一起，这是三角形和孔的中间

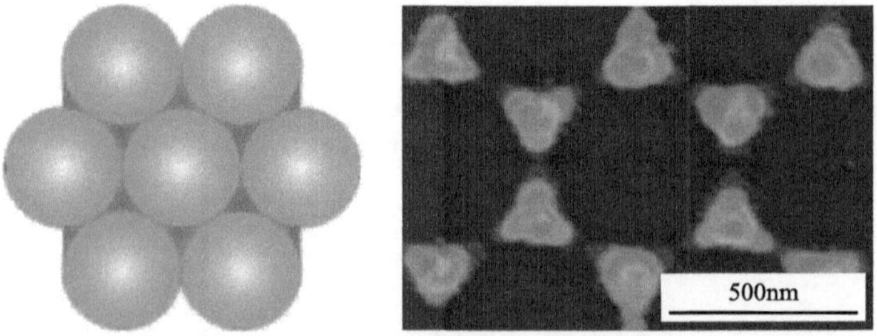

(a)

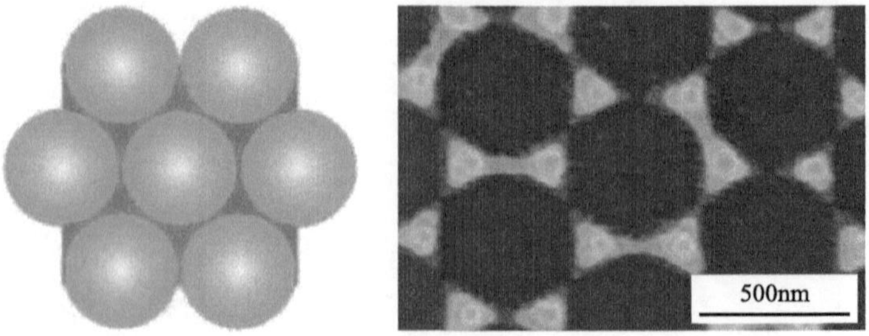

(b)

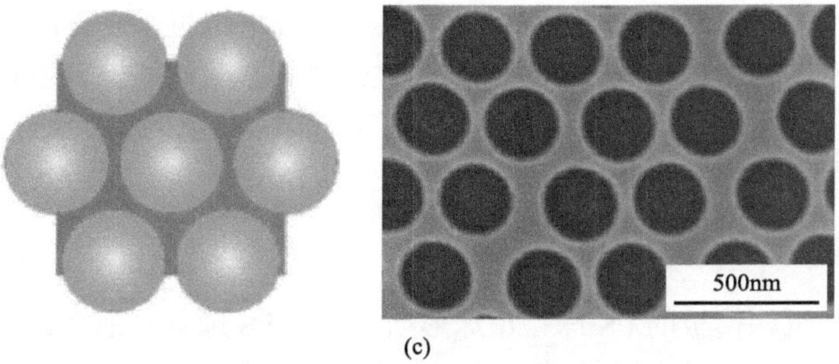

图 6.1　硅基底上金属结构的形成原理示意图及 SEM 图

态，如图 6.1(b)所示。当 PS 球被进一步刻蚀时，这些间隙完全连在一起，形成金属孔阵列，如图 6.1(c)所示。如果 PS 球继续刻蚀，硅基底上仍然是金属孔阵列，仅改变了孔径的大小。

6.1　三角锥纳米结构

带有尖端的金属纳米结构具有明显的表面等离子体共振效应，在 SERS 检测中显示出显著的增强效果，具有巨大的研究价值和应用潜力。基于纳米球光刻技术，从纳米尖端增强的机理出发制备了银三角锥纳米结构。

6.1.1　三角锥纳米结构的可控制备

采用纳米球光刻技术制备银三角锥纳米结构，其基本工艺过程有 PS 球旋涂、ICP 刻蚀、金属层真空镀银、PS 球剥离，如图 6.2 所示。

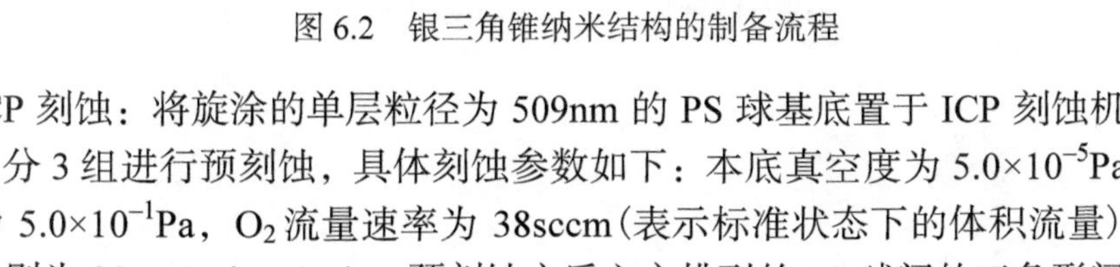

图 6.2　银三角锥纳米结构的制备流程

ICP 刻蚀：将旋涂的单层粒径为 509nm 的 PS 球基底置于 ICP 刻蚀机进行氧刻蚀，分 3 组进行预刻蚀，具体刻蚀参数如下：本底真空度为 5.0×10^{-5}Pa，工作气压为 5.0×10^{-1}Pa，O_2 流量速率为 38sccm(表示标准状态下的体积流量)，刻蚀时间分别为 30s、1min、2min。预刻蚀之后六方排列的 PS 球间的三角形间隙逐渐变大。

金属层真空蒸镀：将 ICP 刻蚀后的硅基底置于镀膜机中，先后蒸镀铬和银层。

硅基底的正面位于坩埚腔体的正上方，保证金属蒸气以近乎垂直的角度入射至基底表面，不旋转转台，不退火处理，铬和银的镀膜厚度分别是 20nm 与 200nm。

PS 球剥离：将镀完银后的硅片基底用胶带反复粘除，再置于 CH_2Cl_2 溶液中超声清洗，烘干后便得到银三角锥纳米结构。

6.1.2　银三角锥纳米结构的形成机理

作为金属沉积模板的 PS 球是正球形结构。当 PS 球整齐地六方排列在平整的硅基底表面时，PS 球在球心高度连接在一起。在该截面上，可以视为直径相同的圆形，在圆形之间的缝隙中形成了由三个圆弧围成的形状，这样的形状与三角形类似，如图 6.3(a)所示。在六方排列 PS 球的六个角上存在六个正三角形间隙，相邻三角形间成 60°角度排列。在对 PS 球基底镀银之前，首先对硅片进行一定的预刻蚀工艺，刻蚀时间不宜过长，以保证相邻 PS 球之间仍存在三角形间隙，如图 6.3(b)所示。其主要目的是扩大间隙处三角形的面积，消除 PS 球之间的相互作用力，以利于镀膜之后 PS 球的剥离工艺。

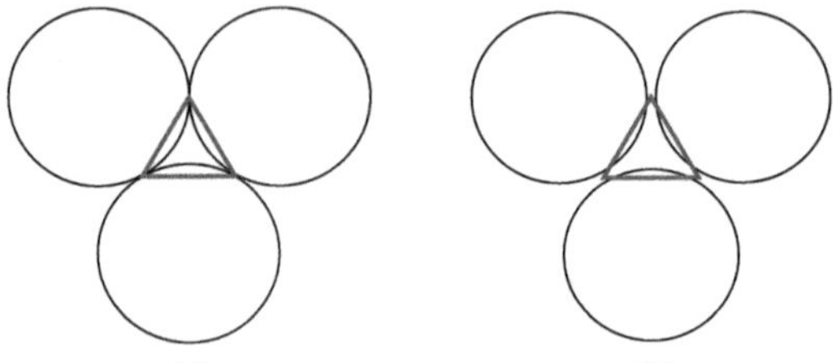

图 6.3　三角形结构形成过程的示意图

真空蒸镀时，以表层 PS 球为掩模，金属蒸气垂直入射在硅基底表面上，先后沉积铬和银金属层。随着金属层沉积厚度的增加，PS 球上附着的金属层面积越来越大，正面 PS 球的掩模面积也相应变大，间隙处的三角形面积则会变小，沉积在硅基底上的三角形金属层随着高度的增加，其尺寸会越来越小，进而在硅基底上形成三角锥金属结构，如图 6.4 所示。

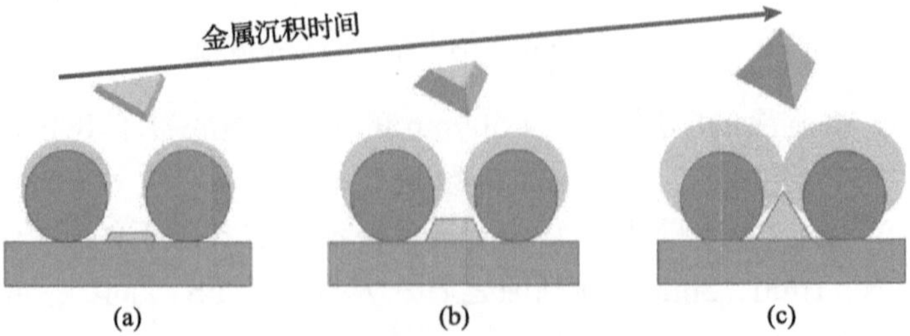

图 6.4　三角锥结构形成过程的示意图

通过上述工艺制备得到的三角锥纳米结构分布在 PS 球被粘除的间隙里，其 SEM 图如图 6.5 所示，三角锥单元的内接圆直径为 509nm，底边边长为 214nm，三角锥高度为 220nm。

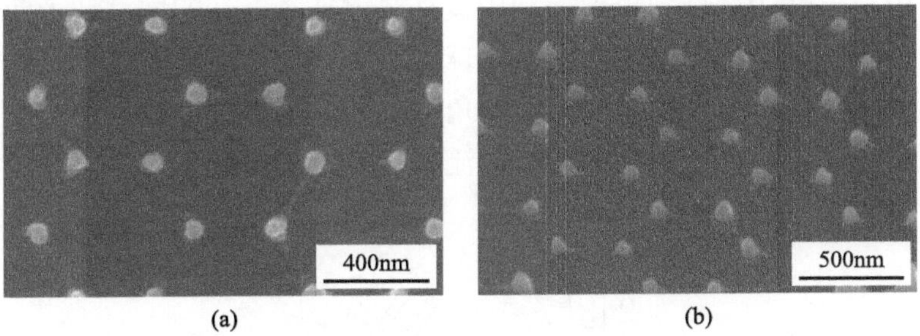

图 6.5　去除 PS 球后银三角锥结构的 SEM 图

6.2　金属圆形纳米孔阵列及其变形结构

6.2.1　金属圆形纳米孔阵列制备流程

采用纳米球光刻技术制备周期性纳米圆孔阵列的主要工艺过程（图 6.6）包括如下步骤。

第一步，基底清洗及亲水化处理。以单晶硅片或石英玻璃为基底，并对基底进行亲水化处理。

第二步，PS 球旋涂。采用旋涂工艺构建 PS 球单层胶体晶体，如图 6.6（a）所示。

第三步，ICP 刻蚀。以 O_2 为刻蚀气体，对单层 PS 球胶体晶体进行刻蚀，获得非致密排列的 PS 球胶体晶体，如图 6.6（b）所示。

第四步，金属沉积。采用蒸镀的方法在基底表面沉积一层金膜，如图 6.6（c）所示。

第五步，PS 球剥离。利用 3M 胶带反复粘贴去除 PS 球，部分残余 PS 颗粒利用二氯甲烷（CH_2Cl_2）溶解，并利用超声清洗加速其溶解过程，如图 6.6（d）所示。

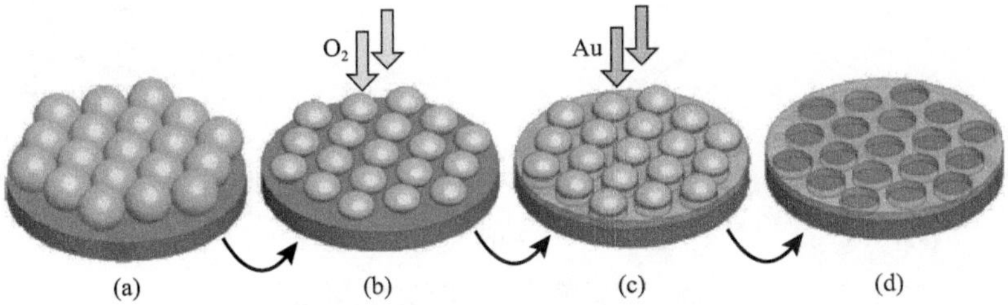

图 6.6　金属圆形纳米孔阵列制备工艺流程图

6.2.2　倾斜蒸镀技术

在蒸镀过程中，如果将基底倾斜，金属纳米孔阵列结构的形貌就会发生变化。金属沉积相当于以 PS 球为掩模，利用真空蒸镀垂直性好的优点，来构造阵列形貌的过程。PS 球在基底上的投影是 PS 球保护的区域，在蒸镀过程中不会有金属沉积在该阴影区域。因此，基底倾斜的角度不同，阵列的形貌也随之改变。倾斜蒸镀的工艺流程与圆孔阵列制备的工艺流程相似，主要区别在于蒸镀过程中基底的倾角，如图 6.7 所示。

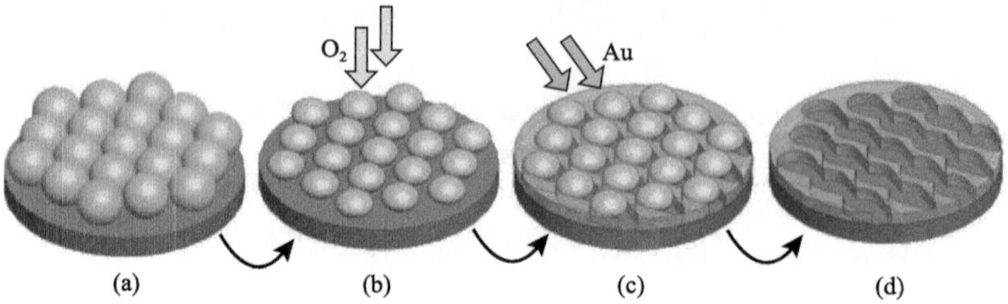

图 6.7　倾斜蒸镀制备金纳米结构工艺流程

图 6.8(a)介绍了水平蒸镀的原理，在蒸镀过程中，金属垂直沉积在 PS 球及硅片表面，PS 球在基底上的投影区域无金属沉积，即 PS 球在基底上的投影区域被保护起来。图 6.8(d)为基底倾斜 45°条件下，PS 球非致密排列经过倾斜蒸镀后在 SEM 下的表征。图中圆形颗粒为 PS 球，其粗糙表面即为金膜。颗粒上面月牙形黑色区域连同其下方基底为其保护区域。

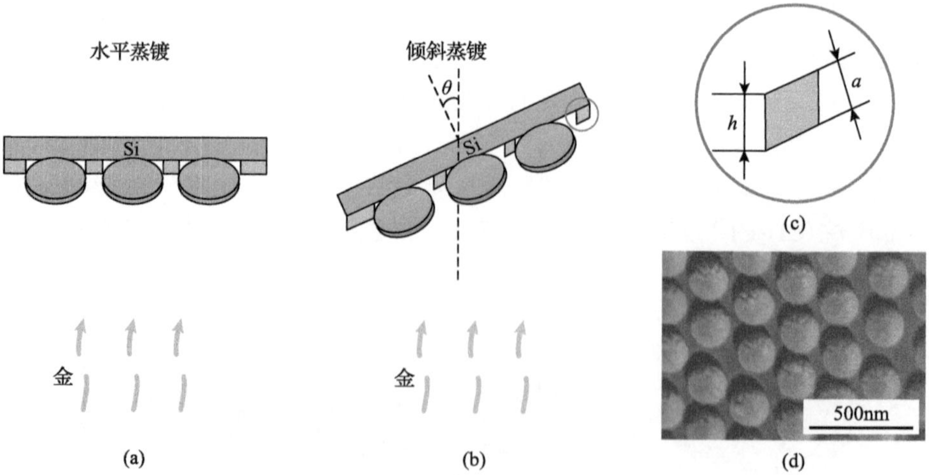

图 6.8　倾斜蒸镀示意图及 SEM 表征

在蒸镀过程中，通常使用膜厚仪来测量蒸镀金属的厚度。在本工艺过程中，由于蒸镀时基底倾斜，膜厚仪上显示的膜厚(即金属在垂直方向上沉积的厚度 h)同设计厚度(即垂直基底方向上沉积的厚度 a)存在差异。如图 6.8((b)和(c))所示，当基底法线方向同蒸镀方向夹角为 θ 时，两者存在余弦关系，即

$$a = h\cos\theta \tag{6.1}$$

式中，a 为垂直基底方向上沉积金属膜的厚度；h 为金属在竖直方向上沉积金属膜的厚度；θ 为基底法线方向与蒸镀方向的夹角。

当基底水平，即 θ =0°时，垂直基底方向与竖直方向重合，所以有 a=h。基底倾斜的角度不同，在基底上得到的阵列形貌也不同，利用该特性可以对阵列图案进行设计。当基底水平时，PS 球在基底上的投影为圆形，蒸镀结束并去除 PS 球后，基底上出现金属圆孔阵列，如图 6.9(a)所示。当基底稍有倾斜时，PS 球在基底上投影为椭圆形，去除 PS 球后可获得金属椭圆孔阵列，如图 6.9(b)所示。在这种情况下，基底倾斜的角度不同，得到的椭圆孔的长径比不同。当基底倾斜到一定角度时，相邻两 PS 球在基底上的投影相连，蒸镀结束并去除 PS 球后，基底上出现带有尖端的金属纳米带阵列，如图 6.9(c)所示。继续倾斜，PS 球投影到达相邻 PS 球中心位置时，纳米带的尖端消失，如图 6.9(d)所示。为了方便区分，这里将没有尖端的纳米带阵列称为纳米线阵列。可见，基底倾斜角度不同，去球后得到的纳米带阵列结构也不相同，即倾斜为周期性纳米孔结构提供了一个新的自由度。

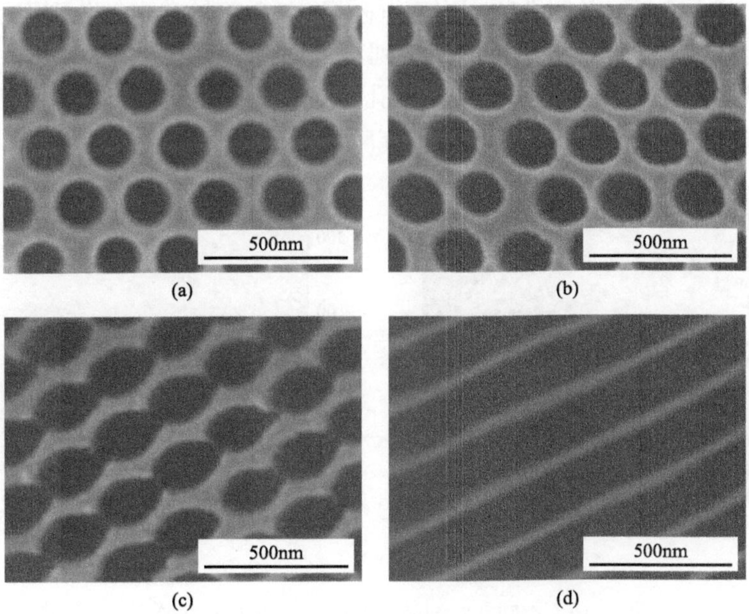

图 6.9　不同倾斜角下蒸镀得到的阵列结构

6.2.3　倾斜蒸镀结构表面电磁场分布分析

本节利用时域有限差分方法对上述金属阵列结构的表面电磁场分布进行研究，包括金圆孔阵列、金椭圆孔阵列、带有尖端的金纳米带阵列以及金纳米线阵列。

各阵列均以周期为 230nm 的六方排列 PS 胶体晶体为模板。各阵列同时进行氧刻蚀，刻蚀后的粒径和粒高均相同，仅在蒸镀过程中倾斜角度不同。由式(6.1)可知，若同时进行蒸镀，会导致金膜厚度不同。在计算过程中，忽略金膜厚度差异，均设为 40nm。

为保证计算结果的可对比性，计算条件设置均相同。阵列位于 *XOY* 平面内，*Z* 轴垂直于结构表面。入射光沿 *Z* 轴负向垂直入射到结构表面，波长为 532nm；极化方向均为 *Y* 方向。*X* 方向、*Y* 方向的边界条件选择为周期；*Z* 方向的边界条件选取为 PML。

1. 金圆形纳米孔阵列结构表面电磁场分布计算

进行时域有限差分计算时，金圆孔阵列的三维模型如图 6.10(a)所示，圆孔阵列结构位于 *XOY* 平面内，*Z* 轴垂直于结构表面。结构上层白色部分为 Au，结构下层部分为 Si，图中框线区域为计算范围。圆孔阵列呈六方排列，孔中心距为 230nm，孔径为 160nm，行中心距为 200nm。

图 6.10(b)展示了金圆孔阵列表面电磁场分布。*X* 轴和 *Y* 轴分别表示阵列的 *X* 方向和 *Y* 方向。从图 6.10(b)中可以看到，电磁场增强位置位于圆孔边缘，$|E/E_0|$ 的增强倍数约为 7。增强位置集中于圆孔边缘，并不是均匀分布，而是集中在圆孔 *Y* 方向的两端，这是由入射光沿 *Y* 方向偏振造成的。

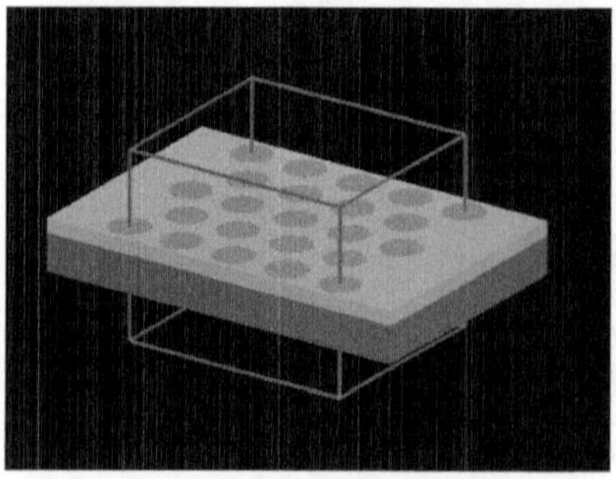

(a)

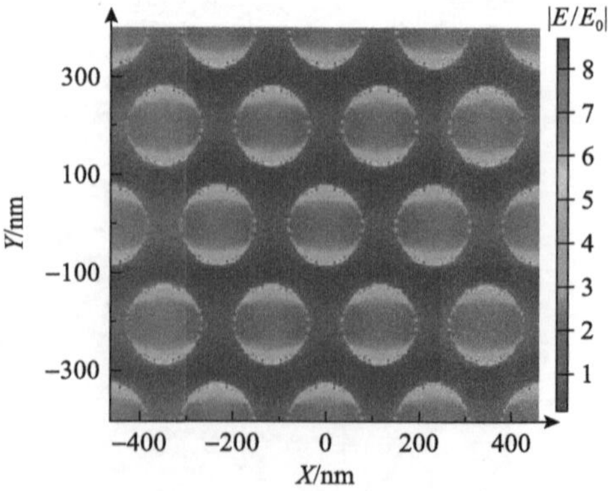

(b)

图 6.10　金圆孔阵列的三维模型及表面电磁场分布

2. 金椭圆形纳米孔阵列结构表面电磁场分布计算

金椭圆孔阵列的三维模型如图 6.11(a)所示，椭圆孔呈六方排列，长轴方向与 X 方向相同。椭圆孔中心距为 230nm，行间距为 200nm；椭圆长轴为 190nm，短轴为 160nm。

金椭圆孔阵列表面电磁场分布如图 6.11(b)所示，与圆孔阵列相类似，电磁场增强部分位于椭圆孔边缘上沿 Y 方向的两端。电磁场增强倍数较圆孔阵列略有提高，达到 11。

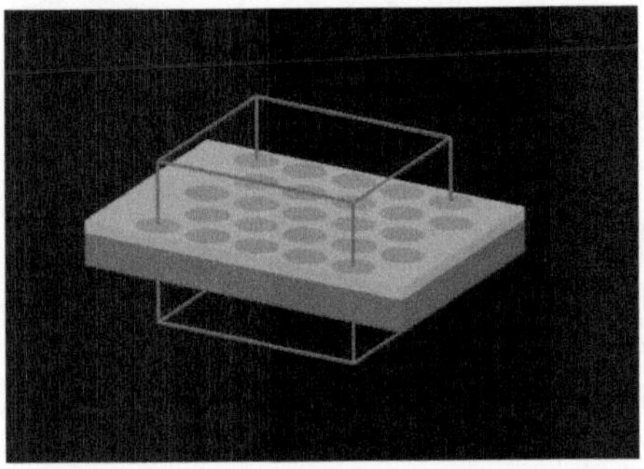

(a)

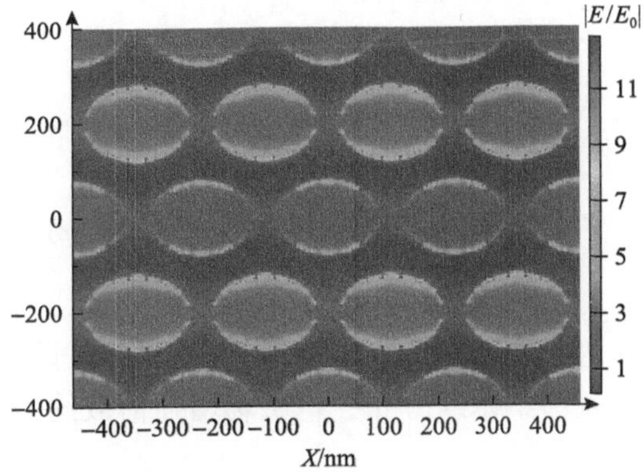

(b)

图 6.11　金椭圆孔阵列的三维模型及表面电磁场分布

3. 带尖端的金纳米带阵列结构表面电磁场分布计算

带尖端的金纳米带阵列的三维模型如图 6.12(a)所示，纳米带沿 X 轴延伸。带中心距为 200nm，两带间最远距离(椭圆阴影的长轴)为 160nm，两带相对尖端(椭圆阴影相交点)距离为 80nm，同一带上两相邻尖端距离为 230nm。

带尖端的金纳米带阵列表面电磁场分布如图 6.12(b)所示，在纳米带两侧向外突出的尖端上，电磁场得到极大增强。电磁场在尖端顶点增强最大，沿尖端向下逐渐减弱。图 6.12(b)中，电磁场增强倍数达到 50 以上，通过对计算结果进行放大，可以看到在尖端的几个点最大增强倍数可以达到 112。但是，由于计算机硬件限制，计算精度有限，增强最大处几个点比较模糊。此外，由于工艺限制，不能制备得到这样的尖端，选择 50 为增强倍数上限是比较合理的，同时也便于观察。除在尖端处出现较大的增强外，在纳米带边缘其他位置同样出现少量增强，增强倍数达到 10 以上。

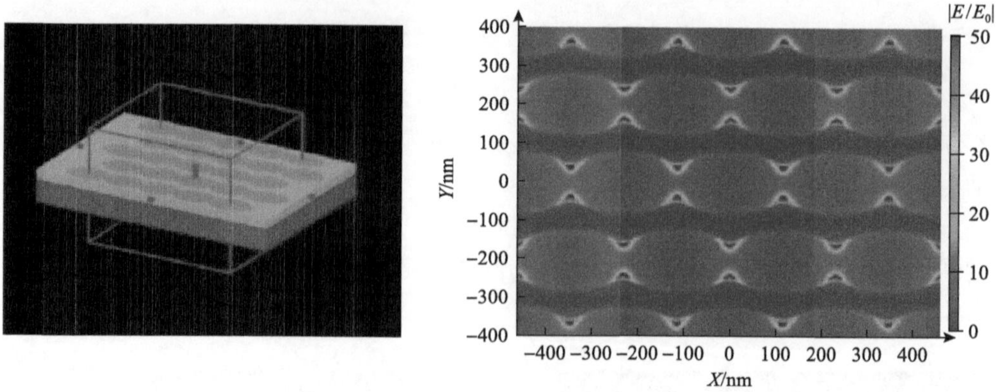

(a)　　　　(b)

图 6.12　带尖端的金纳米带阵列的三维模型及表面电磁场分布

4. 金纳米线阵列结构表面电磁场分布计算

金纳米线阵列的三维模型如图 6.13(a)所示，纳米线沿 *X* 方向延伸。两线中心距为 200nm，带宽为 40nm。金纳米线阵列表面电磁场分布如图 6.13(b)所示，电磁场沿纳米线分布，电磁场增强倍数约为 8。

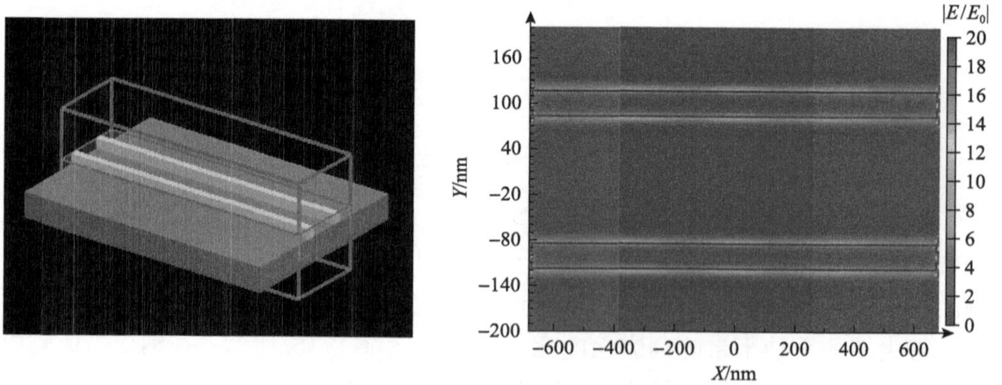

(a)　　　　(b)

图 6.13　金纳米线阵列的三维模型及表面电磁场分布

5. 阵列形貌对阵列表面电磁场分布的影响

当入射光照射到金属纳米孔阵列表面时，入射光的电磁场使金属表面自由电子浓度周期性涨落，形成电子密度波。同时，入射光使金属表面局部等离子体极化，在金属表面形成等离子体共振，导致金属表面电磁场增强。阵列形貌会对金属表面电磁场增强有重大影响。

在上面的计算过程中，利用相同的模板，制备了不同形貌的金属纳米结构阵列。阵列结构的周期相同，工艺参数相同，仅在蒸镀过程中倾斜了不同的角度。在计算过程中，使用了相同的计算参数，但得到了不同的增强效果，具体如表 6.1 所示。

表 6.1　倾斜蒸镀制备结构计算电磁场增强特性分析表

序号	倾斜角度/(°)	阵列形貌	最大增强倍数
1	0	圆孔阵列	7
2	45	椭圆孔阵列	11
3	60	带尖端的纳米带阵列	50
4	75	纳米线阵列	8

首先，圆孔和椭圆孔的增强倍数相差不大，增强位置大致相同，椭圆孔阵列较圆孔阵列增强倍数略有增加。两种阵列形貌相差不大，在入射光极化方向相同的条件下，会出现相似的结果。

其次，可以看到带有尖端的金纳米带阵列具有较强的电磁场增强效应。获得较强光谱增强的一个重要因素是在金属纳米结构上存在较强的局域电磁场。在带有尖端的金纳米带阵列中，由于尖端的出现，电磁场在尖端处集中，形成较强的局部电磁场。这些尖端可以作为“光学天线”，引导电磁场使阵列表面电磁场得到增强。在拉曼光谱学中这些尖端称为热点。

带尖端的金属纳米带阵列尖端是椭圆形阴影相交而形成的。图 6.13 中，在非尖端的边缘位置同样存在电磁场增强，增强倍数大约为 10，与椭圆孔增强倍数相类似。可以判断，带尖端的金属纳米带阵列的电磁场增强，相当于在椭圆孔阵列原有增强基础上叠加了尖端的增强效果。此外，电磁场的增强集中于尖端最顶部的几个点，由于制造过程中的工艺误差，通过纳米球光刻工艺制造的带尖端的金属纳米带阵列不会达到如此高的增强效果。

最后，金纳米线阵列的增强并不明显，但是在整个纳米带边缘都出现了增强，这样会使金纳米线阵列获得较好的测量效果。

6.2.4　影响阵列结构形貌的因素分析

1. 周期性纳米孔阵列结构设计的影响因素

在蒸镀过程中，通过改变蒸镀角度可以改变纳米阵列结构的形貌。为可控地制备金属圆孔阵列、金属椭圆孔阵列、带尖端的金属纳米带阵列、金属纳米线阵列，在蒸镀过程中，基底需要对应一个固定的角度或角度范围。在一定角度范围内，纳米结构的形貌不会出现明显变化。蒸镀倾角范围的选取，同阵列周期、PS

球占空比、PS 胶体球粒径及粒高等因素密切相关。为研究上述因素对倾角范围选择的影响，需要定性分析所建立的模型对上述因素的影响。

利用倾斜蒸镀来设计周期性纳米结构，就是利用胶体球在倾斜蒸镀中的遮蔽效应。由氧刻蚀原理及结果可知，经过氧刻蚀的 PS 球呈扁球状，那么遮蔽范围应该为两 PS 球公切线对应的范围。这个范围对应不同的倾斜角度，切点始终在变化，不利于计算。根据定性分析的需要，统一取胶体球顶点为遮蔽起始点，*A* 点为左侧 PS 球投影的起始点，*C* 点为右侧 PS 球的投影起始点，*D* 点为右侧 PS 球的中点，如图 6.14 所示。

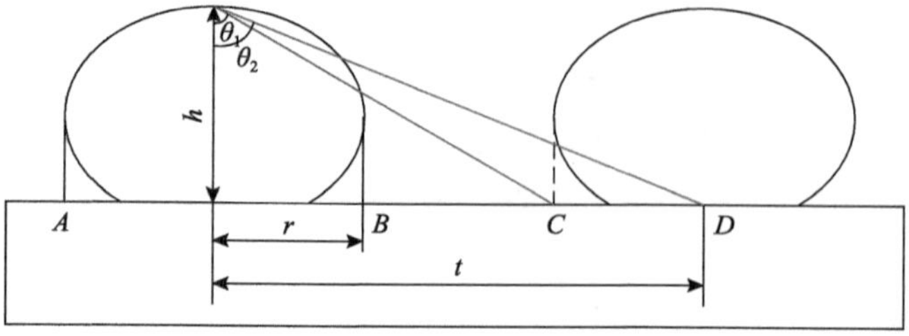

图 6.14 倾斜蒸镀过程中的几何关系

当左侧 PS 球投影范围为 *AB* 时，得到的阵列形貌为圆形；当左侧 PS 球投影范围从 *AB* 变化为 *AC* 时，即 PS 球投影呈椭圆形，但相邻 PS 球投影并未相交，此时得到的阵列形貌为椭圆形阵列，对应基底的倾角范围为 $0\sim\theta_1$；当左侧 PS 球投影范围从 *AC* 变化为 *AD* 时，即从 PS 球投影开始相交到左侧 PS 球投影达到右侧 PS 球中点时，得到的阵列形貌为带有尖端的纳米带阵列，对应基底的倾角范围为 $\theta_1\sim\theta_2$；当左侧 PS 球投影范围超出 *AD* 时，即左侧 PS 球的投影超过了右侧 PS 球的中点，得到的阵列形貌为纳米线阵列，对应的基底倾斜角度范围为 $\theta_2\sim90°$。

根据上述条件建立基底倾角同各个因素的关系式如下：

$$\tan\theta_1=\frac{t-r}{h}=\frac{t}{h}-\frac{r}{h} \tag{6.2}$$

$$\tan\theta_2=\frac{t}{h} \tag{6.3}$$

故有

$$\theta_1=\arctan\left(\frac{t-r}{h}\right)=\arctan\left(\frac{t}{h}-\frac{r}{h}\right) \tag{6.4}$$

$$\theta_2 = \arctan\left(\frac{t}{h}\right) \tag{6.5}$$

式中，t 为纳米结构阵列的周期；r 为刻蚀后 PS 球的半径；h 为刻蚀后 PS 球的高度。

当选定 PS 球粒径并进行 ICP 刻蚀后，纳米结构的阵列周期 t、刻蚀后 PS 球半径 r、刻蚀后胶体颗粒高度 h 等参数全部都确定了下来。此时，为得到设计的阵列结构，需要调整基底倾斜角度。由式(6.2)～式(6.5)可知，当倾斜角 $0<\theta<\theta_1$ 时，去除 PS 球后得到的结构为金属椭圆孔阵列；当 $\theta_1 \leqslant \theta \leqslant \theta_2$ 时，去除 PS 球后得到的结构为相交的椭圆孔阵列，即为带有向内尖角的纳米缝隙，对于金属则成为带有尖端的纳米带阵列；当 $\theta>\theta_2$ 时，去球后得到的结构为无尖端的纳米缝隙，对于金属则成为纳米线阵列。

从公式中可以看出，PS 球垂直方向的高度对纳米结构的形貌有重要影响。当 h 增大时，θ_1 和 θ_2 都减小，即形成各形状结构的角度范围都向减小方向移动。由于反正切曲线各点的斜率随自变量的增大而减小，故随着 h 的增大，形成椭圆孔结构的倾角范围减小，而形成其余两个结构的倾角范围增大。

设经 ICP 刻蚀后 PS 球的直径为 d，故有 $d=2r$。本章定义 PS 球的占空比为被刻蚀后的纳米球的直径 d 与纳米结构的阵列周期 t 的比值，即 d/t。从公式来看，经氧刻蚀后 PS 球的直径与 θ_1 呈正相关，而纳米结构的阵列周期与 θ_1 呈负相关。占空比越大，越容易形成椭圆孔阵列；占空比较小时，容易形成带有尖端纳米带阵列。此外，金属纳米带阵列的宽度与占空比也相关，当 PS 球的排列方向同蒸镀方向相同时，金属带的宽度为 $t-d$。

2. 蒸镀方向同胶体晶体晶相夹角对阵列形貌的影响

通过旋涂得到单层 PS 球通常为六方排列，将六方排列中相邻两短边分别命名为(1,0)和(0,1)，那么夹在两短边之间的长边即为(1,1)，如图 6.15 所示。所以在蒸镀过程中，若通过旋转基底使 PS 胶体阵列的(1,0)或(0,1)晶相与蒸镀方向重合，则可较容易地得到纳米带阵列，相邻两条纳米带上金属尖端对称分布。若(1,0)或(0,1)晶相与蒸镀方向有偏移，则会打乱金属尖端分布的对称性，甚至金属尖端仅在纳米带单侧出现。若 PS 胶体阵列的(1,1)晶相与蒸镀方向重合，则较难得到纳米带阵列。一方面是由于需要 PS 球保护的基底长度较大，需要倾斜的角度过大；另一方面是由于(0,1)和(1,0)两方向 PS 球的阻挡，即只有占空比小于 0.5 时，才有形成纳米带的可能；若占空比大于 0.5，则整个基底上无金属沉积。因此，判断 PS 球单层阵列的晶相，对带金属尖端纳米带的形貌产生有重要作用。

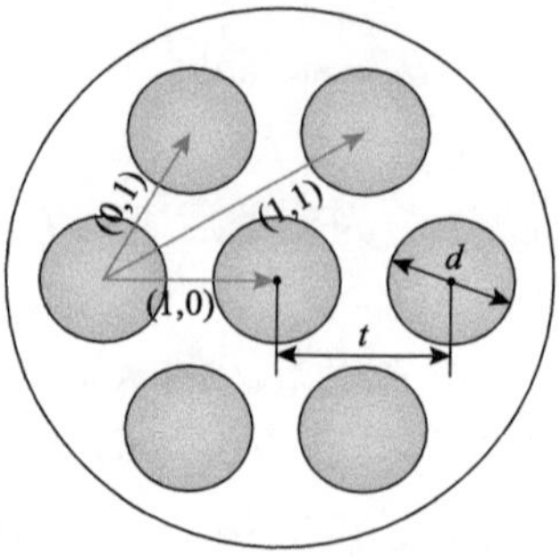

图 6.15　PS 球阵列晶相示意图

6.3　基于倾斜蒸镀的多种异形纳米孔阵列制备

纳米结构的几何形貌对其电磁学及光学特性具有重大影响。金属圆孔阵列结构是微纳融合制造工艺中比较基础的纳米结构形貌。通过对工艺过程进行调整，调整蒸镀过程中基底倾斜角度，制备多种异形孔阵列结构，包括月牙形纳米孔阵列、马蹄形纳米孔阵列及单侧带有尖端的纳米带阵列。

6.3.1　异形纳米孔阵列制备工艺设计

与金纳米孔阵列制备工艺流程相比，异形纳米孔阵列的制备工艺更为复杂。如图 6.16 所示，月牙形纳米孔阵列制备可以通过基底清洗、旋涂、ICP 刻蚀、倾斜镀膜、硅刻蚀、去铬等工艺来完成。

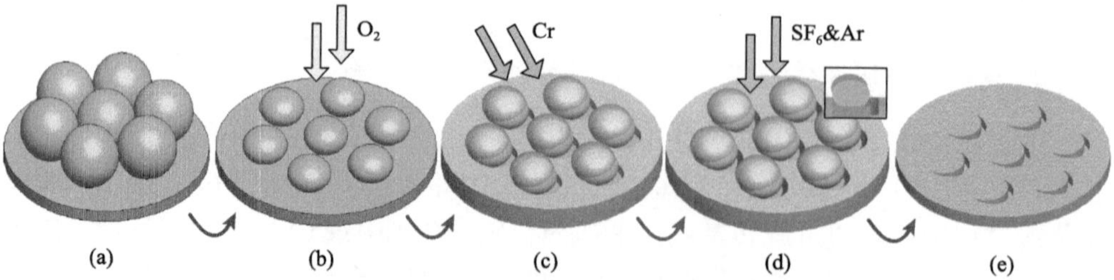

图 6.16　月牙形纳米孔阵列制备流程图

第一步和第二步，滴液、旋涂、ICP 刻蚀同金纳米圆孔阵列制备工艺流程相同。

第三步，采用倾斜蒸镀的方法镀膜，蒸镀的金属为铬。

第四步，在硅刻蚀过程中，不将 PS 球去除，而是以铬与 PS 球共同作为硅刻蚀的掩模。由于没有将 PS 球去除，在 PS 球的后面出现了月牙形的未被保护区域，在进行硅刻蚀后，硅片上出现月牙形孔阵列。

第五步，利用湿法工艺将铬膜及 PS 球去除，得到异形孔阵列。

硅的干法刻蚀是 MEMS 领域较为成熟的工艺。在进行硅刻蚀时，通常选用氟化物作为刻蚀气体，氟化物与硅及其二氧化硅的反应方程如下所示：

$$4F^{*}+Si \rightarrow SiF_4\uparrow \tag{6.6}$$

$$4F^{*}+SiO_2 \rightarrow SiF_4\uparrow +O_2\uparrow \tag{6.7}$$

式中，F^{*}表示等离子态的氟。

选择 SF_6 作为刻蚀气体，通入一定量 Ar 来提高刻蚀速率。由于铬与硅之间具有较高的选择比，通常使用铬作为硅刻蚀掩模。

完成硅刻蚀工艺后，使用湿法腐蚀的方法将金属表面的铬层去除。通常使用铬腐蚀液来去除铬膜，为了将硅表面 PS 球颗粒一并去除，通常将其超声清洗 10min。

6.3.2　三种异形纳米孔阵列

1. 月牙形纳米孔阵列形貌

经过倾斜蒸镀工艺后，PS 球颗粒保护了其阴影下区域。由图 6.17 可知，在 PS 球上部及部分基底上沉积有铬层，而在 PS 球阴影下部分区域无铬层覆盖。以 PS 球和铬构成的结构作为掩模，利用 ICP 进行硅刻蚀。无铬膜保护的区域将被刻蚀，形成月牙形纳米孔阵列结构(图 6.18)。

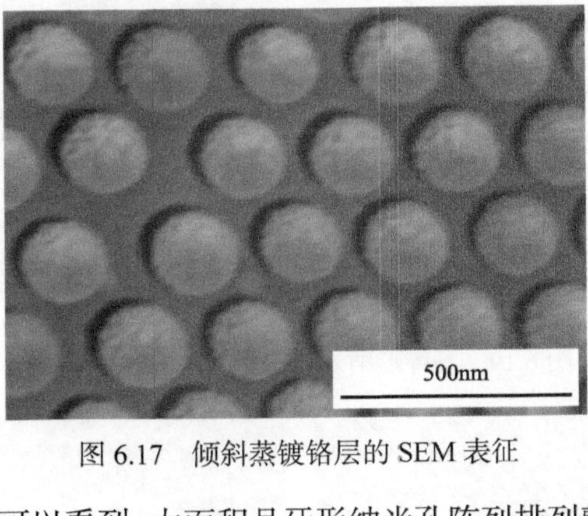

图 6.17　倾斜蒸镀铬层的 SEM 表征

从图 6.18(a)中可以看到，大面积月牙形纳米孔阵列排列整齐，月牙朝向相同。由图 6.18(b)所示局部放大图可以看到该阵列的一些缺陷：①牙中心处有白色颗粒，该颗粒为 PS 颗粒残留，通过进一步超声可以将其去除；②月牙中心凹陷处宽度过大，即月牙不够细长，但此宽度是可调的，可通过在倾斜蒸镀过程中调节倾斜角度来调整，若希望月牙形孔细长，可减小蒸镀时基底倾斜角度；③月牙两端尖角不明显，呈圆角状，这是由纳米球光刻技术中工艺缺陷造成的，蒸镀过程中无隔膜保护基底就不能呈现出尖角明显的月牙状，同时在 ICP 刻蚀过程中也会破坏两端尖角。

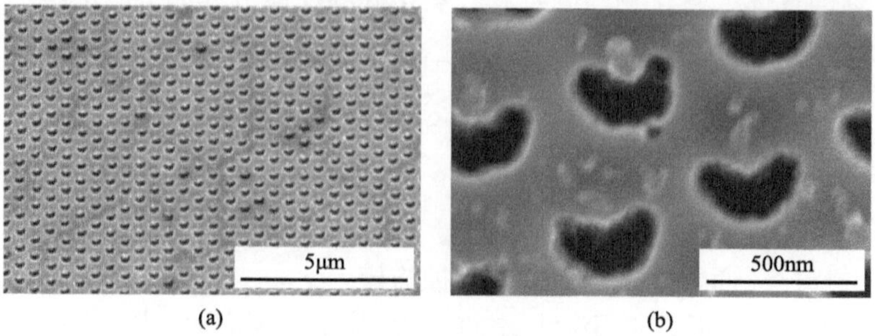

图 6.18　月牙形纳米孔阵列的 SEM 表征

2. 月牙形纳米孔阵列形貌调控

为了得到月牙形纳米孔阵列，在倾斜蒸镀过程中，基底倾斜角度较小。利用相同的工艺，当倾斜角度增大时，阵列结构会出现相应的改变：当基底倾斜角度为 30°时，可制备得到月牙形纳米孔阵列，如图 6.18 所示；当基底倾斜角度为 45°时，可制备得到马蹄形纳米孔阵列，如图 6.19 所示；当基底倾斜角度为 60°时，制备得到单侧带有尖端的纳米带阵列，如图 6.20 所示。

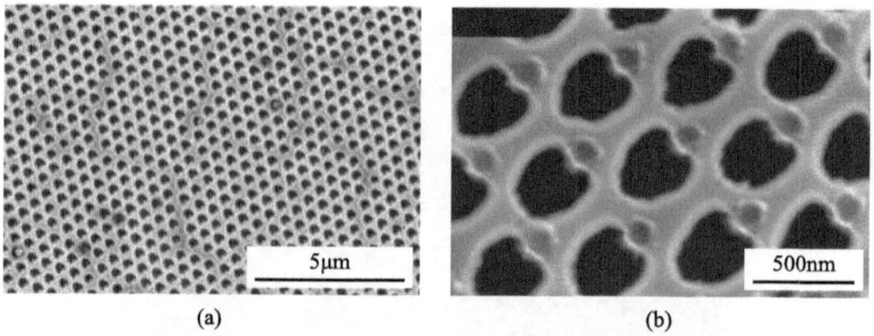

图 6.19　马蹄形纳米孔阵列结构的 SEM 表征

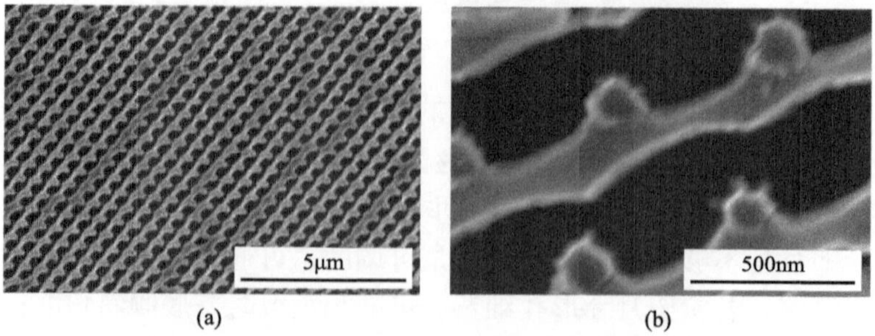

图 6.20　单侧带有尖端的纳米带阵列的 SEM 表征

由图 6.19 可以看出，当基底倾斜 45°时，阴影部分进一步被拉长，阴影顶端呈圆弧状，底部为略有向内的凹陷，整体上呈马蹄形。从图 6.19(a) 中可以看到，在大于 100μm^2 的面积上，纳米孔阵列排列整齐。在阵列中可以看到树枝状线条，这些线条是由旋涂过程中的排列缺陷造成的。但是这些树枝状线条并不影响阵列排布，该工艺对旋涂的缺陷有一定的修补作用。

由图 6.20 可以看出，阵列一侧为较为凸出的尖端，另一侧也略有尖端，但并不明显，呈直线状。单侧尖端较带有尖端的纳米带阵列的尖端更为突出，有望获得更为优越的电磁学特性。倾斜角度过大，使相邻两胶体颗粒的阴影相交，形成纳米线阵列，一侧尖端较为突出，两侧尖端不对称。这是因为，一方面蒸镀的方向同 PS 球的 (1,0) 或 (0,1) 晶相存在一定角度，另一方面覆有铬膜的 PS 球对尖端有保护作用。

参 考 文 献

[1] Lee S H, Bantz K C, Lindquist N C, et al. Self-assembled plasmonic nanohole arrays. Langmuir, 2009, 25(23): 13685-13693.

[2] Li Z C, Cai H B, Han Z L, et al. Symmetry-dependent plasmonic properties of three-dimensional hybrid metallic manostructure arrays. The Journal of Physical Chemistry C, 2012, 116(33): 17781-17786.

[3] Ye S R, Routzahn A L, Carroll R L. Fabrication of 3D metal dot arrays by geometrically structured dynamic shadowing lithography. Langmuir, 2011, 27(22): 13806-13812.

[4] Akinoglu E M, Morfa A J, Giersig M. Understanding anisotropic plasma etching of two-dimensional polystyrene opals for advanced materials fabrication. Langmuir, 2014, 30(41): 12354-12361.

[5] Niepel M S, Fuhrmann B, Leipner H S, et al. Nanoscaled surface patterns influence adhesion and growth of human dermal fibroblasts. Langmuir, 2013, 29(43): 13278-13290.

[6] Zrimsek A B, Henry A I, van Duyne R P. Single molecule surface-enhanced Raman spectroscopy without nanogaps. The Journal of Physical Chemistry Letters, 2013, 4(19): 3206-3210.

第7章　微纳融合制造

SERS 技术在高灵敏度现场实时生化检测领域具有巨大的潜在应用前景。目前，将 SERS 技术应用于生化检测的主要技术瓶颈是高性能 SERS 增强基底的可控制备。高性能 SERS 基底需要具备增强因子高、可重复性好、制备工艺简单、生产成本低等特点。周期性贵金属纳米结构是一种性能优越的 SERS 基底，具有制备简单、成本低廉、结构参数可控、光学性能可调、SERS 性能优越等特点。

微纳融合制造工艺将成熟的 MEMS 工艺同新兴的纳米制造工艺相结合，以实现纳米结构低成本、高效率、可控制、可重复制备的工艺过程。在 MEMS 领域中，旋涂、ICP 刻蚀、蒸镀、湿法腐蚀等工艺已经较为成熟；而在纳米制造领域中，纳米球光刻技术、纳米压印技术等先进的工艺技术开始逐步发展起来。将两种工艺有机地结合，使纳米结构制备工艺效率提高、成本降低、工艺简化、重复性改善，为纳米孔阵列结构的工业化生产打下基础。

7.1　周期性金字塔纳米结构

周期性金字塔纳米结构是基于微纳融合制造技术将 NSL 技术和 MEMS 工艺相结合成功制备的典型结构[1,2]。利用 NSL 技术制备了大面积周期性排列的金属纳米孔模板，利用 MEMS 工艺中的硅片各向异性湿法腐蚀技术构造金字塔硅坑结构模板，通过填充不同材质并剥离的方式制造金字塔纳米结构。根据填充的材料和后续工艺提出两种类型的金字塔纳米结构。

7.1.1　金字塔纳米结构制备工艺设计

两种材质的金字塔纳米结构制备工艺流程如图 7.1 所示，主要工艺步骤分为三个部分。

(1)铬纳米孔掩模的可控制备。以直径为 3in 的(100)硅片作为基底，以平均粒径 230nm 的 PS 纳米球作为模板，采用旋涂自组装技术在硅基底上制备 PS 单层胶体晶体。对 PS 单层胶体晶体进行 ICP 刻蚀，刻蚀气体为 O_2，腔体压强为 0.42Pa，天线射频功率为 24W，偏置射频功率为 13W，刻蚀时间为 150s。经 ICP 刻蚀，制备了非致密排列的 PS 胶体晶体。在非密排 PS 胶体晶体上蒸镀 10nm 铬层，随后用胶带移除 PS 球，即可制备周期性铬纳米孔。

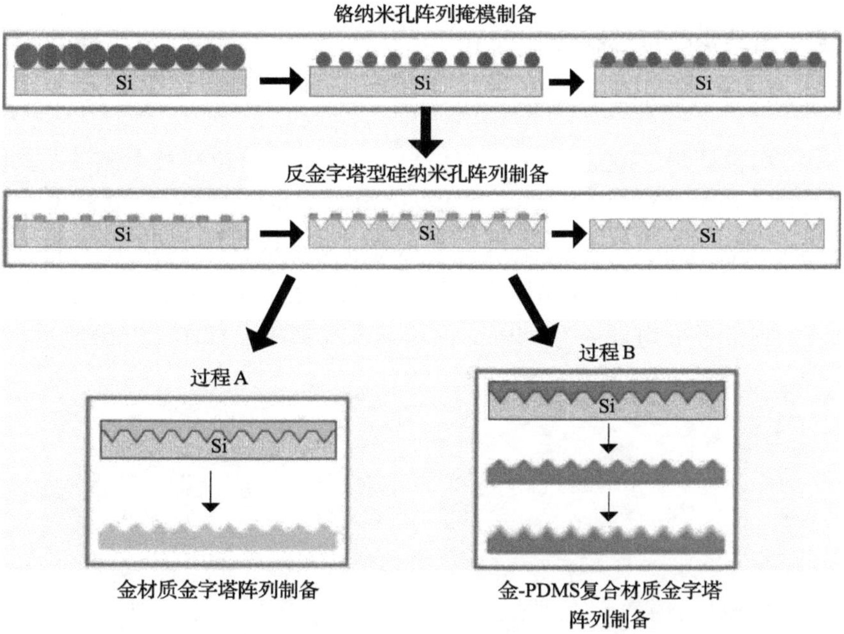

图 7.1　两种材质的金字塔纳米结构制备工艺流程

(2) 基于湿法腐蚀技术的金字塔硅坑结构制备。以铬纳米孔为掩模，采用氢氧化钾(KOH)溶液对(100)硅基底进行各向异性湿法腐蚀，获得金字塔硅坑结构，硅孔的尺寸可以通过腐蚀时间来控制。腐蚀完毕后，将硅基底从 KOH 溶液中取出，用大量去离子水冲洗并置于铬腐蚀液中，室温静置 5min 即可去除铬纳米孔掩模。去除铬纳米孔掩模后，将硅基底置于 80℃ Piranha 溶液中浸泡 10min，去除表面的残留有机物和脏污后用大量去离子水冲洗，并保存在乙醇中，在用作复制模板前用氮气吹干。

(3) 基于硅基底制备金字塔结构。金字塔硅坑被用作模板，制造了两种材质的金字塔结构。

第一种为金材质纳米金字塔。采用金直接蒸镀沉积方法，即直接在硅纳米孔中沉积 200nm 金，沉积速率为 5Å/s，然后用超平滑双面导电碳碟揭起硅片表面的金属层，即可获得金材质纳米金字塔。

第二种为金-PDMS 复合材质金字塔结构。采用聚二甲基硅氧烷(polydimethylsiloxane, PDMS)沉积的方法，即在金字塔纳米坑上沉积 PDMS 材质，随后在 PDMS 层上沉积一层金，即可获得金-PDMS 复合材质金字塔结构。PDMS 是一种常见的有机材料，具有良好的生物相容性和稳定性，价格低廉、加工简单，是微加工中一种常见的材料，常用来制备微流体器件、微接触印章、微反应器等微纳器件。这种方式简便易行，不仅廉价，还可以满足曲面 SERS 基底的要求。

7.1.2　金字塔结构的可控制备

1. 铬纳米孔结构的可控制备

选用平均粒径为 230nm 的 PS 胶体球，利用旋涂自组装技术制备了晶圆级的 PS 单层胶体。由 SEM 图可见，PS 胶体晶体覆盖了 90%以上的硅基底表面。以 O_2 为刻蚀气体，将直径为 230nm 的 PS 纳米球刻蚀至平均直径 148nm，如图 7.2(a)所示。以非致密排列的 PS 胶体晶体为模板，在颗粒上蒸镀 10nm 铬，并用胶带将模板除去后，制备了平均直径为 149nm 的铬纳米孔掩模，如图 7.2(b)所示。

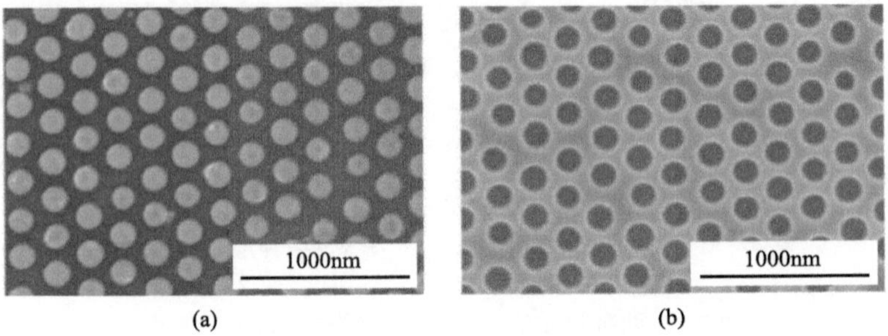

图 7.2　非致密 PS 纳米颗粒和铬纳米孔掩模 SEM 图

2. 金字塔硅坑结构的可控制备

利用湿法腐蚀技术制备金字塔硅坑结构，将覆盖铬纳米孔掩模的(100)硅片放入 KOH 腐蚀溶液中，对硅基底进行各向异性湿法腐蚀。通过调节腐蚀时间，调节金字塔硅坑的尺寸。在(100)硅片的各向异性湿法腐蚀过程中，掩模形状的均匀性对刻蚀制备的硅结构形貌十分重要。

根据(100)硅片的晶向特征，腐蚀得到的金字塔硅坑由 4 个(111)面组成，硅孔底部的尖角每个面与硅基底表面(100)面的夹角为 54.74°，从而形成了硅孔底部的尖角，如图 7.3 所示。

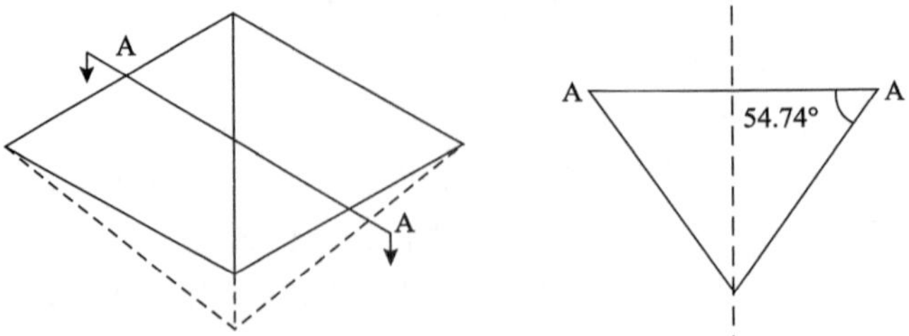

图 7.3　金字塔硅坑形貌示意图

硅基底湿法腐蚀不同时间和阶段的金字塔硅坑结构的形貌如图 7.4 所示。在湿法腐蚀的起始阶段，在硅基底上出现了正方形的腐蚀窗口，并且在窗口的中心出现了尖端结构。由此可见，KOH 溶液对(100)硅片的各向异性湿法腐蚀过程从铬孔掩模中心附近位置开始。随着腐蚀时间的延长，金字塔硅坑尺寸增大。

图 7.4　不同尺寸的金字塔硅坑结构的 SEM 图

为有效地控制金字塔硅坑的结构尺寸，研究了金字塔硅坑边长与腐蚀时间的关系。经过 90s、120s、150s、180s、210s、240s、270s 和 300s 的各向异性湿法腐蚀后，金字塔硅坑的边长平均尺寸分别为 63nm、77nm、93nm、123nm、139nm、158nm、169nm 和 180nm，如图 7.5 所示。硅坑结构尺寸与湿法腐蚀时间并不完全成正比，而是在不同阶段展示出不同的腐蚀速率，并显示出三段特性。在湿法腐蚀的起始阶段，形成硅坑的尺寸较小，湿法腐蚀形成的产物不能及时被水流带走，阻碍了腐蚀液与硅孔四壁的接触，从而阻碍腐蚀过程的进行，腐蚀速率相对较慢；在腐蚀中间阶段，已形成尺寸较大的硅孔，湿法腐蚀形成的产物可以及时被水流带走，腐蚀液与硅孔四壁能够充分接触，从而加快腐蚀过程；在腐蚀的末尾阶段，硅孔继续扩大，直到部分被铬孔掩模遮蔽，腐蚀速率又有所下降。

通过控制腐蚀时间，可以有效控制金字塔硅坑的尺寸。此外，通过控制铬孔尺寸可以调节腐蚀掩模窗口，进而控制金字塔硅坑的尺寸。从低倍 SEM 图片可见，湿法腐蚀过程在大面积上比较均匀，制备的模板符合 SERS 基底对均匀性的要求，如图 7.6 所示。

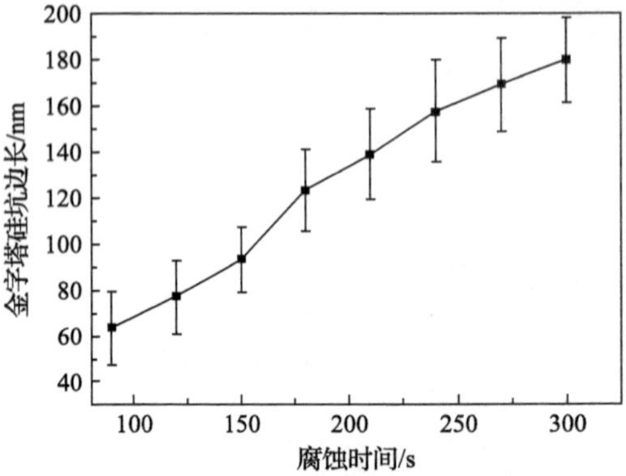

图 7.5　硅坑边长与腐蚀时间的关系曲线

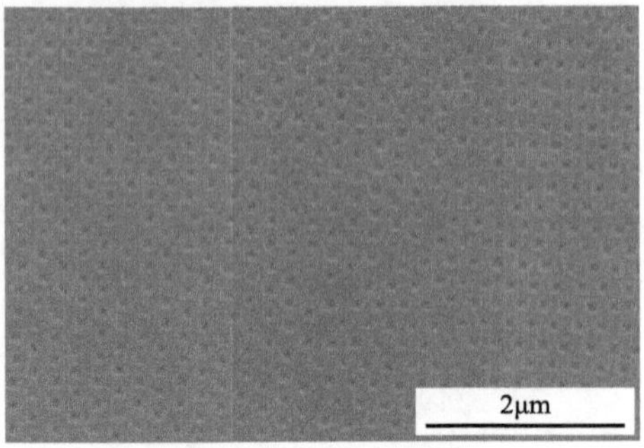

图 7.6　大面积金字塔硅坑的 SEM 图

胶体晶体各区域的取向是不可控的，导致硅基底表面的金字塔硅坑排列方式也不相同，包括“对角型”和“并排型”两种排列方式。“对角型”硅纳米孔结构可以构建出“对角型”的金材质金字塔结构，如图 7.7(a)所示。棱角之间的距离若小于 10nm，则可以形成纳米尺度的间隙，这种结构能够极大增强局域电磁场。当胶体晶体单晶域的取向旋转 45°时，可得到如图 7.7(b)所示的“并排型”排列方式。

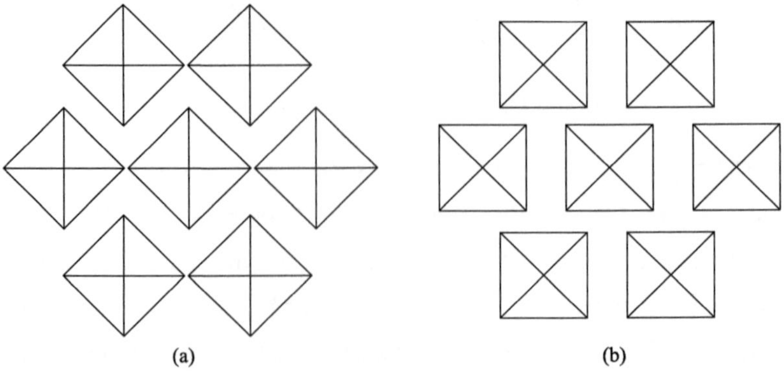

图 7.7　两种排列形式的金字塔硅坑示意图

3. 金材质金字塔结构的可控制备

为了考察金字塔结构 SERS 性能和尺寸的关系，选用底面边长为 123nm、139nm 和 158nm 三种尺寸的金字塔硅孔作为纳米金字塔制备模板。首先，在金字塔硅孔内沉积厚度为 200nm 的金，并用双面导电碳碟将纳米结构复制出来。硅结构坚实耐用，稳定性非常好，可重复用于多种材质的金字塔结构的制备。制备的三种尺寸的金字塔结构如图 7.8 所示。

图 7.8　三种尺寸的金字塔结构的 SEM 图

图 7.8(a)、(c)、(e)为三种尺寸的金字塔结构的正面 SEM 视图，图 7.8(b)、(d)、(f)为三种尺寸的金字塔结构的斜视图。金字塔结构具有尖锐的顶部尖端，侧边棱边也十分尖锐，底面边长分别为 123nm、139nm、158nm，与硅孔模板的尺寸大致相符。如图 7.7(e)和(f)所示的金字塔颗粒大部分彼此之间距离很近，有部分彼此相连，这是由胶体颗粒模板分布和湿法腐蚀过程的不均匀性造成的。

4. 金-PDMS 复合材质金字塔结构可控制备

在 SERS 应用中，SERS 热点来源于金属表面等离子体共振，与纳米结构表面材质密切相关，但是与纳米结构内部材质相关性不大。在 PDMS 表面附着金膜同样可以提供可靠的热点，进而提供足够的信号放大。

使用 PDMS 和金制造复合材料的周期性金字塔结构可以有效地降低生产成本。以 139nm 边长金字塔硅坑为模板制备复合材质的纳米金字塔。金-PDMS 复合材质金字塔结构制备的详细过程为：首先，对带有金字塔硅坑的基底进行硅烷化处理，将表面带有硅孔的基底在含有二甲基二氯硅烷的二氯甲烷溶液(0.25%(质量分数))中在室温下浸泡 1h，取出后用大量乙醇冲洗，并用氮气吹干。硅烷化处理的目的是，使硅基底表面生长短链的烷基疏水基团—CH_3，形成疏水表面，从而使 PDMS 薄膜更易揭起。随后，将 PDMS 预聚体和固化剂按 100∶8 的体积比充分混合，常温下将混合溶液旋涂在硅烷化基底上，在 60℃温度环境下固化 5h 后揭起即可得到金-PDMS 复合材质金字塔结构基底。

为了延长固化时间，可以降低 PDMS 固化剂的比例，使 PDMS 预聚体有充分的时间渗入硅孔的深处，从而完整复制金字塔形状。将 PDMS 金字塔结构基底置于电子束镀膜机腔体内，以 1～2Å/s 的速度镀以厚度为 30nm 的金，即可获得金-PDMS 复合材质纳米结构，如图 7.9 所示。

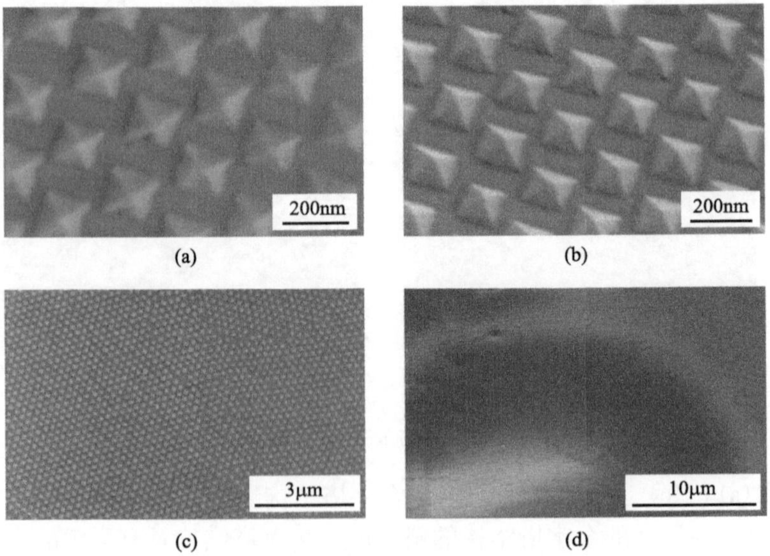

图 7.9　金-PDMS 复合材质金字塔结构 SEM 图

PDMS 预聚体混合液的黏度较大，混合后会产生很多气泡，有些是肉眼观察不到的。因此，需要在真空设备中进行脱气处理。如果气泡没有完全排除，在固化过程中，小气泡会聚集在薄膜中形成大气泡，从而造成纳米结构缺陷。由于PDMS材料导电性较差，SEM图清晰度不高，有少许变形。但是可以看出，金-PDMS复合材质金字塔结构保持了金字塔尖锐的棱边和尖角。

金-PDMS复合材质金字塔结构不仅拥有成本优势，还可以在曲面上制备金属纳米结构。图7.9(c)所示为平整衬底支撑的金字塔结构。大面积金-PDMS复合材质金字塔在弯曲情况下也不会产生破裂，如图7.9(d)所示。

7.1.3　金字塔结构的电磁场特性分析

为探索金字塔结构的热点生成机理，为金字塔结构优化提供参考，采用三维FDTD Solutions软件研究金属表面电磁场的分布情况。目前，已有文献对金字塔结构的电磁场分布进行了电磁学计算分析，但主要集中在考察其结构本身尖端附近的电磁场分布。在本部分工作中，主要考察在同一周期条件下，金材质的金字塔结构的局域电磁场增强性能与阵列排布方式、尺寸参数、入射光波长和偏振方向的关系。

1. 金字塔结构表面电磁场仿真模型

为研究入射激光的偏振方向对金字塔结构表面电磁场分布的影响，分别构建了两种排列方式的金字塔结构计算仿真模型，包括“对角型”金字塔结构和“并排型”金字塔结构，如图7.10所示。

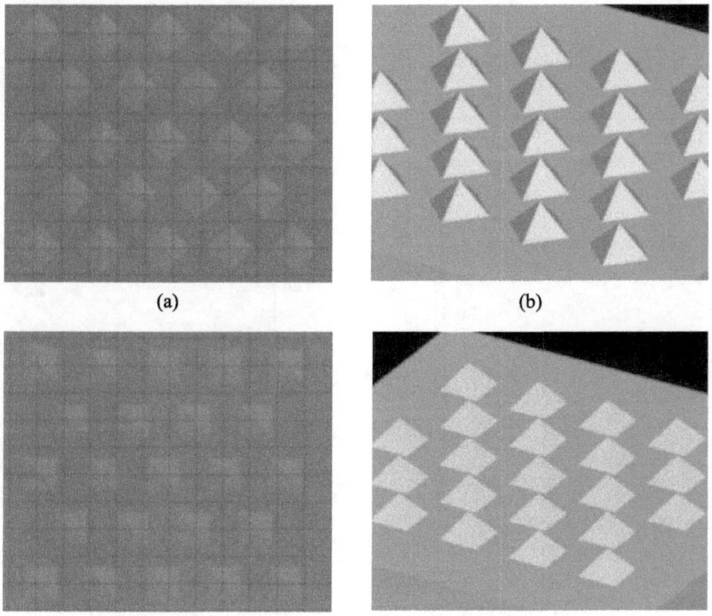

(a)　(b)　(c)　(d)

图7.10　两种排列方式的金字塔结构模型

根据硅湿法刻蚀的原理，金字塔侧壁平面(111)面与底面(100)面夹角为 54.74°。理想情况下，当金字塔颗粒底面边长为 123nm 时，金字塔高度应为 87nm。模型中共构建了 23 个金字塔作为分析基元。为研究金字塔结构尺寸对表面电磁场的影响，分别设计了底面边长为 123nm、139nm 和 158nm 三种结构的模型。

针对底面边长 123nm 的金字塔结构进行分析，*X* 方向采用反对称边界条件，*Y* 方向采用对称边界条件，*Z* 方向采用 PML 边界条件；入射光传播方向垂直于基底；网格划分采用最高等级的 8 级，未对尖端做更细的网格划分。入射光的电磁场幅值$|E_0|$设置为 1，局域电磁场的幅值设为$|E|$，电磁场增强标尺的纵向坐标采用$\log|E/E_0|$的倍数表示。

2. 入射光对金字塔结构电磁场特性的影响

针对边长为 123nm 的金字塔结构，在 *X* 偏振和 *Y* 偏振模式的 785nm 波长激光照射下，分别计算了“对角型”和“并排型”两种排列方式金字塔结构的表面电磁场分布情况，如图 7.11 和图 7.12 所示。

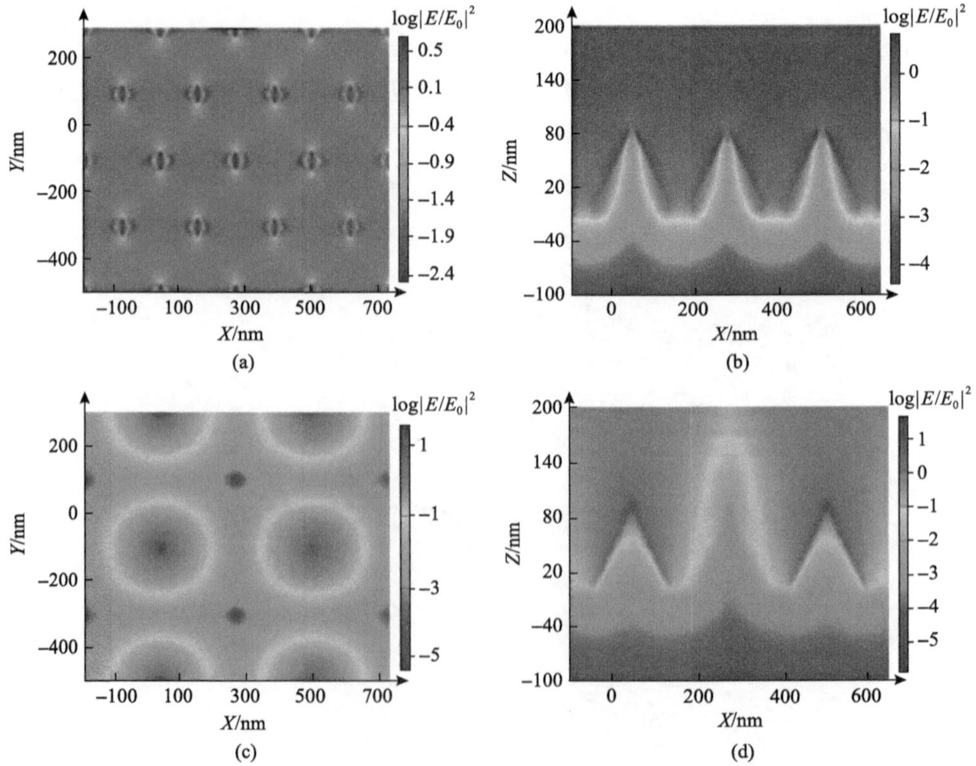

图 7.11　“对角型”金字塔结构的电磁场分布情况

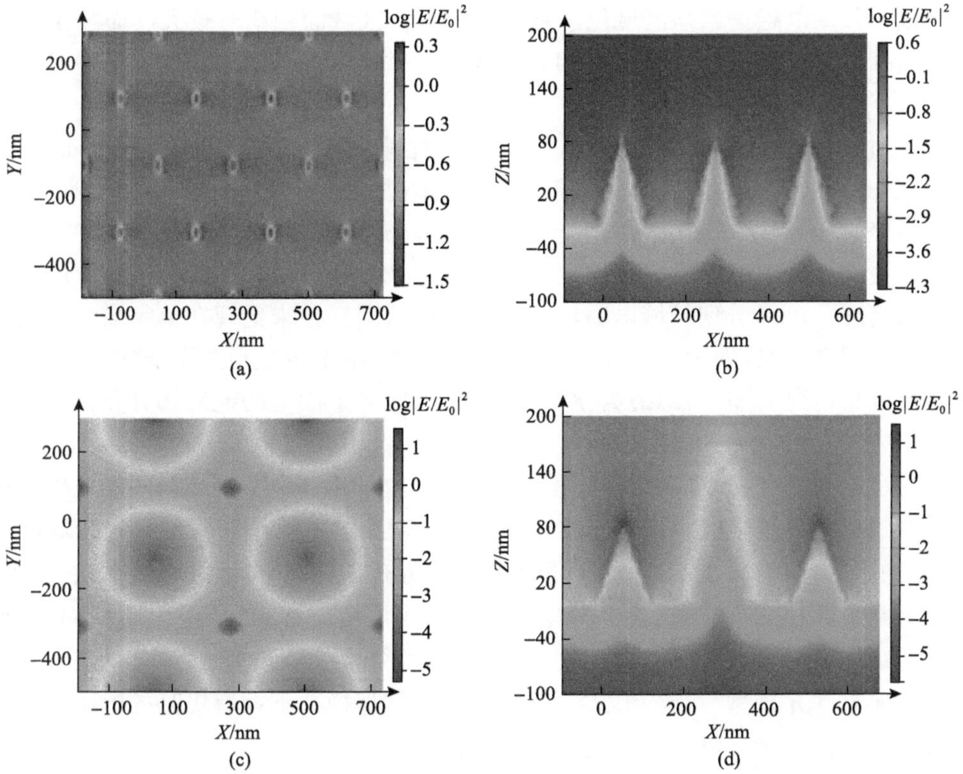

图 7.12　“并排型”金字塔结构的电磁场分布情况

针对“对角型”金字塔结构，在 *X* 偏振模式下的表面电磁场分布情况如图 7.11(a)和(b)所示，在 *Y* 偏振模式下的表面电磁场分布情况如图 7.11(c)和(d)所示。图 7.11(a)展示了 *XOY* 平面上的电磁场分布情况，*XOY* 平面是平行于金字塔底座的平面。具体选取了局部电磁场强度最高的一个截面，即高度为 57.3nm 的截面。计算结果显示，该截面上最大电磁场增强倍数为 6.18。图 7.11(b)展示了 *XOZ* 平面上的电磁场分布情况，即平行于 *X* 偏振方向，且过金字塔顶点垂直于金字塔底座的平面。该平面的电磁场分布情况显示，金字塔结构棱边上也有较强的局域电磁场增强，甚至大于金字塔顶点。

图 7.11(c)展示了“对角型”金字塔结构在 *Y* 偏振模式下 *XOY* 平面上的电磁场分布情况，平面截取在金字塔顶点的位置；图 7.11(d)为 *Y* 偏振模式下 *XOZ* 平面上的电磁场分布情况。计算结果显示，电磁场最大增强位置位于顶点，最大增强倍数为 40.6。

通过电磁场计算发现，在 *X* 偏振模式下，电磁场增强的最大值并没有如理论推导一样位于金字塔顶点，而是位于金字塔的棱边上。本模型中，金字塔结构间距离相对较近，在 *X* 偏振模式下，相邻的金字塔结构的电磁场发生了耦合导致热点位置下移。电磁场增强区域位于整条棱边上，区域面积相对较大。而在 *Y* 偏振光的激励下，金字塔结构间距离相对较远，电磁场增强是由于结构本身诱发的尖端效应。

针对“并排型”金字塔结构，在 *X* 偏振模式下的表面电磁场分布情况如图 7.12(a)和(b)所示，在 *Y* 偏振模式下表面电磁场分布情况如图 7.12(c)和(d)所示。图 7.12(a)展示了 *XOY* 平面上的电磁场分布情况，具体截取高度为 67nm 的截面，截面上最大电磁场增强倍数为 4.96。图 7.12(b)展示了 *XOZ* 平面上的电磁场分布情况，可以看到局域电磁场最大增强倍数同样并未出现在金字塔结构的顶点位置。图 7.12(c)展示了“并排型”金字塔结构在 *Y* 偏振模式下 *XOY* 平面上的电磁场分布情况；图 7.12(d)为 *Y* 偏振模式下 *XOZ* 平面上的电磁场分布情况。电磁场最大增强倍数为 35.9，位置位于顶点处。

通过电磁场计算发现，在 *X* 偏振模式下，由于相邻金字塔结构间的电磁场耦合，电磁场最大增强点并未位于结构顶点处。对于“并排型”阵列方式，*XOZ* 平面截取的位置在斜面上；对于“对角型”阵列方式，*XOZ* 平面截取的位置在棱上。棱是由两个面相交形成的，会诱导电磁场在金字塔棱位置的聚集。因此，“对角型”金字塔结构的最大电磁场增强倍数高于“并排型”金字塔结构。此外，无论是“对角型”还是“并排型”结构形式，入射光在 *Y* 偏振模式下拥有更高的电磁场增强效果，更能体现金字塔尖端结构的电磁场特性。

为了研究入射光波长对结构表面电磁场分布的影响，计算了在五种拉曼检测中常用的波长激励下结构表面电磁场最大增强倍数，五种激光波长分别为 488nm、514.5nm、532nm、633nm 和 785nm。针对底边边长为 158nm 的“对角型”金字塔模型，在 *Y* 偏振模式下，计算得到的电磁场最大增强倍数分别为 10.7、36.5、86、91.7 和 157.6。由此可见，采用 785nm 波长的入射光更适合该基底开展 SERS 检测。

3. 结构尺寸对金字塔结构电磁场特性的影响

为研究结构尺寸对金字塔结构电磁场特性的影响，在 *Y* 偏振模式的 785nm 入射光的激励下，进一步计算分析了底边边长为 139nm 和 158nm 金字塔结构的表面电磁场分布情况，如图 7.13 和图 7.14 所示。其中“对角型”金字塔结构的表面电磁场分布如图 7.13 所示，“并排型”金字塔结构的表面电磁场分布如图 7.14 所示。

针对“对角型”金字塔结构，底边边长 139nm 结构的表面电磁场分布情况如图 7.13(a)和(b)所示，最大电磁场增强倍数为 157.6，位于金字塔顶点位置；底边边长 158nm 结构的表面电磁场分布情况如图 7.13(c)和(d)所示，最大电磁场增强倍数为 237.9，同样位于金字塔顶点位置。结合底边边长 123nm 结构的计算结果可见，金字塔结构的最大电磁场增强倍数随着结构尺寸的增大而提高。

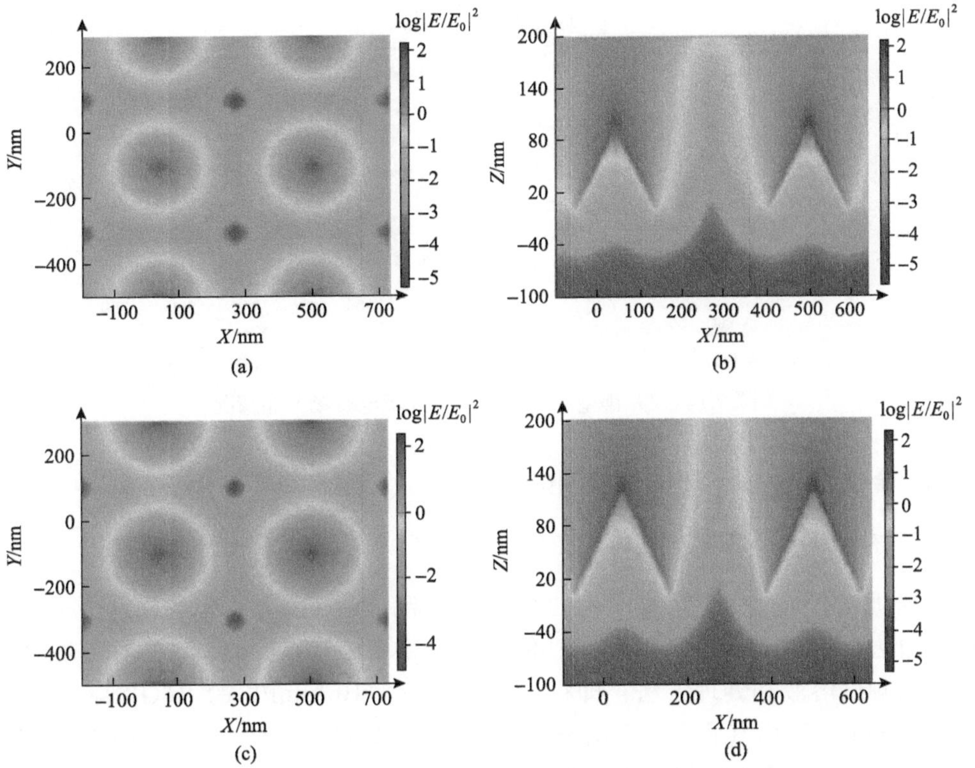

图 7.13　“对角型”金字塔结构局域电磁场分布情况

针对“并排型”金字塔结构，底边边长 139nm 结构的表面电磁场分布情况如图 7.14(a)和(b)所示，最大电磁场增强倍数为 76.14，位于金字塔顶点位置；底边边长 158nm 结构的表面电磁场分布情况如图 7.13(c)和(d)所示，在 57nm 高度处的 *XOY* 截面中，最大电磁场增强倍数为 7.2。结合底边边长 123nm 结构的计算结果可见，“对角型”金字塔的局域电磁场增强最显著。

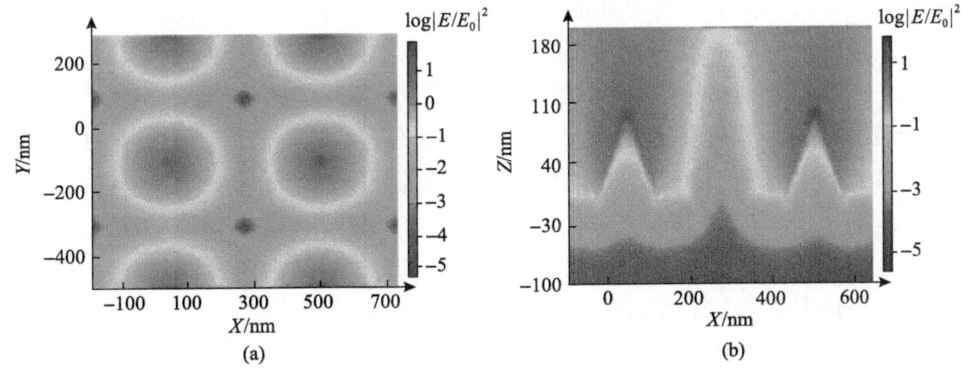

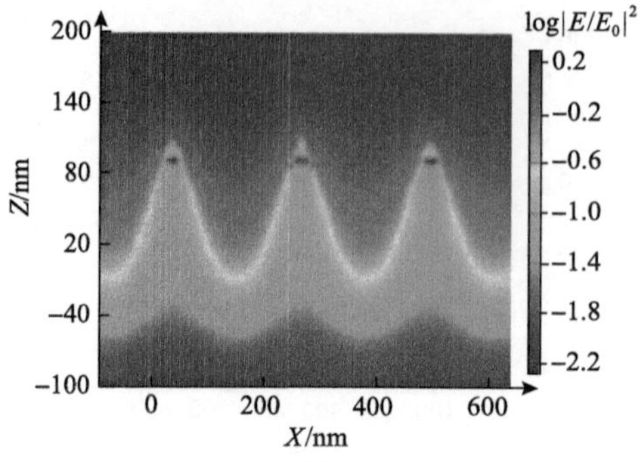

(c)

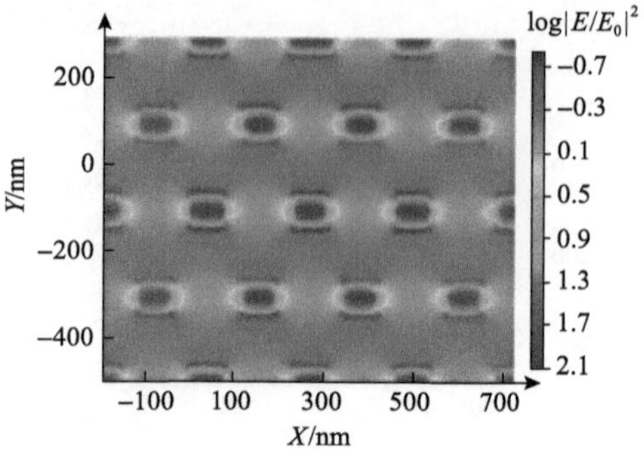

(d)

图 7.14　“并排型”金字塔结构局域电磁场分布情况

7.1.4　金字塔结构的 SERS 性能测试

1. 不同尺寸金字塔结构的 SERS 性能测试

为研究不同尺寸金字塔结构的 SERS 性能，以 R6G 分子作为探针分子分别对底边边长为 123nm、139nm 和 158nm 的金字塔结构进行测试。三种基底采用相同的测试溶液和处理方法，即将 20μL 浓度为 10^{-6}mol/L 的 R6G 溶液滴加在 5mm×5mm 金字塔基底上，室温条件下挥发晾干后进行测试。选用的拉曼光谱仪为激光共聚焦拉曼光谱仪，激光源激发的激光波长为 785nm。拉曼光谱仪装备有 Olympus Bx51 镜头，激光光斑直径约为 1μm，聚焦深度约为 10μm。拉曼光谱的收集范围为拉曼位移 400～2000cm^{-1}，精度为 3～5cm^{-1}。光谱测量过程中，激光功率为 10W/cm^2，积分时间为 5s，积分次数为 1 次。获得的三种基底的拉曼光谱利用 OPUS 6.5 软件自带的基线校正工具进行基线校正。

由于三种金字塔结构周期一致，单位面积上的金字塔结构的数量相同。根据计算结果可知，金字塔结构的热点主要位于顶点，激光光斑范围内热点的密度和数量基本相同，即对信号增强的贡献主要源于结构尺寸的变化。底边边长为 123nm、139nm 和 158nm 的金字塔结构的 SERS 光谱如图 7.15 所示。与计算结果相符，边长为 123nm 的金字塔结构信号强度最低，边长为 158nm 的金字塔结构信号强度最高，信号强度随着结构尺寸的增大而增大。根据电磁学理论，在理想状况下，SERS 信号的增强倍数与电磁场增强倍数的平方成正比。根据计算结果，信号强度的比例应该约为 1∶19∶43.7，但是 SERS 信号强度显然不存在这么大的差异。一方面是金字塔结构在制造过程中存在误差，会导致金字塔结构尖端不够尖锐；另一方面是拉曼标记分子不能稳定地附着在金字塔结构的尖端，进而导致未能充分利用热点的放大效应。

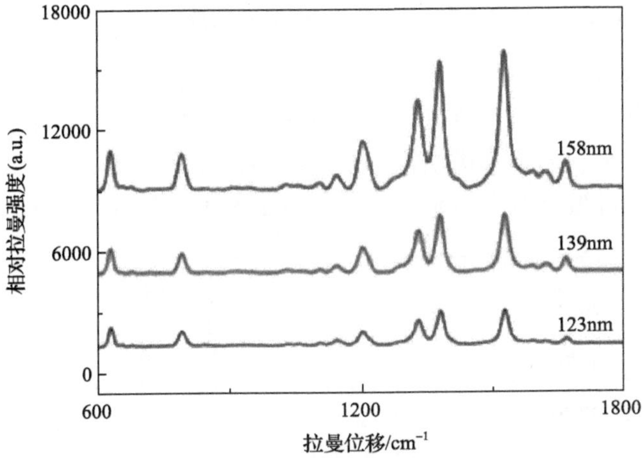

图 7.15　不同尺寸金字塔结构 SERS 测试结果

2. 金字塔结构的 SERS 检测灵敏度分析

通常有两种方法来评价 SERS 基底的灵敏度：一种方法是计算 SERS 基底的增强因子，另一种方法是确定 SERS 基底的检测极限。本节通过确定检测极限的方法来确定金字塔结构的 SERS 灵敏度。以 R6G 作为拉曼标记分子，配置一系列浓度的 R6G 溶液，溶液浓度范围为 10^{-8}～10^{-5}mol/L。分别取各浓度的 R6G 溶液 20μL，滴加到 5mm×5mm 的 SERS 基底上，并在室温条件下风干。随着 R6G 溶液浓度从 10^{-5}mol/L 到 10^{-8}mol/L 变化，SERS 信号的强度逐渐降低，但是曲线都展现出良好的信噪比，如图 7.16 所示。金字塔结构的 SERS 检测极限达到 10^{-8}mol/L。

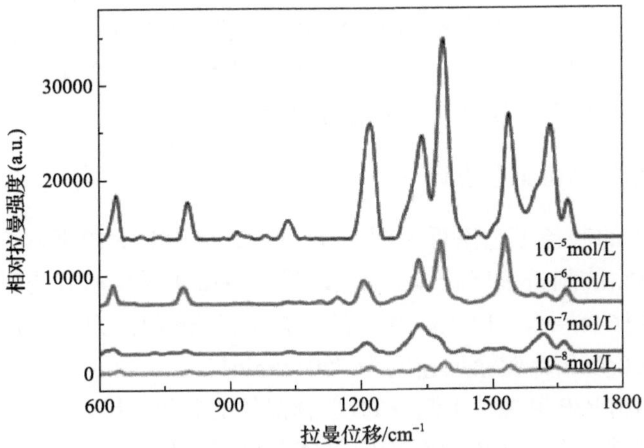

图 7.16　金材质金字塔结构上不同浓度 R6G 溶液的 SERS 光谱图

3. 金-PDMS 复合材料金字塔结构的 SERS 性能测试

同样利用不同浓度的 R6G 溶液测试金-PDMS 复合材质金字塔结构的灵敏度，测试得到的光谱曲线如图 7.17 所示。金-PDMS 复合材质金字塔结构的检测极限为 10^{-6}mol/L，低于金材质金字塔结构。这是因为镀金后金字塔结构顶端不够锋锐，也可能是由于材料组分本身的原因，其具体原因还需要进一步深入探讨。

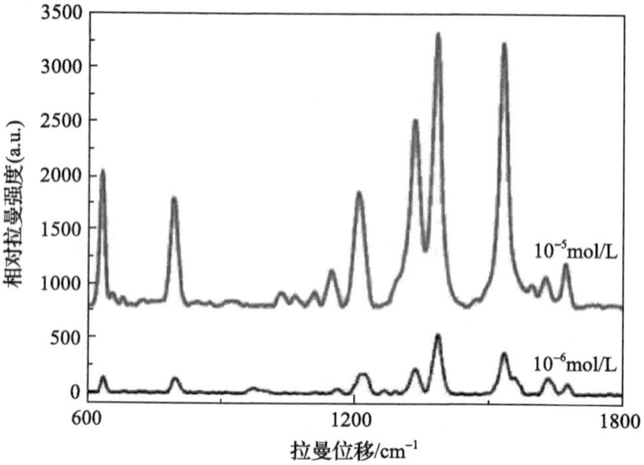

图 7.17 金-PDMS 复合材质金字塔结构上不同浓度 R6G 溶液的 SERS 光谱图

7.2 周期性纳米棒结构

金字塔结构利用(100)硅片的湿法腐蚀特性，在硅基底上构建金字塔纳米坑结构，并通过剥离的方法复制带有纳米尖端的结构阵列[3]。同样，基于(110)硅片的湿法腐蚀特性，可以获得带有纳米间隙的结构阵列，利用金属纳米结构间的电磁场耦合创建 SERS 热点，提高 SERS 信号强度。

7.2.1 纳米棒结构制备工艺设计

纳米棒结构的制备工艺流程如图 7.18 所示，可以分为以下八个步骤。

第一步，旋涂法制备单层胶体晶体，如图 7.18(a)所示。本节选用粒径为 230nm 的 PS 纳米微球作为原料，以乙醇和水的混合溶液(体积比为=1∶1)作为分散溶剂，旋涂速度为 3000r/min，旋涂加速度为 750(r/min)/s。

第二步，利用 ICP 刻蚀技术制备 PS 胶体晶体的非致密排列，如图 7.18(b)所示。

第三步，在非致密排列的 PS 胶体晶体上沉积一层铬膜，如图 7.18(c)所示。本节采用真空蒸镀的方法完成该工作。

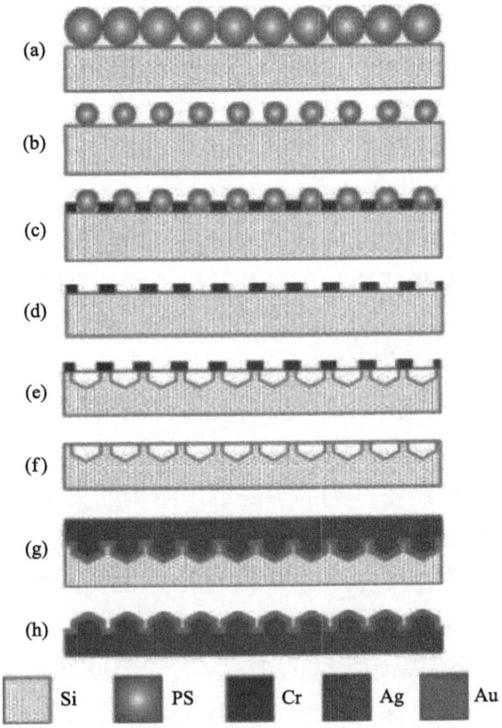

图 7.18　纳米棒结构的制备工艺流程

第四步，去除 PS 胶体球，制备铬纳米孔结构，如图 7.18(d)所示。利用胶带反复粘贴去除 PS 胶体颗粒，部分残余 PS 颗粒，在超声条件下利用二氯甲烷溶解。

第五步，(110)硅片的各向异性湿法腐蚀，如图 7.18(e)所示。以铬纳米孔为掩模，采用各向异性湿法腐蚀技术，在超声环境中对(110)硅片进行腐蚀，得到长条状的硅纳米孔。根据(110)硅片的晶向特征，在利用腐蚀液进行各向异性湿法腐蚀时，硅纳米坑会顺着硅片的晶向被腐蚀，在超声环境中，腐蚀被加剧，形成了长条状的硅纳米坑结构。

第六步，铬孔掩模去除，如图 7.18(f)所示。利用铬腐蚀液去除铬孔掩模，得到单一材料的硅纳米孔结构。随后将硅基底置于 80℃ Piranha 溶液中浸泡 10min 后用大量去离子水冲洗，并保存在乙醇中待用。

第七步，在硅纳米孔结构上依次沉积金、银等贵金属，如图 7.18(g)所示。以上述的硅纳米坑作为模板，利用真空电子束蒸镀法先沉积一层 50nm 厚的金，随后沉积一层 450nm 厚的银，形成金-银复合材料。在 SERS 光谱应用中，银表现出良好的特性，但银在空气中容易被氧化，需要在外面镀一层金对其进行保护。此外，利用银作为底层主要的支撑材料，相对于金成本更低。

第八步，金-银复合纳米棒剥离，如图 7.18(h)所示。利用超平滑双面导电碳碟将金-银复合纳米棒剥离出来，将硅坑结构的形貌剥离复制出来。

7.2.2　纳米棒结构的可控制备

由上述工艺流程可知，金-银纳米棒结构制备的关键在于：①周期性铬纳米孔模板的可控制备；②(110)硅片的各向异性湿法腐蚀；③金-银复合材料的沉积及剥离。制备过程中的所有步骤均利用场发射扫描电子显微镜进行了表征。

1. 铬纳米孔掩模的可控制备

在利用 NSL 技术制备纳米结构时，首先需要选用粒径较小的胶体球作为初始阵列模板；再通过 ICP 刻蚀控制 PS 球粒径达到纳米尺度，随后在纳米尺度的结构上沉积或者刻蚀，保证制备得到的金属纳米结构的关键尺寸达到纳米尺度，即关键结构尺寸小于 100nm。

在金-银复合纳米棒结构制备中，选取粒径为 230nm 的 PS 球，通过旋涂自组装形成胶体晶体，如图 7.19(a)所示。经过 ICP 刻蚀后，PS 球的直径从 230nm 减小为平均 76nm，仅相当于原始尺寸的 1/3 左右。经过刻蚀后的 PS 纳米颗粒在平行于衬底的平面上的投影仍保持圆形，也仍然保持着六方排列的阵列排布形式，如图 7.19(b)所示。以非致密 PS 纳米颗粒阵列为模板，利用真空蒸镀技术沉积一

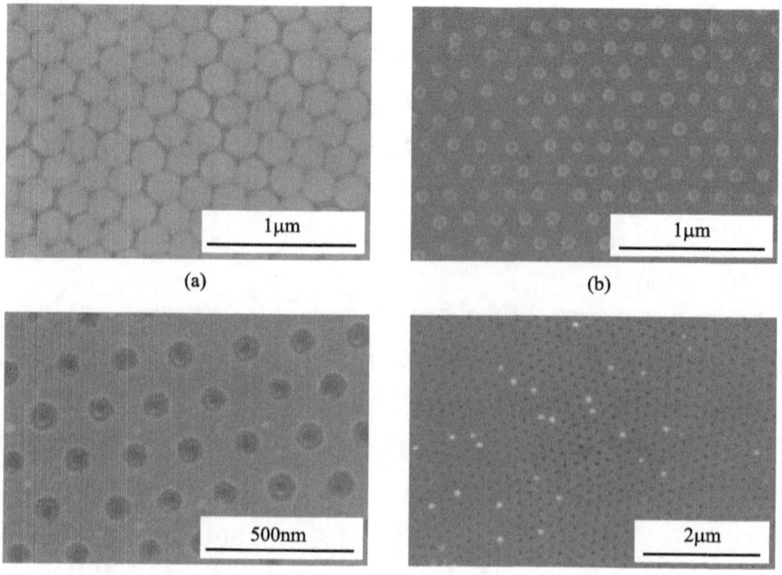

(a)　(b)　(c)　(d)

图 7.19　铬纳米孔结构掩模制备过程各阶段结构的 SEM 图

层 20nm 的铬层。利用胶带将 PS 颗粒剥离后得到铬纳米孔结构，铬孔的平均直径为 82nm，如图 7.19(c)和(d)所示。

2. (110)硅片的各向异性湿法腐蚀

以铬纳米孔结构为掩模，将(110)硅片置于 KOH 腐蚀溶液中进行各向异性湿法腐蚀。在各向异性湿法腐蚀过程中，由于硅片(111)晶面上的原子排列紧密，其腐蚀速率较慢，经常作为腐蚀的自停止面。因此，以铬纳米孔结构作为腐蚀掩模，在(110)硅片上得到的硅孔为六边形底的“屋脊”形状，如图 7.20(a)和(b)所示。根据(110)硅片的晶向以及 SEM 图片可知，“屋脊”形纳米坑是由六个(111)晶面组成的，其中四个面是竖直的，两个面是倾斜的。两个倾斜的面与硅平面的夹角为 35.26°，并且在坑的底部相交，形成图中所示的棱线。而相邻的两个竖直面之间的夹角为 70.5°。利用剥离的方法可以将金-银复合纳米结构复制出来，如图 7.20(c)和(d)所示。

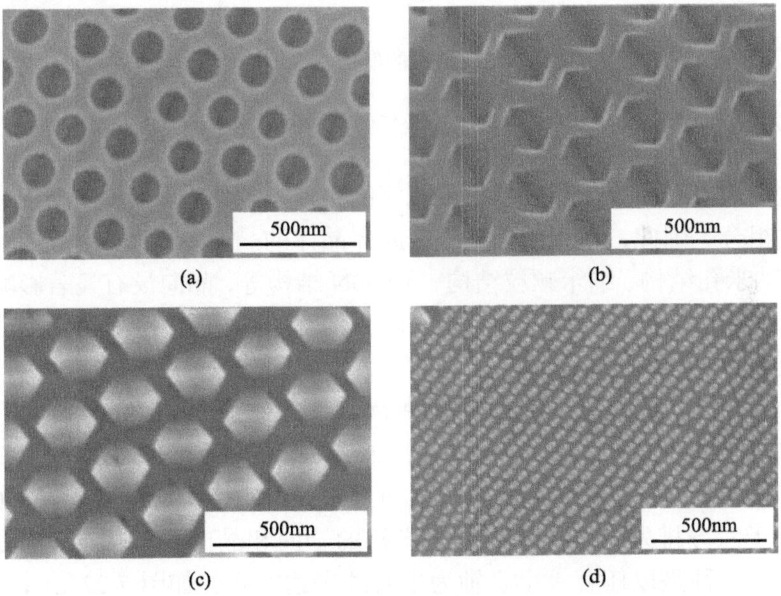

图 7.20　(110)硅片上制备得到的“屋脊”形纳米坑/颗粒结构

在超声条件下进行各向异性湿法腐蚀，可以有效地加快基底腐蚀，同时也加速了硅坑的侧蚀。实验中发现，在腐蚀过程中引入超声后，硅坑在四个竖直面的腐蚀速率显著增加，而对倾斜面的腐蚀速率提高并不多。此外，超声使硅坑表面更粗糙，相邻两个竖直面的夹角也被钝化，形成圆弧形的结构。因此，腐蚀出来的硅坑及剥离出来的颗粒底面不再是正六边形，而成为棒状结构，如图 7.21 所示。

纳米棒的平均长度约为 212nm，平均宽度约为 110nm，尺寸略大于相同模板制备的“屋脊”形结构。从高倍 SEM 图中可以看到，棒状结构之间形成了纳米间隙，棒之间的间隙为 6～8nm，如图 7.21(b)所示。贵金属纳米结构之间的纳米尺度间隙可以产生极大的电磁场增强，形成 SERS 热点，可以有效提高 SERS 信号。初始胶体晶体的周期较小，因此热点的密度相对较高。经过测量软件估算，由纳米间隙(尺寸小于 20nm)产生的热点密度约为 $1.13 \times 10^7/mm^2$。此外，超声导致的颗粒表面粗糙化可以进一步提高颗粒的 SERS 效果。

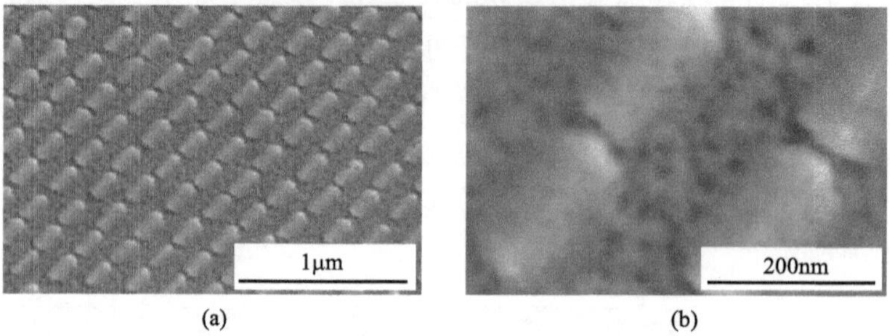

图 7.21　棒状结构的低倍和高倍 SEM 图

3. 纳米棒的排布形式分析

通过旋涂得到的胶体晶体是长程有序的，即得到的胶体晶体是无数个六方排列区域的组合。因此，在大面积范围内胶体晶体的晶向并不确定。对于部分纳米结构，如纳米孔结构、纳米颗粒结构、AuFON 结构等，晶向没有显著影响。但是，对于纳米棒结构，由于纳米棒的轴向与阵列的晶向存在夹角，阵列排布的晶向对其形貌及 SERS 效果有一定影响。

对于六方排列的胶体晶体，如果将距离最近两个胶体球方向定义为主轴方向，那么六方排列的胶体晶体拥有三个主轴，如图 7.22(a)所示，图中 *OA*、*OB*、*OC* 都可以看作胶体晶体的主轴。以这三个主轴为参考，计算夹角时具有同样的效果。因此，对于六方排列的胶体晶体，纳米棒的轴向和晶向主轴的夹角范围有两种表达方式：一种是以任意一个主轴为中心的表达方式，如图 7.22(a)中虚线部分所示，夹角范围为–30°～+30°；另一种是以任意一个主轴为起点的方式，夹角范围为 0°～60°。本书采用第二种方式来表征纳米棒轴向同胶体晶体晶向主轴的夹角。图 7.22(b)～(d)分别是夹角为 0°、15°及 30°的结构示意图。

纳米棒轴向与晶体主轴夹角的差异，会导致周期结构的形貌有巨大的区别，其 SEM 图如图 7.23 所示。图 7.23(a)中，纳米棒轴向与胶体晶体主轴的夹角为 0°，在前后两个纳米棒之间形成了纳米间隙；图 7.23(b)中，夹角为 15°，在前后两个纳米棒圆弧的侧面形成了纳米间隙；图 7.23(c)中，夹角为 30°，纳米棒分别与前面两个纳米棒形成了纳米间隙。这些纳米间隙将在 SERS 测试中成为热点。从 SEM 图中可以看到，周期结构形貌与图 7.22 所示的排列相同。

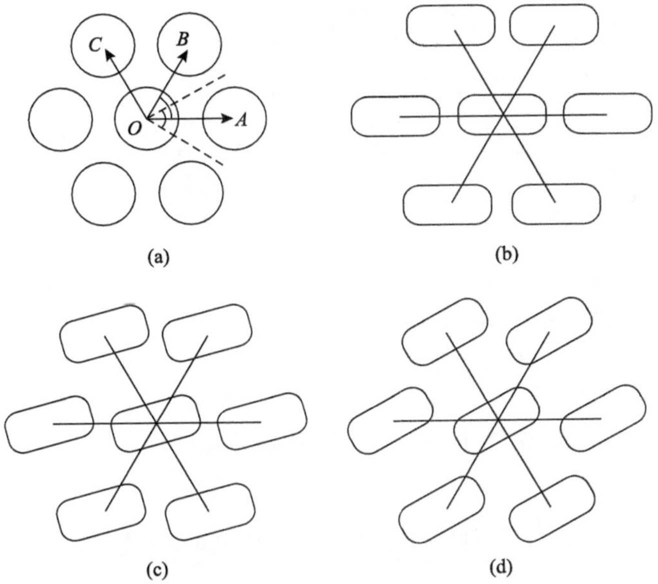

图 7.22　纳米棒轴向与胶体晶体主轴不同夹角的示意图

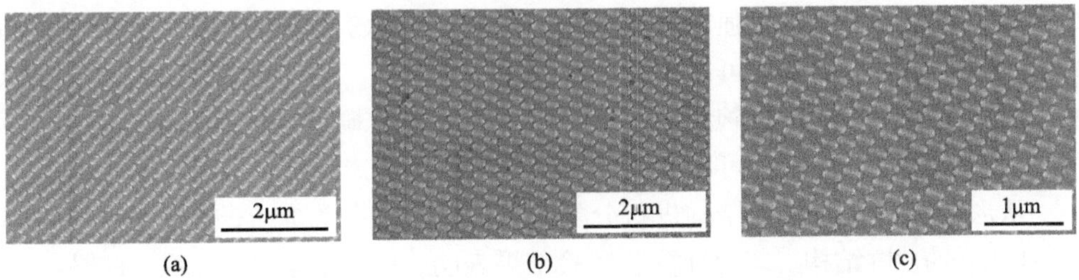

图 7.23　轴向与胶体晶体主轴不同夹角的纳米棒结构的 SEM 图

7.2.3　纳米棒结构的 SERS 性能测试

为获得纳米棒结构的 SERS 灵敏度，本节以 R6G 作为拉曼标记分子获得 SERS 基底的检测极限，通过测试得到了 10^{-8}～10^{-4}mol/L 的 R6G 的拉曼光谱。由于，10^{-4}mol/L 的 R6G 溶液的拉曼光谱超出测试范围，故没有对其进行表征。其余各浓度 R6G 溶液的光谱如图 7.24 所示，拉曼光谱的强度随着 R6G 溶液浓度的降低而减弱，其检测极限约为 10^{-8}mol/L。图 7.24 中左上角展示了 10^{-8}mol/L 的 R6G 溶液拉曼光谱的放大图，可以看到，其拉曼光谱仍具有良好的信噪比，远大于 3。由此可见，金-银复合纳米棒结构对于 R6G 的灵敏度应小于 10^{-8}mol/L。

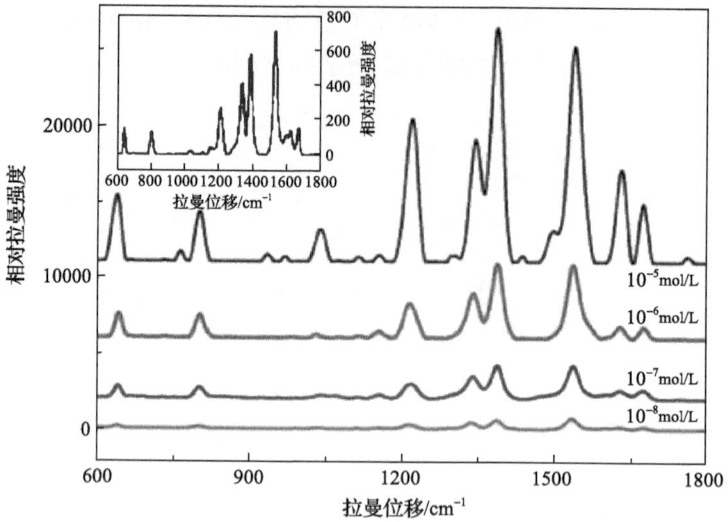

图 7.24　纳米棒结构 SERS 灵敏度测试

7.3　周期性金属 PIB 纳米结构

当两个或多个纳米结构相互靠近时，金属纳米结构表面的电磁场发生耦合，结构间隙处的局部电磁场强度明显提高，有利于 SERS 效应的增强。因此，具有纳米间隙特征的金属结构可以作为优秀的 SERS 基底。以二维有序胶体晶体为模板，已成功制备了球形、碗形、环形等多种与胶体颗粒结构相似的纳米结构。采用合适的辅助构造方法，可以实现纳米间隙特征的纳米结构的可控制备。

从形貌上对金属纳米结构进行分类，可以粗略地分为向上凸出的颗粒结构和向下凹陷的孔/坑结构。理论计算及实验结果表明，相对于金属纳米孔/坑结构，纳米颗粒结构具有更好的光谱表面增强特性。然而，金属纳米孔/坑结构的优点在于它能够将待分析物限制在纳米坑内。因此，需要一种纳米结构既能够提供强大的 SERS 增强效果，又能够将待检测物质限制在热点区域。

"碗中颗粒"(particle-in-bowl, PIB)纳米结构可以在金属碗与金属颗粒之间形成纳米间隙，产生拉曼热点，同时可以将待检测物质限制在热点区域内[4,5]。本节基于纳米球光刻技术，创新性地将退火后的胶体颗粒残留于金属膜结合复合掩模，通过动态硅基底刻蚀及金属剥离制备得到 PIB 结构。利用时域有限差分算法对 PIB 纳米结构的电磁场特性进行研究。计算结果表明，SERS 热点主要集中于颗粒-碗状结构间的纳米间隙区域，这是由于入射光激发的金属表面等离子体在纳米间隙中产生强烈的电磁场耦合效应，从而形成局域电磁场增强。

7.3.1　金属 PIB 纳米结构制备工艺设计

金属 PIB 纳米结构的可控制备是基于纳米球光刻技术，创新性地制备了胶体-金属复合掩模，对硅基底进行动态刻蚀，得到了硅基模板，最终通过金属沉积和剥离工艺得到了大面积整齐排列的金属 PIB 纳米结构。其具体工艺流程可以分为 PS 胶体自组装及其退火处理、PS 胶体氧刻蚀、金属(铬)掩模沉积及胶体颗粒去除、硅基底刻蚀及复合掩模去除、贵金属沉积、纳米颗粒剥离等六个步骤，如图 7.25 所示，具体工艺步骤如下。

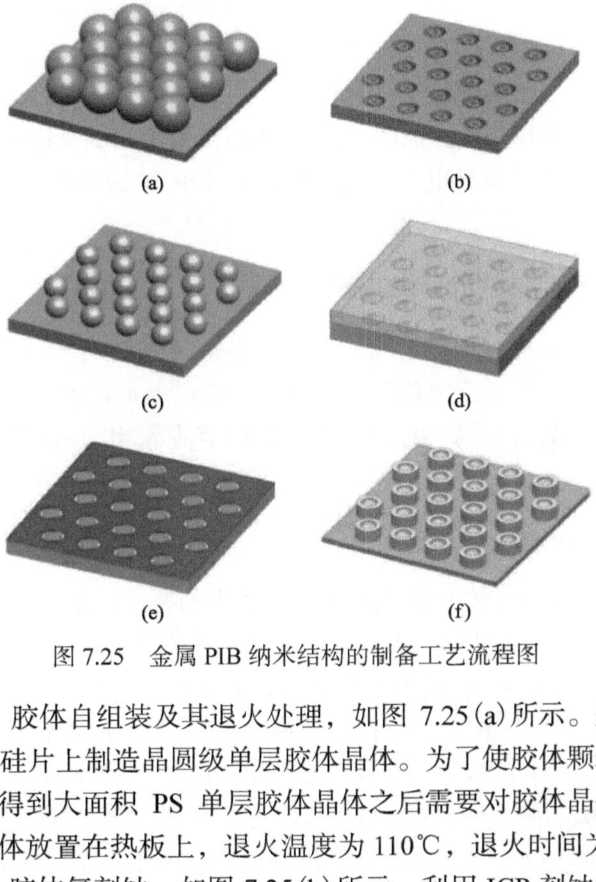

图 7.25　金属 PIB 纳米结构的制备工艺流程图

第一步，PS 胶体自组装及其退火处理，如图 7.25(a)所示。采用旋涂技术在直径 3in 的单晶硅片上制造晶圆级单层胶体晶体。为了使胶体颗粒与基底形成牢固的连接，制备得到大面积 PS 单层胶体晶体之后需要对胶体晶体颗粒进行退火处理。将胶体晶体放置在热板上，退火温度为 110℃，退火时间为 10min。

第二步，PS 胶体氧刻蚀，如图 7.25(b)所示。利用 ICP 刻蚀技术将紧密排列的 PS 胶体晶体刻蚀成非致密排列 PS 胶体晶体。

第三步，金属(铬)掩模沉积及胶体颗粒去除，如图 7.25(c)所示。利用真空蒸镀的方法在非致密排列的 PS 胶体晶体上沉积一层 30nm 厚的铬膜。镀膜完成后，使用胶带反复粘贴，去除 PS 胶体颗粒。由于第一步对 PS 胶体球进行了退火处理，将有少量 PS 球残余粘在硅基底上。PS 胶体残余是碟形的，中间低四周高，并且与铬孔同心，如图 7.25(c)中圆形部分所示。PS 胶体残余和铬纳米孔组成了复合刻蚀掩模(Cr-PS 复合掩模)，在硅基底动态刻蚀过程中发挥了重要作用。

第四步，硅基底刻蚀及复合掩模去除，如图 7.25(d)所示。以 Cr-PS 复合结构作为掩模，以 SF_6 和 Ar 的混合气体作为刻蚀气体，对硅基底进行干法刻蚀。在刻蚀过程中，气体不仅对基底进行刻蚀，也对复合掩模进行刻蚀。铬膜质地坚硬，基本没有损失，而 PS 胶体残余在刻蚀过程中，形貌不断变化，直至最后消失。因此，硅基底刻蚀是一个动态的过程。硅基底刻蚀结束之后，利用铬腐蚀液去除铬掩模。

第五步，贵金属沉积，如图 7.25(e)所示。以刻蚀得到的硅孔结构作为模板，在硅片上镀以金膜，金膜厚度为 300nm。

第六步，纳米颗粒剥离，如图 7.25(f)所示。采用双面导电碳碟完成对 PIB 金属纳米结构进行剥离。该导电基底便于后续对 PIB 结构进行 SEM 表征及拉曼光谱测试。

7.3.2　金属 PIB 纳米结构的可控制备

通过制备工艺流程可知，大面积高度有序金属 PIB 纳米结构制备过程中有三个关键工艺：①Cr-PS 复合掩模的可控制备；②硅基底的动态刻蚀；③金属 PIB 纳米结构的剥离。制备金属 PIB 纳米结构的所有步骤均利用场发射扫描电子显微镜进行表征。

1. Cr-PS 复合掩模的可控制备

Cr-PS 复合掩模的可控制备是基于纳米球光刻技术，具体工艺包括 PS 单层胶体晶体自组装、PS 胶体晶体退火、ICP 刻蚀、铬膜沉积及 PS 胶体球去除等。经过 ICP 刻蚀后，PS 颗粒的横向尺寸减小至 185nm。将覆盖有非致密 PS 纳米颗粒阵列的硅片置于电子束蒸发镀膜机中镀铬。镀铬后的纳米结构形貌如图 7.26 所示。从图 7.26(a)中可以看出，由于铬膜的沉积，颗粒的直径略有增大，约为 202nm。从该结构的侧视图(图 7.26(b))中可以看到，铬膜分别沉积在 PS 球表面和硅基底上，铬膜与 PS 球及硅片有明显的分层。由于本工艺中对 PS 球进行了退火处理，PS 球在高温中部分熔解，粘连到硅基底表面，形成了 PS 球与硅基底之间的紧密结合。PS 球与硅基底紧密连接部分的直径约为 78nm。

利用胶带反复粘贴，可以将 PS 球去除，形成 Cr-PS 复合结构，如图 7.27(a)所示。然而，由于 PS 球与硅基底之间形成了紧密连接，在铬孔中心将留下部分 PS 球残留物。由于聚合物导电性差，由 SEM 图可以看出其形貌比较模糊，但是仍可以看出 PS 残留物是与铬孔同心的圆形。图 7.27(b)展示了 Cr-PS 复合结构的侧视图。PS 残留物中心低四周高，形状为碟状。通过铬膜的沉积和 PS 胶体球的去除，制备得到了 Cr-PS 复合结构。

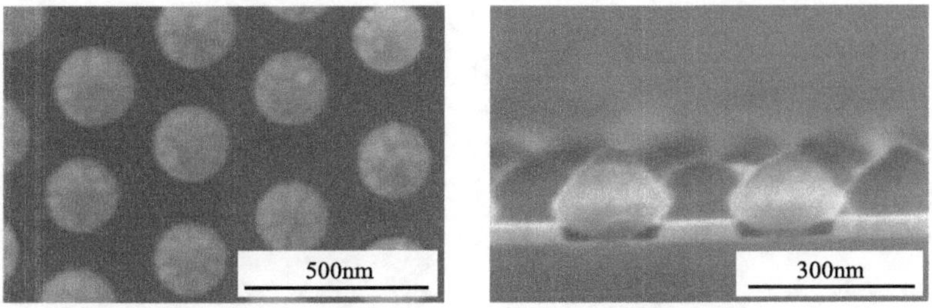

(a)　(b)

图 7.26　镀铬后的非致密 PS 纳米颗粒阵列的 SEM 图

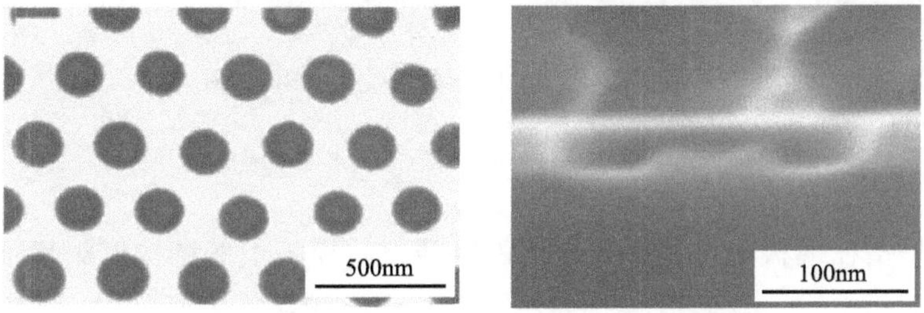

(a)　(b)

图 7.27　Cr-PS 复合结构掩模的 SEM 图

2. 硅基底的动态刻蚀

铬层和 PS 残留物共同组成了复合结构，并在硅基底刻蚀过程中作为掩模。PS 残留物和金属铬在抗刻蚀能力方面有巨大的差别。在数分钟乃至数十分钟的干法刻蚀过程中，金属铬几乎没有变化。而聚合物膜在等离子体的轰击下逐渐减薄。因此，硅基底的刻蚀是一个动态的过程，呈现出不同阶段。图 7.28 展示了 Cr-PS 复合结构掩模单个基元的剖视图，图中结构上部外侧部分为铬膜，结构上部中心部分为 PS 残留物，结构底部为硅基底。在硅基底刻蚀的最初阶段，等离子体对硅基底和 PS 残留物进行刻蚀，暴露的(环形的)硅基底被刻蚀，PS 残留物被刻薄，如图 7.28(a)所示；由于 PS 残留物周围高中间低，其中间最先被刻穿，中间的硅基底最先暴露出来，如图 7.28(b)所示；之后，中间的硅基底开始被刻蚀，周边的硅基底继续被刻蚀，形成类似火山的形状，直至 PS 残留物完全被刻蚀完，如图 7.28(c)所示。图 7.29 展示了刻蚀得到的不同放大倍数下的硅基底的 SEM 图，可以看出该结构形貌为圆环内的火山状凸起。

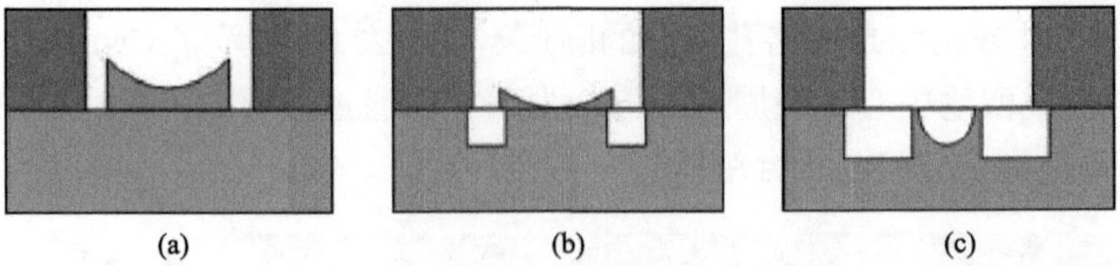

图 7.28　纳米结构剖面变化示意图

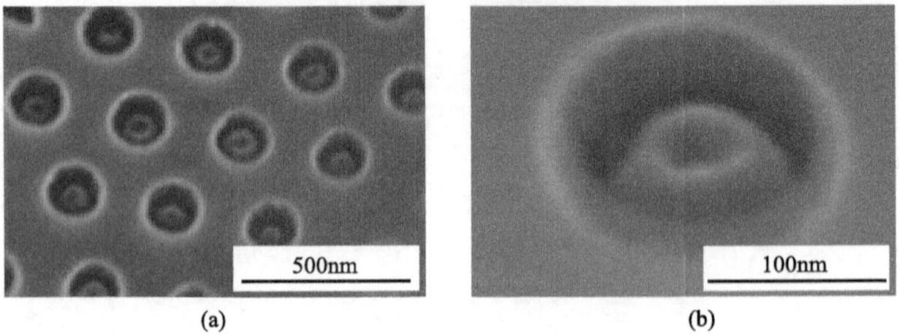

图 7.29　硅质火山状结构模板的 SEM 图

3. 金属 PIB 纳米结构的剥离

剥离是指在模板上沉积一定厚度的物质，将模板上的结构形貌复制、分离出来的一种工艺手段。图 7.30 详细展示了 PIB 纳米颗粒的剥离过程。利用湿法腐蚀技术可以将硅基底表面的 Cr-PS 掩模完全去除，得到单一材质的纳米结构制备模板，如图 7.30(a)所示。单一材质的纳米结构模板可以反复使用，提高了 PIB 纳米结构的制备效率。在硅模板上沉积一层比较厚的贵金属，将模板上的纳米坑结构完全覆盖，从而复制硅模板的形貌，如图 7.30(b)所示。由于在硅基底和金中间并没有铬作为黏结层，硅和金之间的结合力较弱，金膜容易被导电碳碟剥离下来，如图 7.30(c)所示。

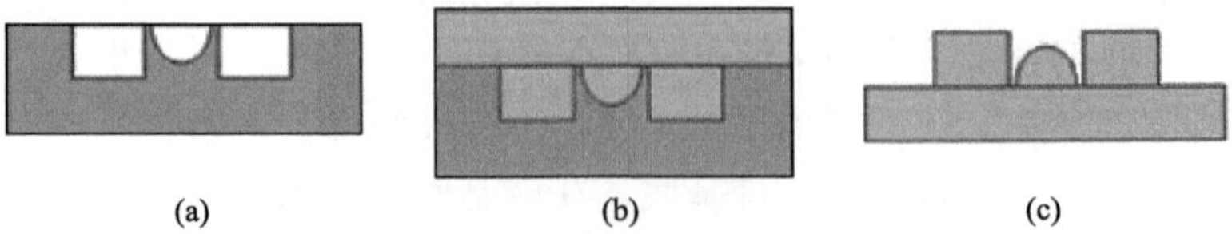

图 7.30　剥离过程中纳米结构侧面变化示意图

图 7.31 展示了金属 PIB 纳米结构的 SEM 图。由图 7.31(a)可以看出，PIB 纳米结构的面积相对较大，并且保持着六方排列。图 7.31(b)为 PIB 颗粒的高倍 SEM 图。可以看到整个颗粒呈碗状，在“碗”的中心有一个同心的凸起，即为“碗”中的“颗粒”，“碗”和“颗粒”之间形成了纳米间隙。

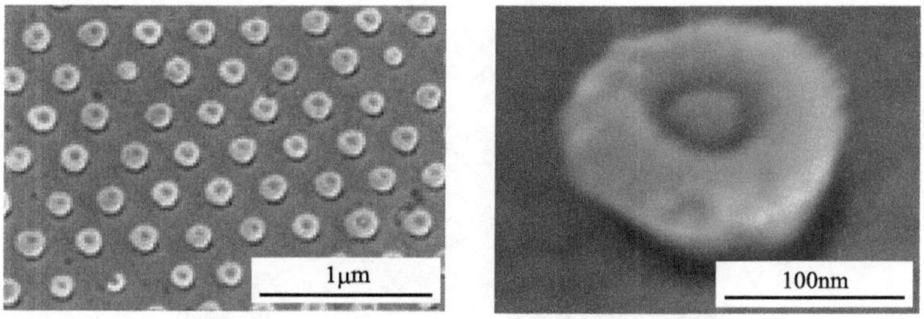

(a)　(b)

图 7.31　金属 PIB 纳米结构的 SEM 图

7.3.3　金属 PIB 纳米结构的电磁场特性分析

1. 金属 PIB 纳米结构表面电磁场特性仿真模型

采用时域有限差分算法来计算金属 PIB 纳米结构的电磁场特性。利用软件的三维建模功能，根据制备得到的金属 PIB 纳米结构形貌构建了其电磁场仿真模型，如图 7.32(a)所示。由 SEM 图片可知，PIB 颗粒由一个碗状结构和一个位于其内部的半球形颗粒构成，碗状结构的直径约为 190nm，颗粒的直径约为 80nm。金属 PIB 纳米结构的材质为金。

选择平面波作为入射光，波长范围为 400～900nm。这个范围覆盖了可见光波段和几个常用的激光源波长。入射光垂直于基底入射，偏振方向平行于 *X* 方向。为更精确地计算金属 PIB 纳米结构的电磁场响应，在结构区域划分了较为精细的网格，尺寸为 0.8nm×0.8nm×0.8nm。在边界条件的选择上，由于金属 PIB 纳米结构是平面六方排列的，在 *X* 方向采用反对称边界条件，在 *Y* 方向采用对称边界条件；由于在 *Z* 方向不存在阵列分布，采用了吸收边界条件。

在监视器设置方面，分别在金属 PIB 结构的横截面和纵截面布置介电常数监视器和面状能量监视器。由纵截面布置介电常数监视器的结果可知金属 PIB 颗粒的纵截面结构，如图 7.32(b)所示，在“碗”和“颗粒”之间形成了一个间隙。从

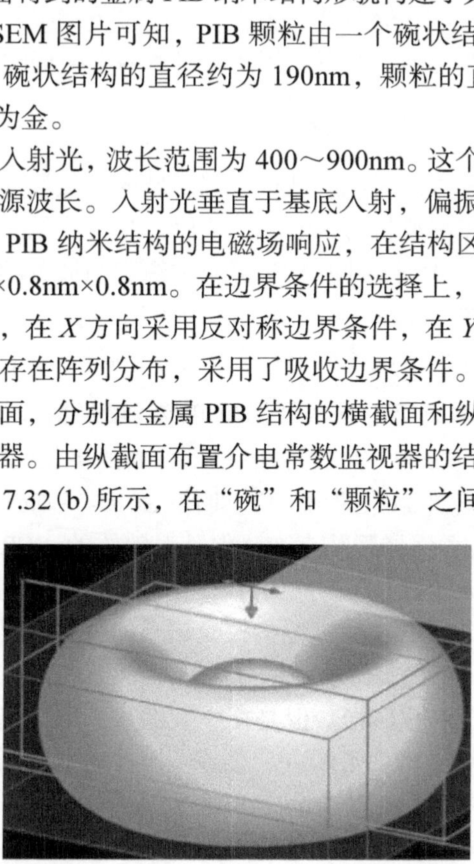

(a)

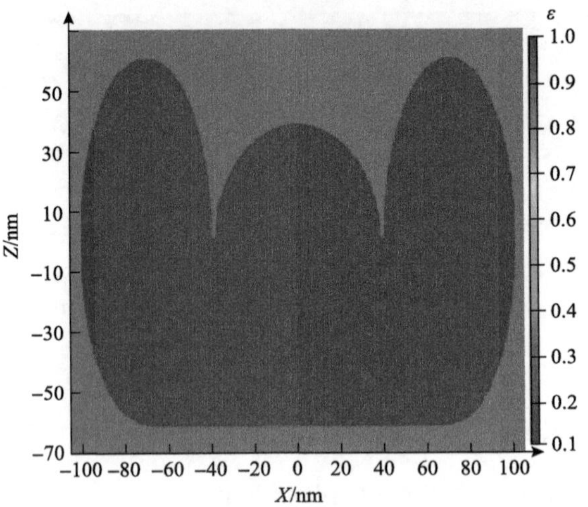

(b)

图 7.32　金属 PIB 纳米结构的电磁场仿真模型及其纵截面的介电常数分布图

理论上分析，电磁场在该狭缝位置耦合，将得到极大增强。因此，在这个狭缝中布置一个点状的能量监视器，对不同频率入射波的电磁场响应进行监控。

2. 金属 PIB 纳米结构的热点分布

利用时域有限差分方法对纳米结构不同区域的电磁场分布进行可视化分析。由于拉曼光谱仪的激光源波长为 785nm，金属 PIB 纳米结构电磁场在横、纵截面的电磁场分布如图 7.33 所示。图 7.33(a)是在纵截面放置的能量监视器得到的电磁场分布图。电磁场在“颗粒”与“碗”之间的狭缝中发生耦合，强度大幅提高，形成拉曼热点。入射光的电磁场幅值$|E_0|$设为 1，局域电磁场的幅值设为$|E|$。使用电磁场增强因子$EF = |E/E_0|^2$来表征局域电磁场增强情况，使用$\log|E/E_0|^2$在整个区域绘出局域电磁场分布。从软件中获知，EF 的极值约为 6575，即电磁场最大增强倍数约为 81。文献报道表明，即使 SERS 基底上仅有极小部分分子(0.0063%)吸附在电磁场强增强热点上，但其对整体的 SERS 强度贡献也能达到 24%。因此本结构在狭缝处形成的高强度热点将有效提升基底的 SERS 性能。

为了进一步研究金属 PIB 纳米结构拉曼热点的分布情况，在结构的横截面也放置相应的能量监视器，得到的电磁场分布结果如图 7.33(b)所示。热点沿着结构的狭缝分布，在形状上略呈圆形。但是在 x=0 的位置电磁场的强度并没有得到明显的提高，圆形的热点带出现了断点。这是由于在选择平面光作为入射光时，光的偏振方向与 X 方向平行。由于金属 PIB 纳米结构在形貌和阵列分布上是高度对称的，热点沿狭缝一周的分布应该是均匀的。

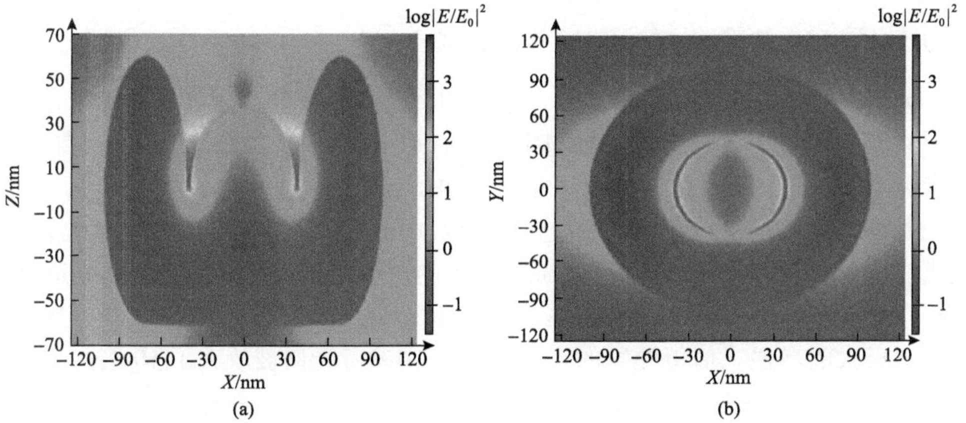

图 7.33　在 785nm 波长入射光激发下金属 PIB 纳米结构的电磁场分布

3. 金属 PIB 纳米结构对不同波长入射光的电磁场响应

金属 PIB 纳米结构对不同波长入射光的光学响应具有明显区别。当入射光的频率与金属 PIB 纳米结构匹配时，将大幅提高被激发电磁场的强度。通过置于颗粒-碗狭缝处的点状能量监视器可以得到热点强度随入射光波长的变化，如图 7.34 所示。入射光的波长范围为 400～900nm，在 768nm 电磁场增强达到最大值(EF 的值约为 8649)。由于峰值产生的波长位置(768nm)与激光源波长(785nm)十分接近，在该结构用作 SERS 基底时，其信号增强能力得到充分发挥，形成表面共振增强拉曼散射(surface-enhanced resonance raman scattering, SERRS)。电磁场强度峰值的波长位置取决于金属结构的尺寸。由此可见，虽然金属 PIB 纳米结构的几何尺寸比较合适，但还有优化的空间。

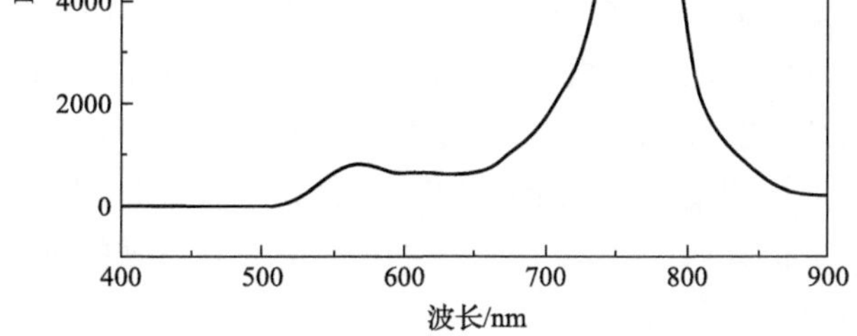

图 7.34　电磁场增强因子随波长变化曲线

7.3.4　金属 PIB 纳米结构的 SERS 性能测试

为了表征基底的 SERS 特性，通常选用具有明显拉曼特征峰的物质作为拉曼标记物。在金属 PIB 基底的 SERS 表征中，选取 R6G 作为拉曼标记分子。将 50μL 浓度为 10^{-6}mol/L 的 R6G 溶液滴加在金属 PIB 纳米结构基底上，并在室温下晾干。激光能量选为 10mW，积分时间为 5s。选取 0.5mol/L 的 R6G 溶液作为参考溶液，激光能量为 100mW，积分时间为 5s。获得的拉曼光谱经 OPUS 6.5 软件进行基线校正后如图 7.35 所示。相对于参考光谱，金属 PIB 纳米结构基底的拉曼光谱获得了极大的增强。值得注意的是，图 7.35 中参考光谱被放大了 10 倍。

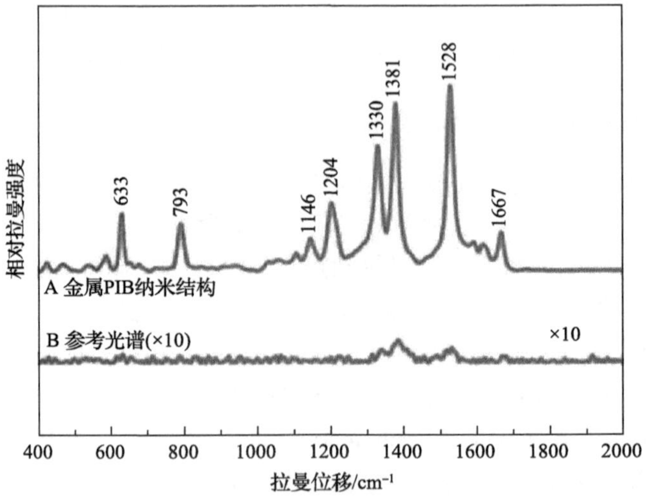

图 7.35　金属 PIB 纳米结构及参考溶液的拉曼光谱

拉曼增强因子是表征基底 SERS 增强能力的重要参数，可以通过式(7.1)进行估算：

$$\mathrm{EF}=\frac{I_{\mathrm{SERS}}N_{\mathrm{bulk}}t_{\mathrm{bulk}}P_{\mathrm{bulk}}}{I_{\mathrm{bulk}}N_{\mathrm{SERS}}t_{\mathrm{SERS}}P_{\mathrm{SERS}}} \tag{7.1}$$

式中，I_{SERS} 和 I_{bulk} 分别为金属 PIB 纳米结构基底拉曼光谱和参考光谱在拉曼位移 1528cm^{-1} 处所测得的信号强度；N_{bulk} 和 N_{SERS} 为对光谱有贡献的 R6G 分子数目；t_{bulk} 和 t_{SERS} 为积分时间；P_{bulk} 和 P_{SERS} 为激光能量。

假设 R6G 分子均匀地分布在金属 PIB 纳米结构基底上，并且可以形成均匀的单分子膜，那么对金属 PIB 纳米结构基底拉曼光谱有贡献的 R6G 分子数目可由式(7.2)和式(7.3)估计：

$$N_{\mathrm{SERS}} = (N_{\mathrm{A}} C_{\mathrm{SERS}} V_{\mathrm{SERS}} / S_{\mathrm{sub}}) S_{\mathrm{spot}} \tag{7.2}$$

$$N_{\mathrm{bulk}} = N_{\mathrm{A}} C_{\mathrm{bulk}} S_{\mathrm{spot}} h_{\mathrm{spot}} \tag{7.3}$$

式中，N_{A} 为阿伏伽德罗常数；C_{SERS} 和 V_{SERS} 分别为滴加在金属 PIB 纳米结构基底上的溶液浓度和体积；S_{sub} 为金属 PIB 纳米结构基底的面积；S_{spot} 为激光光斑的面积；C_{bulk} 为参考溶液的浓度；h_{spot} 为激光光斑的聚焦深度。

所以，EF 可以用式(7.4)进行估计：

$$\mathrm{EF} = \frac{I_{\mathrm{SERS}}}{I_{\mathrm{bulk}}} \cdot \frac{C_{\mathrm{bulk}} h_{\mathrm{spot}} S_{\mathrm{sub}}}{C_{\mathrm{SERS}} V_{\mathrm{SERS}}} \cdot \frac{t_{\mathrm{SERS}}}{t_{\mathrm{bulk}}} \cdot \frac{P_{\mathrm{SERS}}}{P_{\mathrm{bulk}}} \tag{7.4}$$

在拉曼位移 $1528\mathrm{cm}^{-1}$ 处测量的拉曼强度比值约为 112。通过上述公式可以计算得到金属 PIB 纳米结构基底的拉曼增强因子约为 1.12×10^{7}。金属 PIB 纳米结构形成了环状的 SERS 热点，并且可以将待检测物限制在热点区域。因此，金属 PIB 纳米结构基底可以产生较大的增强因子，拥有巨大的应用价值。

参 考 文 献

[1] Wang J F, Dong P T, Di D, et al. Antireflection characteristics of inverted nanopyramid arrays fabricated by low-cost nanosphere lithography technology. Proceedings of the Institution of Mechanical Engineers, Part N: Journal of Nanoengineering and Nanosystems, 2013, 227(2): 57-62.

[2] Lin T H, Linn N C, Tarajano L, et al. Electrochemical SERS at periodic metallic nanopyramid arrays. The Journal of Physical Chemistry C, 2009, 113(4): 1367-1372.

[3] Wang C G, Wu X Z, Di D, et al. Orientation-dependent nanostructure arrays based on anisotropic silicon wet-etching for repeatable surface-enhanced Raman scattering. Nanoscale, 2016, 8(8): 4672-4680.

[4] Li X L, Zhang Y Z, Shen Z X, et al. Highly ordered arrays of particle-in-bowl plasmonic nanostructures for surface-enhanced Raman scattering. Small, 2012, 8(16): 2548-2554.

[5] Di D I, Dong P, Wang C, et al. High-ordered and ulter-sensitive particle-in-bowl metallic arrays for surface enhanced reman spectroscopy. Nano, 2014, 9(4): 1450050.

第 8 章　基于双层胶体晶体的金属纳米结构

典型的纳米球光刻技术通常采用自组装技术形成单层整齐排列的胶体晶体，并作为模板制备得到多种纳米结构，包括纳米孔、纳米点、三角锥结构等。目前，针对双层胶体晶体纳米球光刻技术的研究相对较少。对于双层排列的胶体，由于上下两层颗粒之间的遮蔽和保护作用，在等离子体氧刻蚀过程中 PS 球会出现多种结构；由于双层结构具有更高的高度，在金属沉积过程中会出现侧壁粘连和封闭的效应；以双层结构为模板，制备的结构形貌随着时间会产生显著的变化，形成动态刻蚀和动态掩模。因此，基于双层胶体晶体制备的金属纳米结构形貌与单层胶体晶体有显著区别。

8.1　三角形纳米孔阵列结构

目前，针对三角形颗粒结构的报道相对较多，例如，利用整齐排列的单层纳米球溶胶作为掩模，通过金属沉积和剥离工艺可以获得三角形金属纳米结构。采用该方法获得的三角形金属纳米结构尺寸相对较小，排列在 PS 球的周围。但是，目前对三角形孔结构的报道相对较少[1]。研究表明，三角形纳米孔结构具有良好的电磁场特性，相对于方形孔或圆形孔，通过等边三角形孔的光谱在相同的占空比条件下具有更高的透射率。

本节利用双层 PS 球颗粒作为模板，通过氧刻蚀改变胶体颗粒形貌构建三角形结构，并以 PS 球和铬的混合层作为掩模刻蚀得到三角形纳米孔阵列结构。

8.1.1　三角形纳米孔阵列结构制备工艺设计

以双层 PS 球胶体晶体为模板，形成微纳融合制造工艺，制备三角形纳米孔阵列。整个制备过程分为六个阶段，具体如图 8.1 所示。

第一步，制备 PS 球双层胶体晶体。以硅片作为基底，对硅片进行清洗，并利用 Piranha 溶液进行亲水化处理，保证硅片洁净并有良好的亲水性。将平均粒径为 510nm 的 PS 球分散在去离子水中，体积浓度为 10%，配置 PS 球溶胶体系。准备工作完成后，利用逐渐升速的旋涂方法来制备 PS 球双层排列，如图 8.1(a)所示。

第二步，进行 ICP 刻蚀。使用 ICP 刻蚀机，以氧气为刻蚀气体对 PS 双层球进行刻蚀。经 6.5min 刻蚀，得到三瓣状 PS 颗粒，如图 8.1(b)所示。

第三步，制备三角形阵列模板。经过氧刻蚀后，利用真空镀膜机蒸镀一层

30nm 厚的铬，如图 8.1(c)所示。

第四步，去除上层颗粒。镀铬完成后，利用胶带将上层颗粒揭走，即可出现三角形孔阵列模板，如图 8.1(d)所示。

第五步，进行硅刻蚀。以铬及残留的 PS 颗粒为掩模，以 SF_6和 Ar 的混合气体为刻蚀气体，对基底进行刻蚀。调整刻蚀参数，经 5min 刻蚀，刻蚀深度约为 50nm。随后利用湿法腐蚀的方法将铬层及残余胶体颗粒去除，如图 8.1(e)所示。

第六步，贵金属沉积。利用真空蒸镀机在基底表面镀一层 50nm 厚的金膜，即可得到金纳米孔阵列，如图 8.1(f)所示。

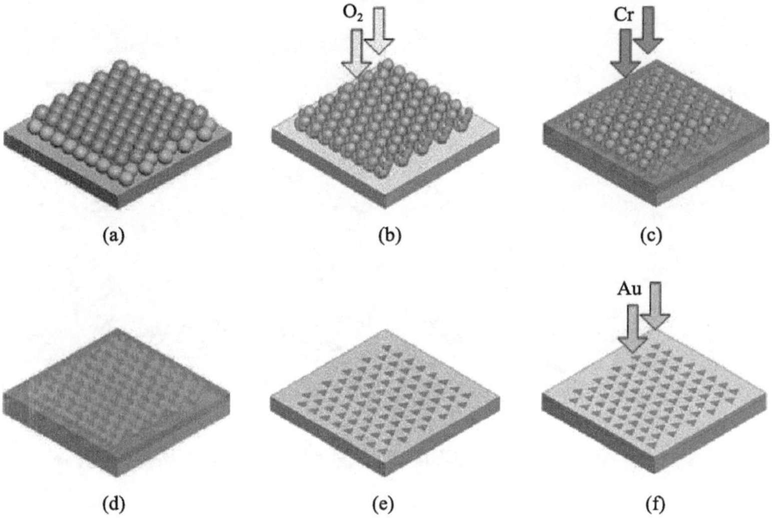

图 8.1　三角形纳米孔阵列制备工艺流程图

8.1.2　三角形纳米孔阵列的可控制备

1. 六方排列和四方排列的双层胶体晶体

通过旋涂的方法制备二维有序胶体晶体，胶体晶体的排列质量同旋涂参数密切相关。随着旋涂速度的逐步提高，旋涂各阶段会出现不同的现象。当旋涂速度为 200r/min 时，悬浮液向四周扩散并形成凹液面。旋涂速度增加到 500r/min，大部分悬浮液被甩出。紧接着，一个光环从基底中心向边缘扩散，这意味着液膜在不断减薄。当转速达到 1200r/min 时，出现了六臂旋光现象。通过旋转加快了悬浮液的蒸发速度，从而缩短了成膜时间。

利用这种方法，可以得到相对较大面积的 PS 球双层排列，大约 80%的基底被紧密的六方排列覆盖。如图 8.2(a)所示，在大于 20μm^2 的面积上出现了无缺陷 PS 纳米球双层六方排列。图 8.2(b)和(c)分别是 PS 双层结构的高倍 SEM 图，视角分别为俯视和斜视。为了更清楚地表征双层排列，人为地破坏了 PS 膜层，图 8.2(c)展示了 PS 膜的边缘。利用旋涂方法制备的 PS 球致密排列，通常为紧密六方排列，但是通过调整旋涂阶段的转速可以形成四方排列，图 8.2(d)即为双层 PS 球的四方排列。

图 8.2　旋涂得到的六方排列和四方排列的双层胶体晶体 SEM 图

2. PS 球双层结构的氧刻蚀

PS 球双层结构的氧刻蚀不同于 PS 球单层结构的氧刻蚀，顶层球对底层球的遮蔽效应将导致非球形颗粒的产生，如图 8.3 所示。图 8.3(a)和(b)是 PS 球双层结构六方紧密排列的示意图，图中部分底层球被顶层球遮挡住，这就是所谓的遮蔽效应。

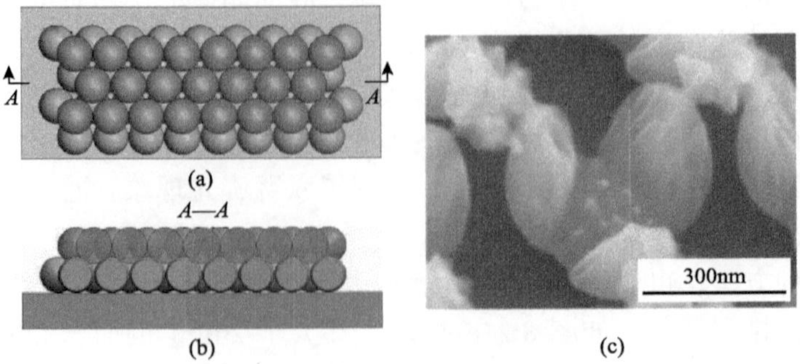

图 8.3　PS 球双层排列结构示意图及经过氧刻蚀后的 PS 球排列图形

刻蚀过程中，氧气将刻蚀未被遮蔽的 PS 球，包括上层颗粒及部分上层颗粒缝隙下的下层颗粒。上层颗粒作为掩模使用。所有的上层颗粒都将被刻小，形成非致密排列。伴随着上层颗粒的缩小，上层颗粒的间隙越来越大，也就有越来越多的下层颗粒暴露出来。通过扩大的缝隙，下层颗粒被刻蚀成三瓣，形成了三瓣颗粒阵列。由于 PS 球为球形形状，三瓣颗粒的底部连接在一起，并略有鼓起，如图 8.3(c)所示。最终，PS 球的双层结构转变为底层为三瓣颗粒阵列、上层为缩小的颗粒的非致密排列，如图 8.4(a)和(b)所示。

(a)　(b)

图 8.4　PS 球双层六方排列经氧刻蚀后的 SEM 图

对于四方排列的 PS 球双层胶体晶体，上层胶体球颗粒对底层颗粒同样具有遮蔽效应。随着刻蚀的进行，上层颗粒逐渐减小，下层颗粒被刻蚀成为底部相连、顶部裂为四瓣的胶体颗粒。图 8.5(a)是 PS 球双层四方排列结构经过氧刻蚀后的俯视图，图 8.5(b)是其斜视图。由图 8.5(b)可以看出，四个底层颗粒各一个瓣托举起一个被刻小的上层颗粒，对应到图 8.5(a)中即为其中圆形部分。图 8.5(a)中，圆形部分可分为两层，中心一层为上层球颗粒，外圈一层由四个弧度组成，是四个底层胶体球的瓣；较暗且略呈正方形的部分，为底层被刻蚀后的中央凸起部分。

(a)　(b)

图 8.5　PS 球双层四方排列结构经氧刻蚀后的 SEM 图

3. 三角形纳米孔阵列结构的形成

在经过氧刻蚀之后，在基底表面沉积 100nm 厚的铬。之后用 3M 胶带将 PS

球双层中的上层球去除。由铬层及残留的 PS 球共同组成的结构就成为后续工艺的掩模。

如图 8.6(a)所示，对于紧密六方排列，在一个 PS 球周围将出现六个三角形，其中三个被顶层 PS 球所覆盖，三个未被顶层 PS 球覆盖。通过 ICP 刻蚀扩大了未被覆盖三角形的面积。如果过刻蚀，那么这些三角形将转变为六角星形。当铬膜沉积时，这些未被覆盖的三角形将被铬填满。但是另外的三角形一直处在上层球的保护之中。当上层球移开之后，这些黑色的三角形就将显露出来，如图 8.6(b)所示。

沉积铬层的厚度是被 PS 双层球限制的。图 8.6(c)是经过氧刻蚀之后的胶体球示意图的斜视图。沉积铬层的厚度要比中间凸起高，但是不高于三个瓣。如果沉积铬层的厚度高于瓣的高度，那么上层球将不能去除，如果沉积的厚度低于中央凸起的高度，那么这样的铬层将不足以固定底层球。

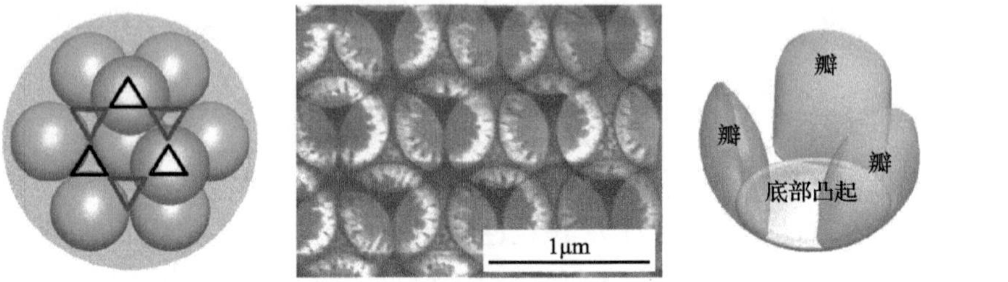

(a)　(b)　(c)

图 8.6　三角形孔阵列模板形成示意图

在接下来的 ICP 刻蚀工艺中，SF_6 和 Ar 的混合气体将被用作刻蚀气体。SF_6 会刻蚀硅基底，并且把图形复制到基底上。图 8.7 分别以俯视(图(a))及斜视(图(b))的角度展示了三角形纳米孔阵列的结构形貌。当 50nm 厚的金沉积到硅基底上之后，这样的金三角孔阵列可以作为表面增强拉曼基底以及生物传感器的基底。

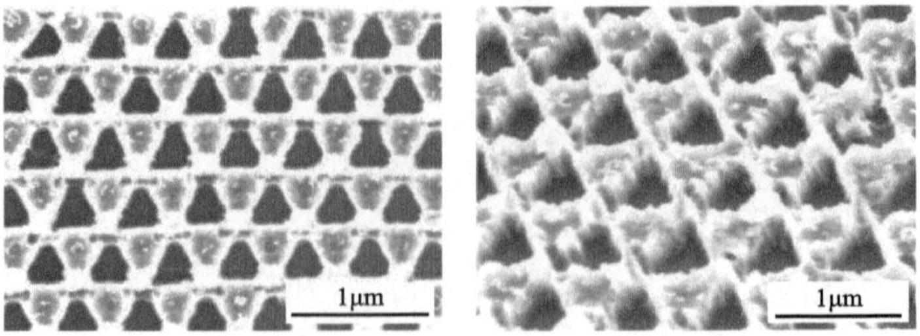

(a)　(b)

图 8.7　硅基底上三角形孔阵列的 SEM 图

8.2　密堆型三角锥纳米结构

具有紧密堆积特征的贵金属纳米颗粒具有较好的 SERS 增强性能。通过控制刻蚀时间，可以有效地控制锥形纳米结构相邻基元间距离。随着刻蚀时间的延长，相邻两基元之间的距离相互靠近。但是，一旦刻蚀时间过长，相邻两颗粒将连接在一起，导致由紧密堆积状态带来的热点消失。因此，紧密堆积状态是一种临界状态，需要准确掌握刻蚀时间[2]。

针对密堆型 SERS 基底制造难度较高的问题，创新性地制备了紧密排列的三角倒锥形硅纳米孔作为复制模板，实现了密堆型金三角锥纳米结构的可控制备，获得了较好的 SERS 性能。旋涂制备的二氧化硅双层胶体晶体被用作硅干法刻蚀掩模，过刻蚀条件下即可制备密堆型锥形硅孔，具有上宽下窄的特点，刻蚀时间和功率的少许波动不会改变硅孔和金纳米锥的密堆特征，具有良好的工艺鲁棒性。

8.2.1　密堆型三角锥纳米结构制备工艺设计

以双层二氧化硅胶体晶体为掩模刻蚀硅基底，刻蚀过程中掩模空隙动态变化，等离子体轰击基底的面积随着掩模的变化而变化，从而在硅基底表面形成上宽下窄的锥形硅结构，底面近似为三角形。以三角倒锥形硅纳米孔结构为模板，辅以金属沉积和剥离工艺，即可制备三角锥形金纳米结构。通过调节刻蚀功率和时间，可以控制三角锥形金纳米颗粒的尺寸和颗粒之间的距离。三角锥形金纳米结构的制备流程如图 8.8 所示，主要包括以下四个步骤。

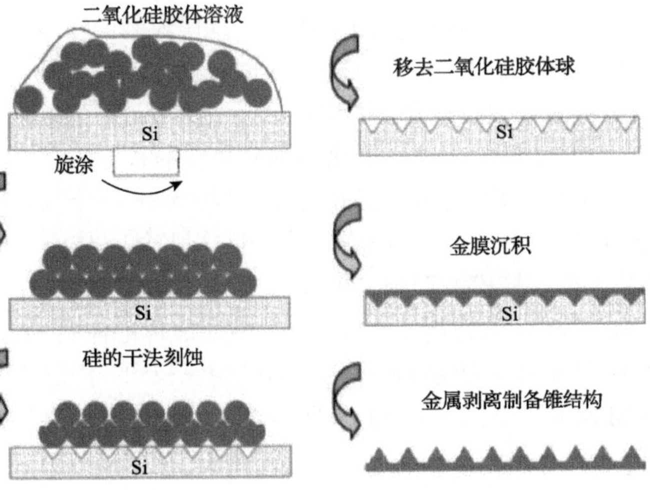

图 8.8　三角锥形金纳米结构的制备流程

第一步，制备紧密六方排列二氧化硅双层胶体晶体。平均直径为 330nm 的二氧化硅微球作为胶体晶体模板。使用乙二醇作为溶剂，胶体溶液的质量分数约为 12%。将二氧化硅胶体溶液置于磁力搅拌器中充分搅拌 0.5h，并置于超声清洗机中充分超声分散。以单晶硅片作为基底，旋转速度为 6000r/min，旋转时间为 15min。

第二步，以二氧化硅双层胶体晶体为掩模，对硅基底进行干法刻蚀。采用 SF_6 和 Ar 为刻蚀气体，对胶体晶体覆盖的硅基底进行刻蚀，从而在硅片表面形成三角形底面的硅孔。由于二氧化硅胶体晶体同样受到刻蚀，掩模空隙不断扩大，硅基底表面遭受等离子体轰击的面积也不断扩大，从而在硅片表面形成了倒锥形纳米孔结构，纳米孔的截面呈钝头三角形。控制刻蚀参数，可以控制纳米孔的大小和间距。

第三步，去除二氧化硅纳米颗粒。将刻蚀完毕的硅基底置于去离子水中充分超声去除二氧化硅纳米球，并用 80℃ Piranha 溶液浸泡 1h，用大量去离子水冲洗后氮气吹干保存在洁净盒中。

第四步，以倒锥形硅纳米孔为模板，制备三角锥形金纳米结构。采用真空蒸镀设备在硅纳米孔基底上蒸镀 300nm 厚的金层。

第五步，双面导电碳碟将金三角锥揭起，即可获得形貌不同的三角锥形金纳米结构。

8.2.2　三角倒锥形纳米孔结构的可控制备

1. 双层二氧化硅胶体晶体的动态刻蚀

在制备三角锥纳米结构过程中，以 SF_6 和 Ar 作为刻蚀气体，对二氧化硅双层胶体晶体和硅基底进行刻蚀。采用 SF_6 和 Ar 混合气体进行刻蚀，其中 SF_6 对二氧化硅颗粒和基底的刻蚀为化学刻蚀，具有各向同性；而 Ar 刻蚀则为物理刻蚀，通过气体分子轰击颗粒表面，刻蚀二氧化硅颗粒和硅基底。等离子体化的气体是从基底上方对颗粒和基底进行轰击，因此直接被刻蚀到的部分包括顶层的二氧化硅球、底层未被遮蔽的二氧化硅球及基底。采用双层胶体晶体作为掩模，使用反应等离子体刻蚀技术改变掩模的形貌；刻蚀后上层胶体球为橄榄球形，而下层胶体颗粒被刻蚀成为三瓣形。未经刻蚀的二氧化硅双层胶体晶体的 SEM 图如图 8.9(a) 和(b)所示，其中图 8.9(a)为俯视图，图 8.9(b)为斜视图。经过刻蚀的二氧化硅双层胶体晶体的 SEM 图如图 8.9(c)和(d)所示，其中图 8.9(c)为俯视图，图 8.9(d)为斜视图。

图 8.9　刻蚀前后二氧化硅双层胶体晶体的 SEM 图

2. 三角锥坑的动态刻蚀

二氧化硅纳米球组成的双层胶体晶体被用作硅基底干法刻蚀的掩模，等离子体通过双层胶体晶体之间的空隙轰击硅基片表面，同时也对二氧化硅纳米球有刻蚀作用。在刻蚀过程中，掩模的形状和尺寸是动态变化的。以 SF_6 和 Ar 作为刻蚀气体，对二氧化硅双层胶体晶体进行刻蚀，双层胶体晶体空隙形状的变化直接反映到硅基底表面上，并且在硅基底上形成具有深度的锥形坑结构。这个动态变化过程反映在硅片刻蚀过程中，就在硅片表面形成了倒锥形的硅纳米孔结构。对硅基底进行不同时间的刻蚀，可以获得大小不同的倒锥形硅孔，这是采用光刻工艺无法实现的。

图 8.10(a)～(d)为刻蚀时间分别为 90s、150s、240s 和 300s 的倒锥形硅纳米孔 SEM 图。在刻蚀的起始阶段，空隙掩模从尺寸较小的准六角形变为尖端锐利的三角形，如图 8.10(a)和(b)所示。随着干法刻蚀过程的进行，三角形的面积逐渐扩大，边角逐渐变钝。如图 8.10(c)和(d)所示，截面最后变为圆角三角形，硅纳米孔为上宽下窄的锥形。

进一步延长干法刻蚀时间，硅纳米孔将发生过刻蚀，边界彼此靠近乃至相连。而在三角倒锥形孔的制备过程中，工艺参数的细微差异对过刻蚀的硅孔模板影响不大，复制后的纳米锥颗粒之间都是紧密堆积的，颗粒和颗粒之间均存在纳米尺度的间隙。图 8.11 为刻蚀时间 400s 的三角倒锥形硅纳米孔的 SEM 图。硅纳米孔的截面形状近似圆角六边形，硅纳米孔底面紧密相连，而硅纳米孔下端的截面形状仍为三角形。从侧视图也可以看出，相邻硅孔具有紧密排列的特点。少量延长或缩短刻蚀时间，不改变硅孔紧密排列的特征。

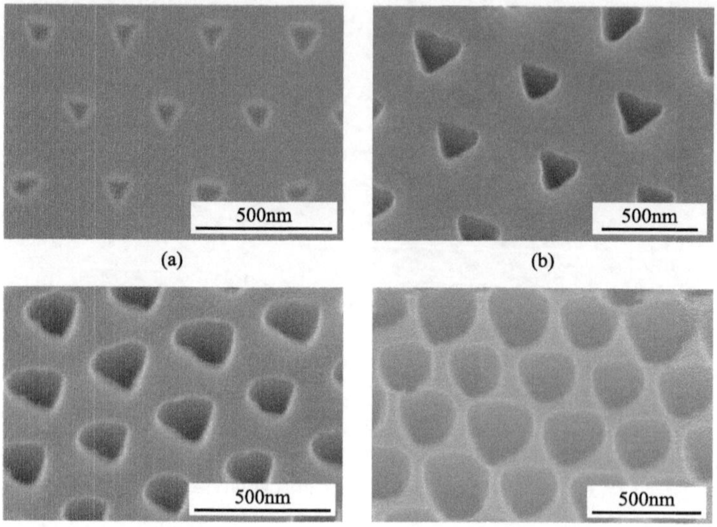

(a)　(b)
(c)　(d)

图 8.10　不同刻蚀时间的三角倒锥形硅纳米孔结构

(a)　(b)

图 8.11　过刻蚀的三角倒锥形硅纳米孔的 SEM 图

3. 密堆型三角锥形纳米结构的剥离

以三角倒锥形硅纳米孔结构为模板，沉积 300nm 厚的金膜，并用双面导电碳碟剥离后，得到两种底面为准三角形的锥形纳米结构，如图 8.12(a)和(b)所示，其中图 8.12(a)是非紧密排列的结构，图 8.12(b)是紧密排列的结构。用本工艺制备的三角锥纳米结构具有上窄下宽的锥状形貌，但纳米锥的顶端并不尖锐。经粗略测量，图 8.12(a)和(b)中金三角锥纳米结构顶端的曲率半径分别约为 35nm 和 55nm，这是由初始模板间隙尺寸大小决定的。降低模板尺寸可以减小三角锥尖端的曲率半径，使三角锥变得更加尖锐。

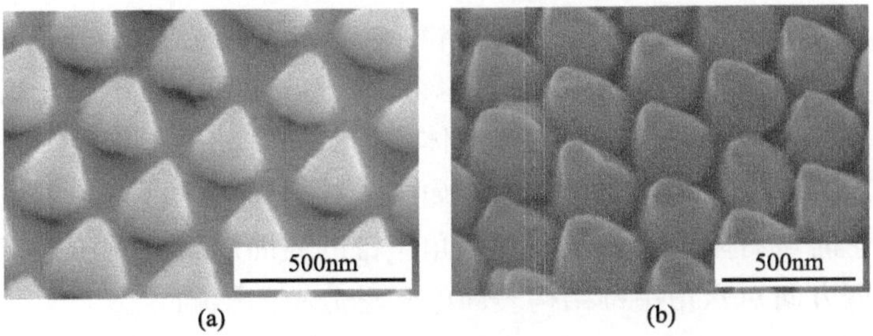

图 8.12　非紧密排列和紧密排列的三角锥形纳米结构

8.2.3　密堆型三角锥纳米结构的 SERS 性能测试

为了表征所制备基底的 SERS 灵敏度，以 R6G 作为被探测分子对这两种 SERS 基底进行检测。R6G 溶液的浓度为 10^{-6}mol/L，将其滴加在衬底表面并自然风干，在衬底表面得到一层吸附的 R6G 分子。以波长为 785nm 的激光入射，以 10W/cm^2 作为激发功率，采用共聚焦激光拉曼光谱仪进行测试，结果如图 8.13 所示。由图中可以看出，紧密排列的三角锥形结构获得了较大的 SERS 增强，非紧密排列的锥形结构的增强效果相对较小，这是因为，一方面三角锥形结构的顶端不够尖锐，不能形成金属表面电磁场的有效聚集；另一方面颗粒之间距离相对较远，不能形成金属表面电磁场的相互耦合。

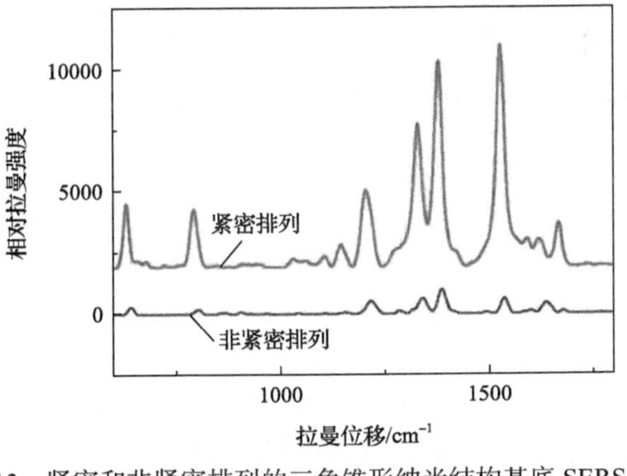

图 8.13　紧密和非紧密排列的三角锥形纳米结构基底 SERS 曲线

8.3　六角星形纳米结构

以旋涂自组装制备的双层胶体晶体作为模板，基于微纳融合制造技术制备得到了六角星盘、六角星锥等复杂形貌的纳米结构，利用时域有限差分方法对其表面局域电磁场分布进行研究，分析铬黏结层和入射光波长对其电磁学性能的影响，最终测试得到了其 SERS 信号。具体研究内容如下：①研究双层胶体晶体的等离子体刻蚀过程，获得双层胶体晶体不同刻蚀时间的形貌；②研究以刻蚀的胶体晶体作为掩模，沉积金属得到的金属纳米结构形貌，探索各形貌结构的形成机理；③基于时域有限差分方法研究六角星锥的表面局域电磁场分布，分析入射光波长和偏振方向对六角星锥结构表面电磁场分布的影响。

8.3.1 六角星形纳米结构制备工艺设计

采用 PS 双层胶体晶体作为模板，以氧刻蚀构造的六角星形空隙作为掩模，利用掩模形貌在金属沉积中的动态改变，设计了六角星形纳米结构的可控制备工艺。其制备工艺流程如图 8.14 所示，可以分为如下四个步骤。

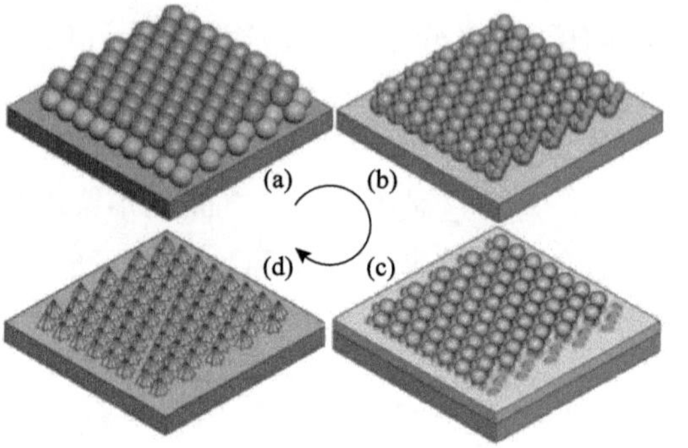

图 8.14 六角星形纳米结构制备工艺流程(彩图请扫封底二维码)

第一步，双层胶体晶体可控自组装。选用平均粒径为 509nm 的 PS 纳米球在晶圆级硅基底上进行自组装，得到 PS 双层胶体晶体，如图 8.14 所示。为区分双层胶体晶体的上下层，图 8.14(a) 中的 PS 胶体球分别用绿色和红色进行区分。

第二步，双层胶体晶体的刻蚀。与单层胶体晶体的刻蚀不同，在双层胶体晶体的刻蚀过程中，上层胶体球与下层胶体球的形貌变化具有显著的差别。如图 8.14(b) 所示，上层胶体球经刻蚀后粒径减小，形状为椭球状；而下层胶体球在刻蚀过程中受到上层胶体球的保护，其形貌与上层胶体球的变化以及刻蚀时间、刻蚀功率等工艺参数相关，下层胶体球的形貌为中心连接并凸起的三瓣形结构。

第三步，在硅基底上制备锥形、盘形等多种形貌纳米结构。以经过刻蚀的双层胶体晶体作为金属沉积模板，在基底上沉积一层金膜。由于金和硅之间的黏结效果较差，在镀金之前需要蒸镀厚度为 20nm 的铬作为黏结层。金属不仅沉积在硅基底上，也附着在 PS 颗粒的侧壁上。随着金膜的沉积，胶体晶体的缝隙逐渐缩小，最终会完全封闭。因此，金属沉积的过程是一个动态沉积的过程。镀膜厚度和角度不同，获得的金属纳米结构形貌也不同。当掩模空隙缩小至闭合时，在硅基底上就形成了金纳米锥结构。金纳米锥的底面形貌取决于掩模的原始形状和镀膜角度。

第四步，去除 PS 颗粒。用胶带将硅基底上的 PS 颗粒结构移去，即可在硅基底上获得金属纳米锥结构。制备得到的金属锥形结构为六角星锥结构，如图 8.14(d)所示。

8.3.2　六角星形纳米结构的可控制备

纳米球光刻技术通常利用二维有序胶体晶体作为模板来制备多种形貌的金属纳米结构。胶体颗粒的形貌或颗粒之间空隙的形貌对纳米结构构型有巨大的影响。胶体颗粒或颗粒之间的空隙作为掩模，它的形貌及尺寸是由胶体晶体本身的形状和尺寸参数决定的。因此，为实现复杂形貌纳米结构的可控制备，需要对双层胶体晶体的刻蚀过程进行研究。

1. 双层 PS 球的排列形式

由六方排列的双层胶体晶体排列关系可知，上下层胶体晶体错位排列，如图 8.15(a)所示。为充分展示双层胶体晶体结构，有一个上层胶体球没有画出来。从图 8.15(a)中可以看到，在底层胶体球周围形成了六个类三角形孔，其中三个三角形孔(浅色标记)被上层胶体球覆盖，另外三个三角形孔(深色标记)部分被上层胶体遮盖。制备金属六角星形纳米结构主要利用上下层胶体颗粒之间的间隙作为模板，如图 8.15(a)中黑色标记缝隙所示。

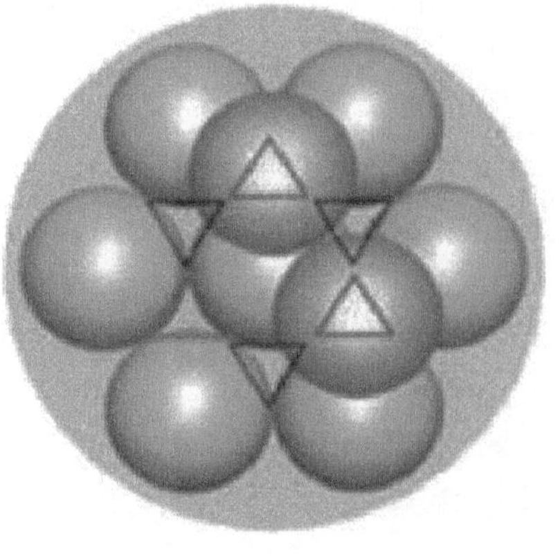
(a)

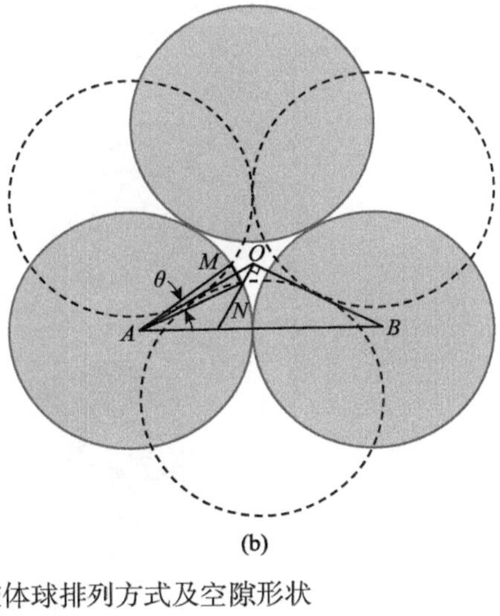

(b)

图 8.15　双层胶体晶体中胶体球排列方式及空隙形状

六角星锥的制备是利用上述黑色标记的胶体球空隙作为模板。上下两层密排胶体球形成的空隙为准六边形，六边形的每条边是上下两层球的一段弧线，如图 8.15(b)所示。图中下层胶体球由灰色填充圆形表示，而上层胶体球由虚线的圆形表示，胶体球的空隙中心位设为 O。利用如图 8.15(b)所示的辅助线，可以得到以下公式：

$$\begin{cases} MN = ON\sin 30° = AN\sin(\theta/2) \\ OA = OM + MA = ON\cos 30° + AN\cos(\theta/2) \end{cases} \tag{8.1}$$

式中，$OA = 2\sqrt{3}r/3$；$AN = r$。由式(8.1)计算得到组成准六边形的圆弧弧度为 10.52°。由 SEM 图可以看到，PS 颗粒之间一般都存在粘连，所以掩模孔的面积通常小于理论计算的面积。空隙的形貌将随着刻蚀的进行不断改变。

2. 双层 PS 胶体颗粒的动态刻蚀过程

采用反应等离子体刻蚀技术对密排六方堆积的 PS 双层胶体晶体进行刻蚀，可以有效地改变上下层胶体颗粒的形貌和尺寸。在等离子刻蚀过程中，上层 PS 微球直接暴露在刻蚀气体中，刻蚀过程中胶体球粒径不断减小，但其截面形貌始终保持圆形。其具体形状与单层胶体颗粒相同。底层的胶体球的部分区域被上层胶体颗粒保护，只有部分暴露在刻蚀气体中。然而，随着上层胶体颗粒粒径的减小，底层胶体颗粒暴露在刻蚀气体中的区域逐渐增大，其形貌是动态变化的。

图 8.16 展示了双层胶体晶体经刻蚀形成的掩模在刻蚀各个阶段的形貌。其中，未经刻蚀的双层胶体晶体形成的类六边形小孔如图 8.16(a)所示。双层胶体经过初步刻蚀后，上层胶体颗粒明显减小，下层胶体颗粒刻蚀并不明显，仍为球状，故将底层胶体颗粒形成的三角形充分暴露出来，如图 8.16(b)所示。当胶体颗粒

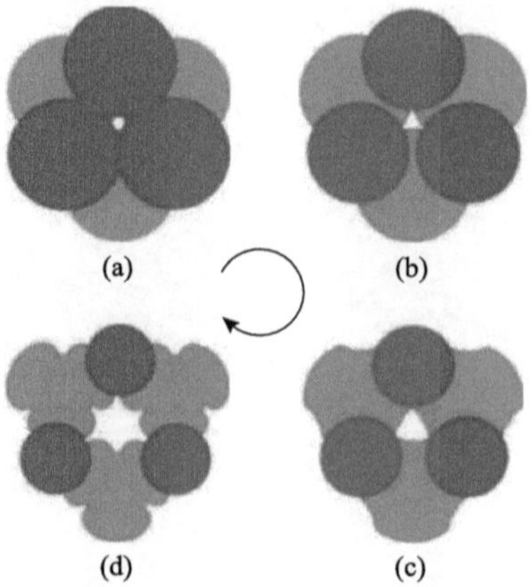

图 8.16　ICP 刻蚀各阶段双层胶体晶体形貌示意图

进一步被刻蚀之后，底层胶体球中心的位置由于没有上层胶体球的保护，也逐渐被刻蚀，底层球由中间沿着顶层球的边缘被刻蚀形成“人”字形，如图 8.16(c)所示。随着刻蚀的深入，下层胶体球中心部位被刻蚀，仅留下三个支撑上层胶体颗粒的瓣，形成了底部连接的三瓣状结构，颗粒间的纳米间隙成为六角星形，如图 8.16(d)所示。

经过 ICP 刻蚀的双层胶体晶体被用作掩模，可以制备得到多种形貌的金属纳米结构。经过刻蚀的 PS 双层胶体晶体形貌如图 8.17(a)、(c)和(e)所示，掩模孔的形貌与示意图中所示一致。如图 8.17(a)所示，经过 300s 的 ICP 刻蚀后，双层胶体晶体之间形成了三角形孔，孔具有尖锐的尖角，边长平均约为 200nm。上层颗粒的平均半径变为约 199nm，而下层 PS 颗粒的刻蚀速率较慢，经过 300s 的氧刻蚀后，未遮蔽部分颗粒最小半径大约为 225nm。当刻蚀时间为 400s 时，掩模孔的形状变为盾形，仍然具有较尖锐的尖角，如图 8.17(c)所示。当刻蚀时间为 500s

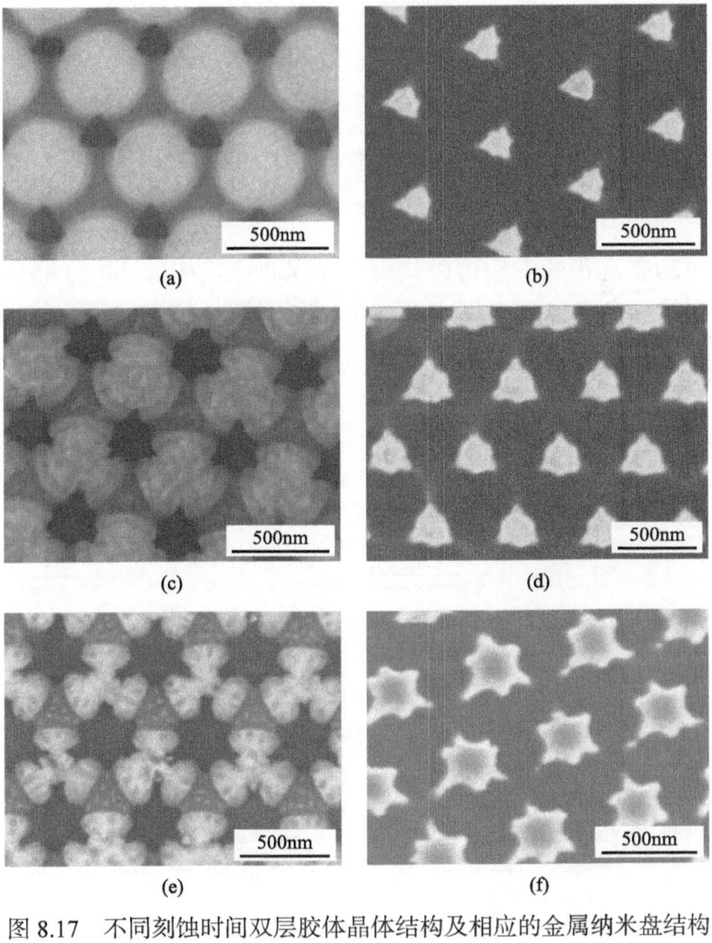

(a) (b) (c) (d) (e) (f)

图 8.17　不同刻蚀时间双层胶体晶体结构及相应的金属纳米盘结构

时，掩模孔的形状变为准六角星形，如图 8.17(e)所示。在整个刻蚀过程中，上层 PS 颗粒均保持截面圆形，但是整个纳米结构表面由光滑变得相当粗糙。以其为掩模制备的不同形貌金属纳米盘的 SEM 图如图 8.17(b)、(d)和(f)所示。

3. 六角星锥结构沉积

以经过刻蚀的双层胶体晶体作为掩模进行金属沉积。金属将穿过双层胶体球形成的空隙沉积在硅基底上，沉积的金属纳米结构的形貌与空隙的形貌相同，如图 8.18(a)所示。同时，由于金属沉积过程中具有黏附性，沉积的金属将附着在胶体颗粒的侧壁上。随着金属的沉积，胶体颗粒间的空隙逐渐减小，能够沉积到基底上的金属也逐渐减少，金属结构形成了六角星形的梯形台，如图 8.18(b)所示。当沉积了足够的金属时，胶体颗粒间的空隙被完全封闭，底层的金属就形成了尖锥状的结构，如图 8.18(c)所示。

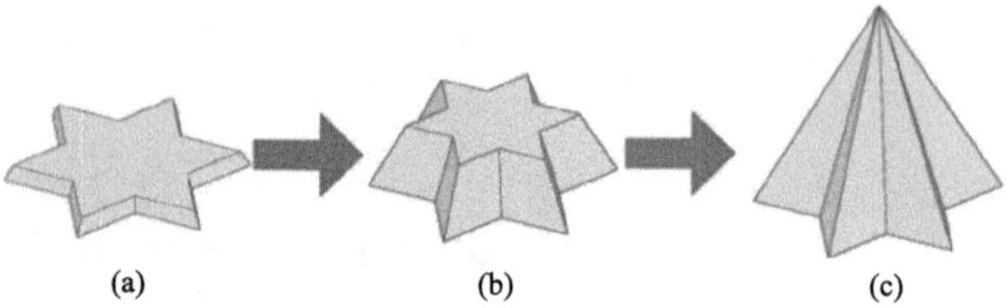

图 8.18　六角星锥结构的生长过程示意图

利用金属动态沉积的方法可以获得六角星盘/锥结构。将经过刻蚀的双层 PS 球去除后得到的六角星盘/锥结构如图 8.19 所示。图 8.19(a)展示了六角星盘结构。

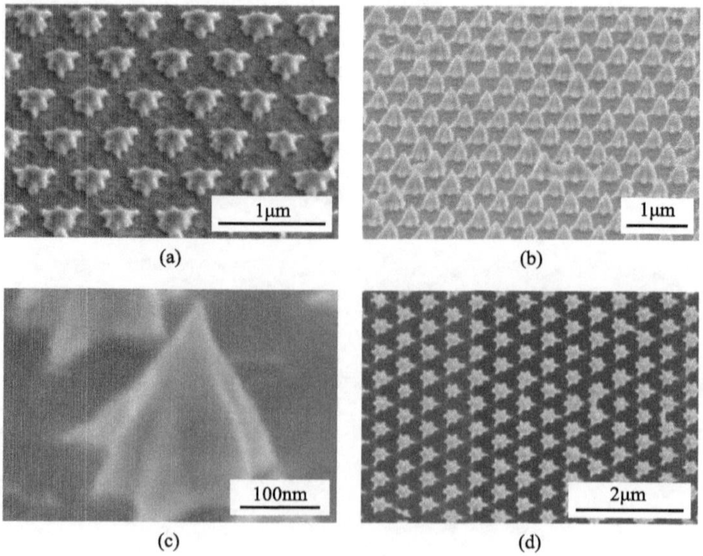

图 8.19　六角星盘/锥结构的 SEM 图

由于金属沉积的厚度不够，PS 胶体构成的间隙并没有被完全封闭，形成了锥台结构。图 8.19(b)～(d)分别展示了六角星锥结构的斜视图、单个放大图和俯视图。从单个六角星锥结构的放大图可以清楚地看到星锥的棱边和尖角。可以看出，六角星锥的顶端相当尖锐，这是由锥形体的生长原理决定的，只有在掩模完全闭合后才能形成顶端尖角，也就意味着顶端横截面的面积逐渐缩小并趋近于 0。从俯视图可以看到，星锥的底面形貌呈六角星形，完全复制了被刻蚀的双层 PS 空隙的形貌。

8.3.3　六角星锥纳米结构的电磁场特性分析

1. 六角星锥纳米结构仿真模型

六角星锥纳米结构模型如图 8.20 所示。基底采用硅片，六角星锥结构模型由两个三棱锥组成，尺寸来自 SEM 图中测量值，设底面边长为 325nm，高度为 400nm，模型周期为 509nm，为六方对称排布，X 方向为反对称边界条件，Y 方向为对称边界条件。选用的金介电常数来自软件中的 Johnson and Christy，铬介电常数来自软件中的 CRC。光源设置为平面波源，入射光的偏振方向沿 X 方向，传播方向垂直于基底表面。

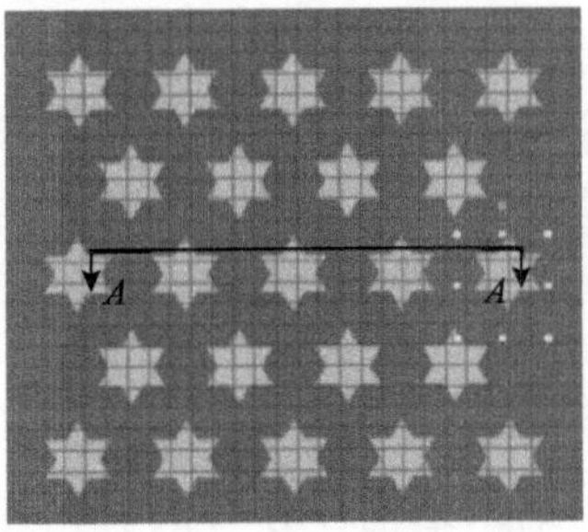

(a)

(b)

图 8.20　六角星锥纳米结构模型

2. 入射光偏振方向对六角星锥纳米结构电磁场的影响

使用 785nm 波长的入射光，分析硅基底上六角星锥纳米结构在 X 偏振和 Y 偏振光入射时局域电磁场的分布情况。X 偏振光入射时，EF 最大值为 682，最大增强位置位于锥结构底部，最大增强位置处的电磁场横截面分布如图 8.21(a)所示。图 8.20(a)中“A—A”截面的电磁场分布如图 8.21(b)所示，在金字塔尖端处并没有电磁场增强。同样考察了模型中其他位置的金字塔截面局域电磁场分布，也没有出现电磁场增强极值。这说明，即使是纳米尖端结构，也要选择合适的入射光波长和偏振方向才能激发最大的局域电磁场。

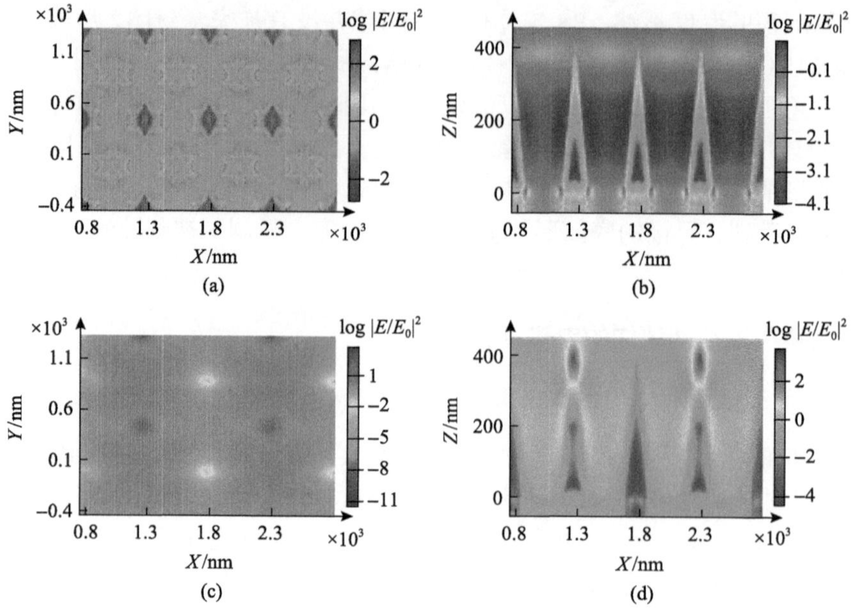

图 8.21　硅基底六角星锥纳米结构局域电磁场最大增强截面

785nm 波长的 Y 偏振光入射时，EF 最大值为 5523，最大增强位置位于六角星锥纳米结构尖端。图 8.21(c) 为锥结构尖端处横截面的局域电磁场分布图，图中并非每个尖端都诱导出电磁场共振极值，这与激光传播的相位和纳米结构周期等参数有关。图 8.21(d) 为 XOZ 截面的电磁场分布图，最大的局域电磁场增强集中在部分尖端的周围。

3. 入射光波长对六角星锥纳米结构电磁场的影响

针对以硅片为基底的全金材质六角星锥纳米结构，分析入射光波长和偏振方向对表面等离子体共振性质的影响，研究局域电磁场热点分布的位置和强度。采用 1024nm、785nm、633nm、532nm、514.5nm 等五种常见的拉曼光谱激发波长作为入射光波长，并分别设置为 X 偏振和 Y 偏振两种方向，研究六角星锥纳米结构在相应波长光波激发下的局域电磁场热点分布的位置和强度。

采用 633nm 波长的入射光，可以得到 X 偏振光入射时 EF 最大值为 1836.7，Y 偏振光入射时 EF 最大值为 1518.6，位置均位于六角星锥纳米结构的中间部分。按同样的方法对另外三个波长入射光激发的局域电磁场进行分析，研究局域电磁场极值与波长的关系。如图 8.22 所示，在同一波长入射的情况下，入射光沿 X 方向和 Y 方向偏振所激发的局域电磁场极值是不同的，785nm 的 Y 偏振光条件下局域电磁场增强倍数最大。因此，若以六角星锥金纳米结构为 SERS 基底，采用 785nm 波长的激光作为入射光比较合适。

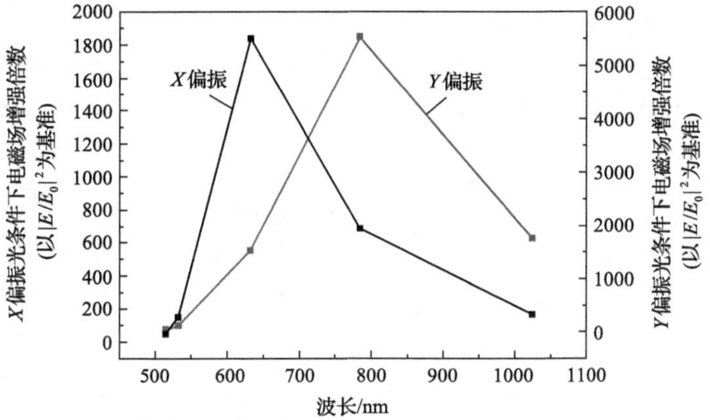

图 8.22　全金材质六角星锥局域电磁场极值与入射光波长、偏振方向的关系

4. 黏结层和基底材质对六角星锥纳米结构 SPR 性质的影响

六角星锥金纳米结构的制备中采用硅片作为基底，且采用 20nm 厚的铬黏结层在基底上固定金纳米结构。

首先考察基底材质对六角星锥纳米结构表面等离子体共振的影响。建立了全金材质和铬-金复合材质的两种纳米结构模型，铬厚度 20nm，作为金纳米结构和基底之间的黏结层。玻璃基底上全金材质的六角星锥纳米结构在波长为 785nm 入射光下局域电磁场的分布情况如图 8.23 所示。*X* 偏振光入射时，局域电磁场增强倍数最大值为 4077，增强最大的位置位于六角星锥的底部，如图 8.23(a)所示，局域电磁场增强最大的位置均位于六角星锥的棱角处。由图 8.23(b)可以看出，六角星锥尖端此时并没有电磁场增强。

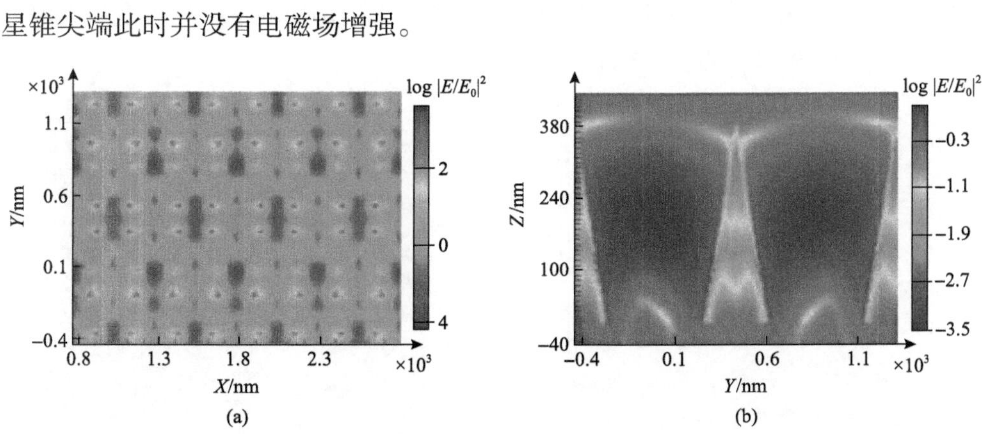

图 8.23　入射光偏振方向为 *X* 方向时六角星锥局域电磁场最大增强截面

波长为 785nm 的 *Y* 偏振光入射时局域电磁场增强倍数最大值为 6222。图 8.24 为六角星锥结构表面电磁场增强最大截面上的局域电磁场分布图，在六角星锥顶

端附近的电磁场取得最大增强。可以看出，波长为 785nm 的激光入射时，硅基底和玻璃基底的六角星锥的电磁场增强效果都很好，且局域电磁场最大增强位置都位于纳米结构的底部棱角处和锥结构顶端。玻璃基底的使用获得了更大增强。

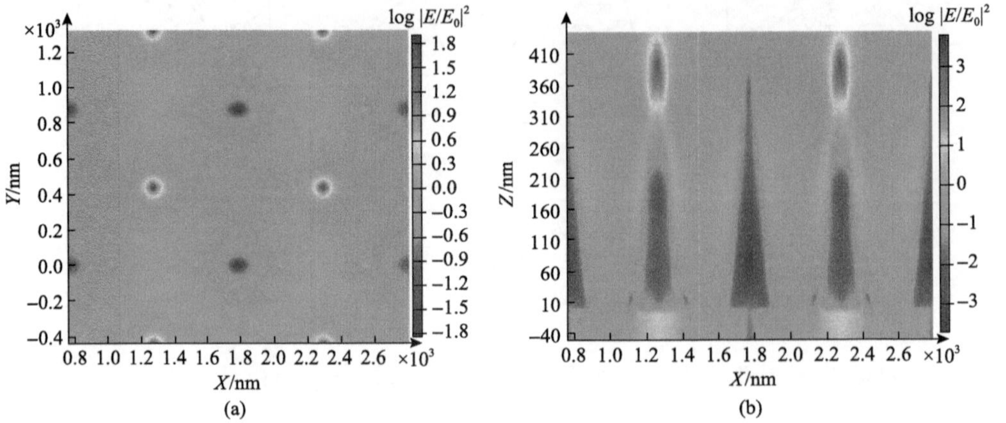

图 8.24　入射光偏振方向为 Y 方向时六角星锥局域电磁场最大增强截面

同样采用 FDTD Solutions 软件建立带有 20nm 铬黏结层的六角星锥模型，并采用同样波长的入射光、边界条件、网格划分等条件，考察铬黏结层对六角星锥表面等离子体共振性质的影响。以 785nm 波长平面光源作为入射光、在 Y 偏振条件下，研究两种基底上铬-金六角星锥顶端局域电磁场的增强情况。如图 8.25 所示，玻璃基底上锥体尖端电磁场增强倍数最大值为 4415，硅基底上锥体尖端电磁场增强倍数最大值为 3457。与不带黏结层的结构相比，局域电磁场有所降低，但降低幅度不大。X 偏振光入射下，铬-金六角星锥纳米结构局域电磁场强度最大值分别为 91.3(硅基底) 和 92.68(玻璃基底)。

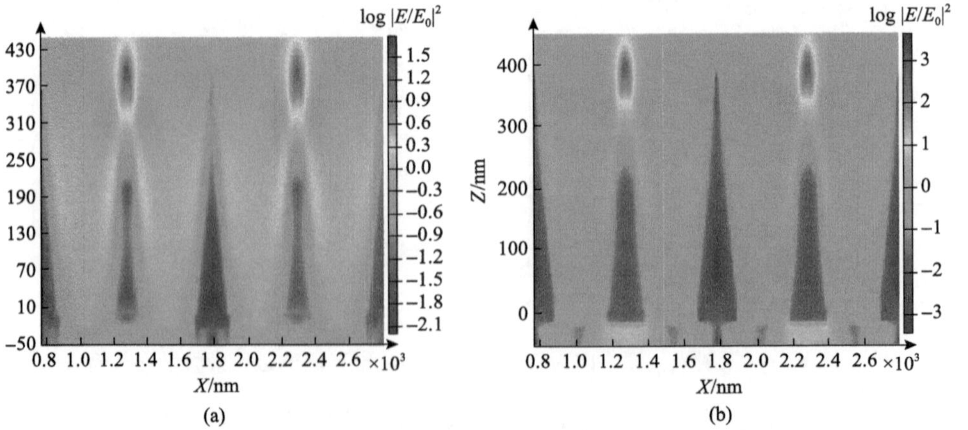

图 8.25　两种基底的带黏结层六角星锥结构尖端局域电磁场分布

从上述结果可以看出，785nm 波长的 Y 偏振光入射下，金材质和铬-金材质的六角星锥纳米结构的局域电磁场热点都位于锥的顶端，且都能获得较大的增强。X 偏振光的激发效果受铬层影响较大。

8.3.4　六角星锥纳米结构的 SERS 性能测试

以 R6G 作为探针分子，对六角星盘和六角星锥两种基底的 SERS 性能进行评价和对比。将六角星盘和六角星锥两种纳米结构的基底切割成 5mm×5mm 的小片。取 10μL 的 R6G 溶液(浓度为 10^{-5}mol/L)滴加到基底表面，并在室温条件下风干，在基底表面吸附一层 R6G 分子。采用激光源波长为 785nm 的激光共聚焦拉曼光谱仪来测量拉曼信号，激光功率为 10 W/cm^2，积分时间为 5s，积分次数为 1 次。

分别测试了六角星锥和六角星盘基底的 SERS 信号，如图 8.26 所示。测试得到的拉曼信号都具有良好的信噪比。六角星锥的拉曼信号强度远高于六角星盘的拉曼信号强度，大约是其 12 倍。由前面的时域有限差分方法计算结果可知，对于六角星锥结构，其拉曼增强热点主要集中在：①最顶端的尖角；②底部同基底结合的尖角；③外凸的棱边；④内凹的棱边。对于六角星盘纳米结构，由于不存在顶部的尖角，并且外凸和内凹的棱线长度有限，其拉曼增强效果远低于相同尺寸的六角星锥结构。

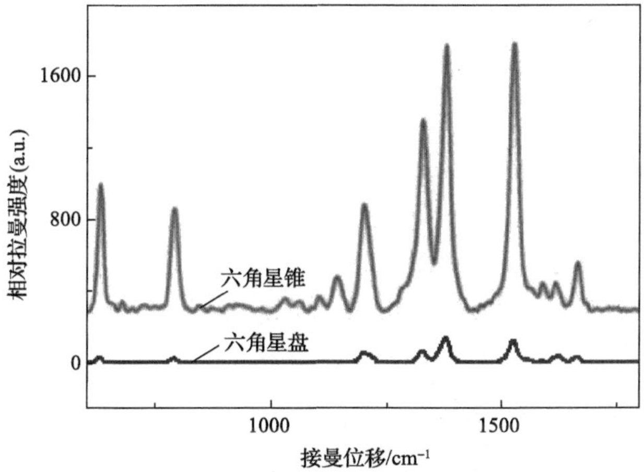

图 8.26　六角星锥和六角星盘纳米结构 SERS 光谱

参 考 文 献

[1] Qian C, Ni C, Yu W X, et al. Highly-ordered, 3D petal-like array for surface-enhanced Raman scattering. Small, 2011, 7(13): 1801-1806.

[2] Jiang P, McFarland M J. Wafer-scale periodic nanohole arrays templated from two-dimensional nonclose-packed colloidal crystals. Journal of the American Chemical Society, 2005, 127(11): 3710-3711.

第 9 章　金核银壳纳米颗粒

核壳结构是一种性能优越的金属溶胶，常用作 SERS 基底或 SERS 标签，具有形貌可控、生物相容性好、拓展性强等特点。银具有优越的 SERS 特性。然而，直接合成的银纳米颗粒(Ag nanoparticles, AgNPs)形貌均一性较差，并且容易出现棒状或三角状等不规则的纳米颗粒[1]。金纳米颗粒(Au nanoparticles, AuNPs)合成工艺相对比较成熟，合成的 AuNPs 颗粒均一性好。因此，通常先合成 AuNPs 作为种子，再在 AuNPs 上包裹一层银壳，形成以 Au 为核心，Ag 为外壳的核壳结构。这种合成方法可控性和粒径均一性都比较好。

9.1　Au@AgNPs 溶胶的电磁场特性

不同结构尺寸 Au@AgNPs 溶胶的电磁场增强特性具有较大区别。本章利用时域有限差分方法，分析 Au@AgNPs 溶胶的电磁场增强特性，研究其 SERS 热点产生条件和位置，计算其 SERS 热点强度。

9.1.1　Au@AgNPs 溶胶的仿真模型构建

为研究 Au@AgNPs 溶胶形貌对其电磁场增强特性的影响，利用时域有限差分方法分析了不同粒径 Au@AgNPs 表面电磁场的分布，仿真模型如图 9.1 所示。考虑到拉曼信号增强的主要来源是 SERS 热点，仿真模型将两个 Au@AgNPs 靠近，形成纳米间隙。金核尺寸固定为 25nm，以 5nm 为间距逐渐增大 Au@AgNPs 的粒径。

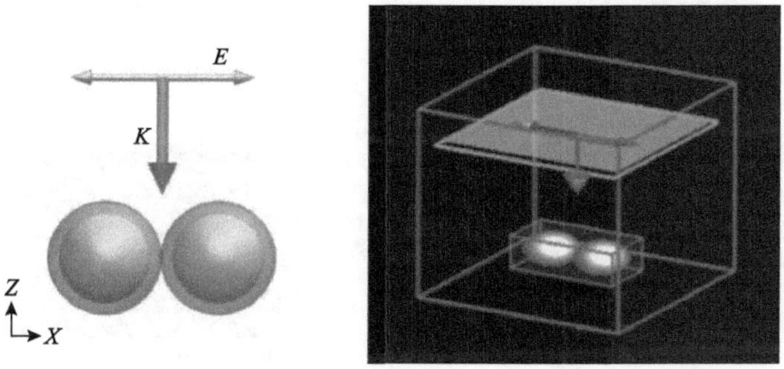

(a)　　(b)

图 9.1　Au@AgNPs 溶胶的电磁场仿真模型构建

模型中 Au@AgNPs 粒径范围为从 30nm 到 85nm。仿真模型的六个方向上边界吸收条件均设置为 PML。在特征位置处网格密度设置为 1nm。光源设置为平面光源，沿着 X 方向偏振，沿 $-Z$ 方向入射，波长固定为 785nm。

9.1.2　Au@AgNPs 溶胶的电磁场特性分析

计算得到的 Au@AgNPs 溶胶在 XOZ 平面内的电磁场分布如图 9.2 和图 9.3 所示。图 9.2(a)～(l) 分别展示了 30～85nm 粒径 Au@AgNPs 溶胶的电磁场分布。电

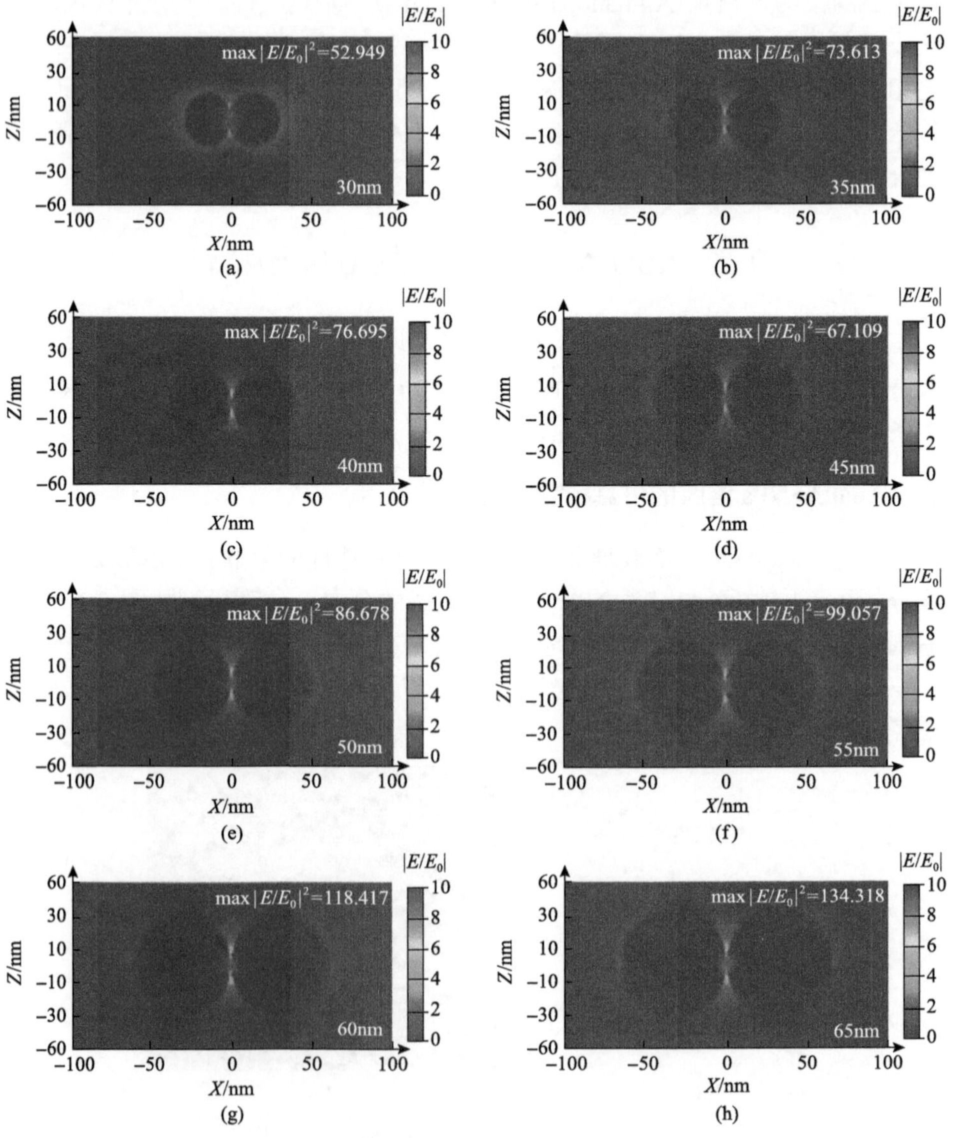

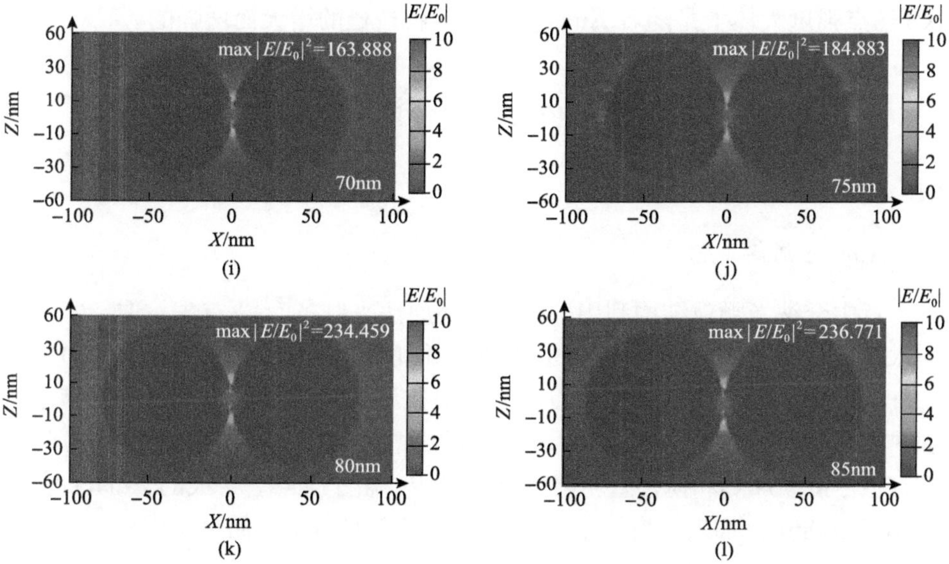

图 9.2　各种结构尺寸 Au@AgNPs 溶胶的电磁场分布图

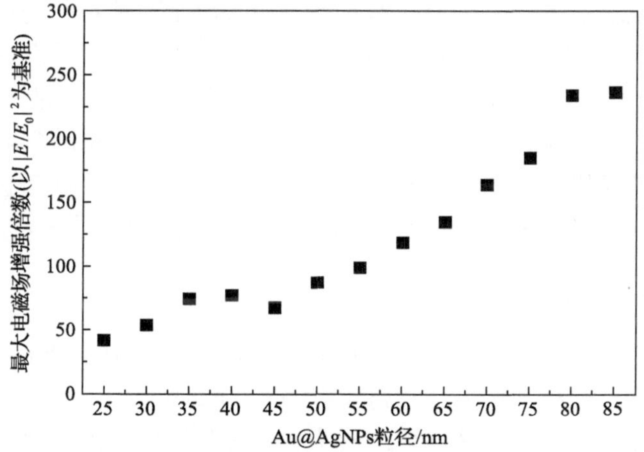

图 9.3　各种结构尺寸 Au@AgNPs 溶胶的最大电磁场增强倍数对比图

磁场在两个 Au@AgNPs 溶胶接触位置发生耦合，形成 SERS 热点。热点强度由颜色变化进行标识，使用$|E/E_0|$作为标尺的标度。利用 getelectric 和 max 函数可以获得 Au@AgNPs 溶胶的最大电磁场增强倍数。Au@AgNPs 溶胶结构尺寸与最大电磁场增强倍数的关系如图 9.3 所示。在 30～85nm 范围内，最大电磁场强度具有随着 Au@AgNPs 粒径增大而增大的趋势。

综上所述，通过时域有限差分方法计算和分析发现，Au@AgNPs 溶胶作为 SERS 基底，其 SERS 热点位于两颗粒之间形成的纳米间隙。在 30～85nm 范围内，

SERS 热点强度大体上是随着 Au@AgNPs 溶胶粒径的增大而增强的。

9.2　Au@AgNPs 溶胶的制备

9.2.1　金属溶胶制备工艺

1. AuNPs 制备工艺

本章中金纳米颗粒结构利用柠檬酸钠还原法来制备[2,3]。首先，取 100mL 氯金酸水溶液($HAuCl_4$，体积比为 1%)搅拌，并加热至沸腾。搅拌速度为 950 r/min。将 1.5mL 质量浓度为 1%的柠檬酸钠溶液快速添加到沸腾的氯金酸水溶液中，保持加热和搅拌。此时，溶液颜色由透明逐渐加深，变为黑褐色，再由黑褐色转变为酒红色。持续加热和搅拌直至溶液颜色稳定。由于加热，合成的 AuNPs 溶胶体积将小于 100mL，加入去离子水，将溶胶定容到 100mL，储存待用。

2. Au@AgNPs 溶胶制备工艺

取 50mL 上述方法制备的 AuNPs 溶胶，用去离子水稀释两倍，重新加热至沸腾。在 AuNPs 溶胶中，补充加入 2mL 柠檬酸钠溶液，作为反应的还原剂。加入 2.5mL 浓度为 10mmol/L 的硝酸银溶液，持续加热和搅拌。溶液颜色由酒红色逐渐变为黄灰色。当溶液颜色稳定后，停止加热，将溶液定容到 100mL。为保证溶胶的稳定性和粒径均一性，对 Au@AgNPs 溶胶进行离心。离心机转速为 7000r/min，离心时间为 6min。离心过后将沉积的 Au@AgNPs 溶胶重新分散到 100mL 水中。

3. AgNPs 溶胶制备工艺

采用柠檬酸钠还原硝酸银的方法来制备银溶胶[2, 4]。取 100mL 浓度为 0.18g/L 的硝酸银水溶液，搅拌并加热至沸腾。将 2mL 质量浓度为 1%的柠檬酸钠溶液加入沸腾的硝酸银溶液中。溶液逐渐由透明状变为灰绿色。待溶液颜色稳定后，停止加热，保持搅拌至溶胶冷却。以 7000r/min 的旋转速度对溶胶进行重旋，离心时间为 6min，最后将银溶胶重新分散并定容至 100mL。

9.2.2　Au@AgNPs 溶胶的形貌表征

利用上述方法制备得到的核壳结构溶胶呈透明状，整体呈金黄色，如图 9.4(a)中插图所示。Au@AgNPs 溶胶呈球状，粒径均一。对核壳结构的粒径进行分析可以发现，颗粒的粒径分布在 35～70nm，粒径分布大致符合正态分布，如图 9.4(b)所示。粒径主要集中在 45～55nm，平均粒径约为 50nm。利用还原法直接制备得到的 Au 和 Ag 溶胶颗粒如图 9.4(c)和(d)所示。图 9.4(c)展示了利用柠檬酸钠还原法制备的 Au 溶胶颗粒的透射电子显微镜(transmission electron microscope, TEM)图。利用上述方法，制备得到的 Au 溶胶粒径约为 25nm，溶胶颗粒为球状，粒径分布相对较为均匀。图 9.4(d)展示的是 Ag 溶胶颗粒的 TEM 图，银溶胶的平均粒径约为 80nm。除了球状颗粒，还有少量棒状、三角状颗粒分布。通过直接还原的方法制备粒径均一的银溶胶比较困难。

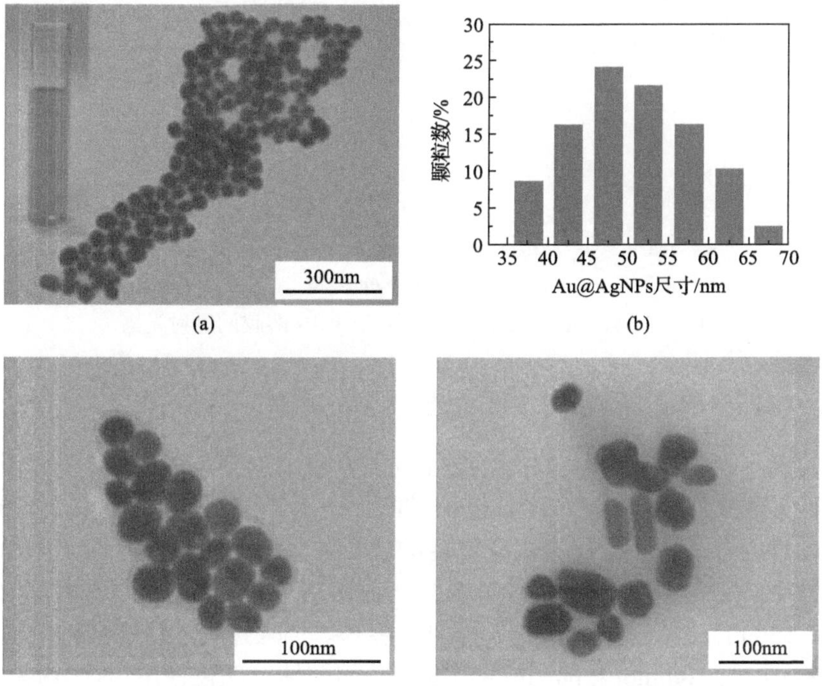

图 9.4 AuNPs、AgNPs 和 Au@AgNPs 的 TEM 图及 Au@AgNPs 粒径统计图

图 9.5 展示了 AuNPs、AgNPs 及 Au@AgNPs 溶胶的透射光谱。透射光谱采集设备为紫外-可见分光光度计(UV-2600，Shimadzu，日本)。为方便表征不同溶胶吸收峰位置的变化，通过调节金属溶胶浓度，使各种金属溶胶吸收峰的强度大致相同。对于金纳米颗粒溶胶，其消光光谱仅在 526nm 位置处存在一个吸收峰，这是 AuNPs 溶胶典型的特征峰，其位置与金溶胶颗粒的粒径有关。对于银纳米颗粒溶胶，其吸收峰位于 417nm，谱峰位置与银颗粒的粒径相关。对于 Au@AgNPs 溶胶，在 402nm 处出现了一个主峰，这是银的特征吸收峰；同时在 492nm 处出现了另外一个峰，这是金核的特征吸收峰。对于 AgNPs 溶胶和 Au@AgNPs 溶胶，在 322nm 处出现了一个谷。这种特性是由于在该光谱范围内

银的表面电子会出现带间跃迁，与银的介电特性有关，是银的固有特性，与银溶胶颗粒的粒径无关。

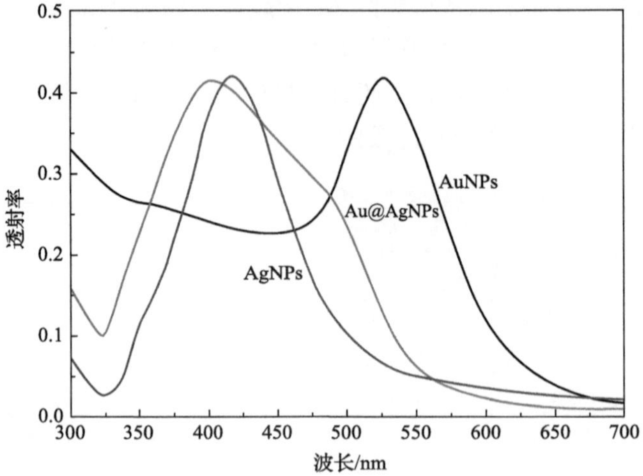

图 9.5　AuNPs、AgNPs 和 Au@AgNPs 溶胶的透射光谱

9.2.3　Au@AgNPs 溶胶的形貌调节工艺

为实现不同粒径 Au@AgNPs 溶胶的可控制备，可以通过控制金核粒径或银壳厚度两种方法来实现。通过改变柠檬酸钠的加入量，可以有效地调节金核的粒径。这是一种常用方法，主要讨论银壳厚度的调节方法。设计了一种逐次添加、逐次取样的方法来实现不同粒径 Au@AgNPs 溶胶的可控制备。首先，取粒径 25nm 的 Au 溶胶 150mL，稀释至 300mL，加热至沸腾。加入过量的柠檬酸钠溶液作为还原剂，逐次加入 10mmol/L 的硝酸银溶液，待溶胶体系颜色稳定(时间约为 20min)时，取样 20mL，再加入硝酸银溶液，如此反复 10 次。保证硝酸银以 0.05mmol/L 的浓度梯度依次递增，具体添加量见表 9.1。利用该方法，可以有效地调节 Au@AgNPs 溶胶中银壳的厚度。

表 9.1　逐次加样制备 Au@AgNPs 参数表

加样批次	溶胶体系体积/mL	加入 10mmol/L 的 $AgNO_3$ 体积/μL	体系加入 $AgNO_3$ 浓度/(mmol/L)	取样体积/mL
第 1 次	300	1500	0.05	20
第 2 次	280	1400	0.10	20
第 3 次	260	1300	0.15	20
第 4 次	240	1200	0.20	20

续表

加样批次	溶胶体系体积/mL	加入 10mmol/L 的 $AgNO_3$ 体积/μL	体系加入 $AgNO_3$ 浓度/(mmol/L)	取样体积/mL
第 5 次	220	1100	0.25	20
第 6 次	200	1000	0.30	20
第 7 次	180	900	0.35	20
第 8 次	160	800	0.40	20
第 9 次	140	700	0.45	20
第 10 次	120	600	0.50	20

利用上述方法制备得到的 Au@AgNPs 溶胶如图 9.6 所示。AuNPs 溶胶的颜色为酒红色，而 Au@AgNPs 溶胶的颜色逐渐加深，由最初金溶胶的酒红色变为金黄色，最终变为黄灰色，这是由胶体颗粒粒径的变化引起的。

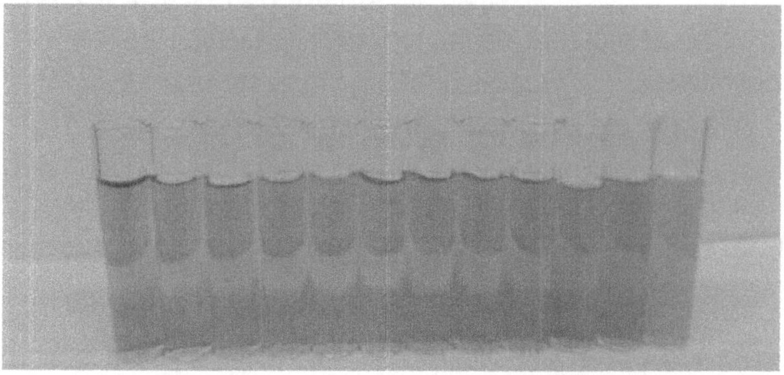

图 9.6　逐次添加、逐次取样法制备的各种尺寸 Au@AgNPs 溶胶的照片(彩图请扫封底二维码)

各种粒径 Au@AgNPs 溶胶的 TEM 图如图 9.7 所示。图 9.7(a)展示了 Au@AgNPs 溶胶合成的原理图，银壳是一层一层地裹到 AuNPs 种子上的。图 9.7(b)展示了 AuNPs 的 TEM 图，而图 9.7(c)～(l)是第 1 次到第 10 次添加 $AgNO_3$ 得到 Au@AgNPs 溶胶的 TEM 图。随着 $AgNO_3$ 添加量的增加，颗粒的粒径逐步增大。在部分 TEM 图中可以清楚地看到金核。

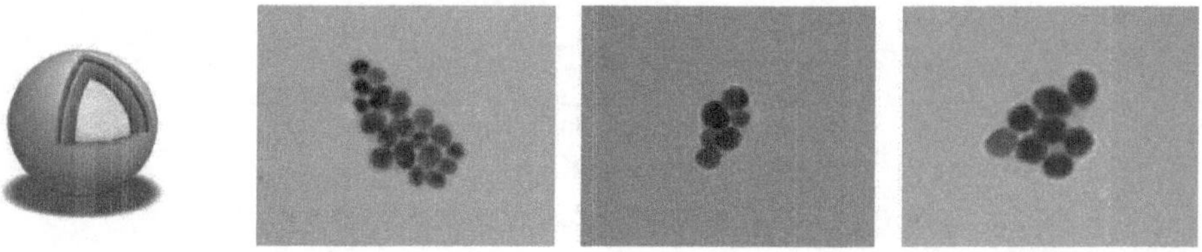

(a)　(b)　(c)　(d)

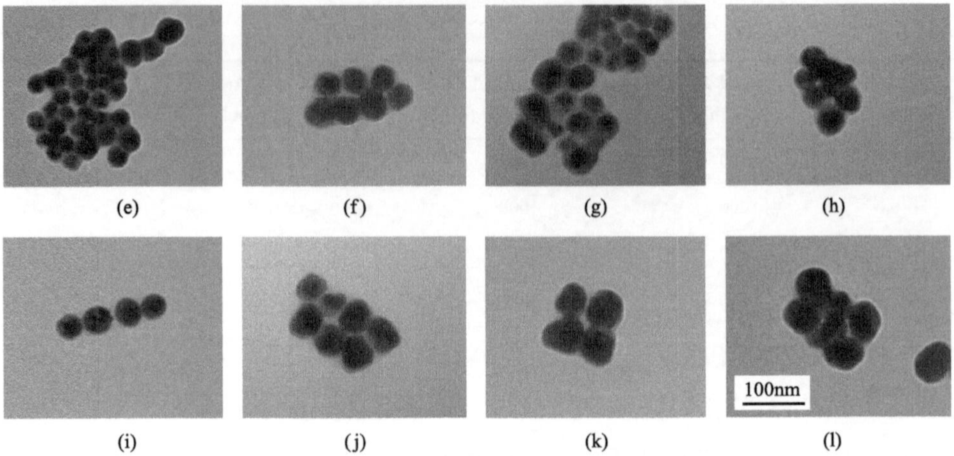

图 9.7　逐次添加、逐次取样法制备的 Au@AgNPs 溶胶的 TEM 图

利用紫外-可见分光光度计分析 Au@AgNPs 溶胶的透射光谱，测试结果如图 9.8 所示。随着 $AgNO_3$ 添加量的增大，Au@AgNPs 溶胶的消光光谱谱峰强度逐步增强。第 1 次加入 500μL 体积的 $AgNO_3$ 得到的 Au@AgNPs 溶胶光谱与 AuNPs 溶胶的光谱非常相似，仅在 522nm 处出现了一个吸收峰，在 322nm 处的银的波谷并不明显。这说明由于 $AgNO_3$ 的添加量过少，大部分银离子游离在溶液中，并未形成银壳结构。后面随着 $AgNO_3$ 添加量的增大，在 322nm 处的波谷十分明显，说明了银壳的形成。从第 2 次添加到第 7 次添加，可以明显分别看到银和金的两个谱峰。随着 $AgNO_3$ 添加量的加大，银的波峰持续增强，金的波峰逐渐减弱。完成第 10 次取样后，Au@AgNPs 溶胶的吸收谱与 AgNPs 溶胶的吸收谱基本相同，

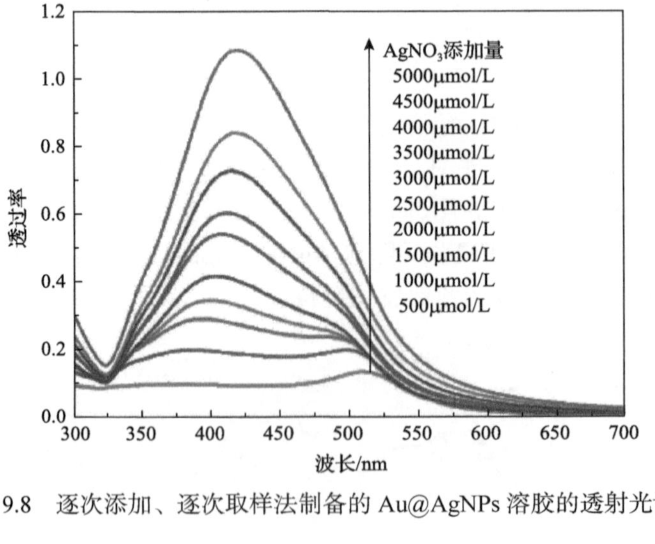

图 9.8　逐次添加、逐次取样法制备的 Au@AgNPs 溶胶的透射光谱

金的谱峰基本消失。随着 $AgNO_3$ 添加量的增加，银的吸收峰的位置逐渐红移，而金的吸收峰的位置逐渐蓝移。这也从另外一个方面证实了 Au@AgNPs 溶胶粒径的逐渐增加。

9.3　Au@AgNPs 溶胶的光学性质

为充分验证 Au@AgNPs 溶胶形貌控制方法，分别以粒径为 15nm、25nm、40nm 和 60nm 的金纳米球颗粒作为种子，添加不同量的 $AgNO_3$ 溶液，实现粒径从 20nm 到 100nm 的 Au@AgNPs 溶胶的可控制备。为研究金核及银壳尺寸对 Au@AgNPs 溶胶光学性质的影响，利用紫外-可见分光光度计测试这些溶胶的透射光谱，如图 9.9 所示。

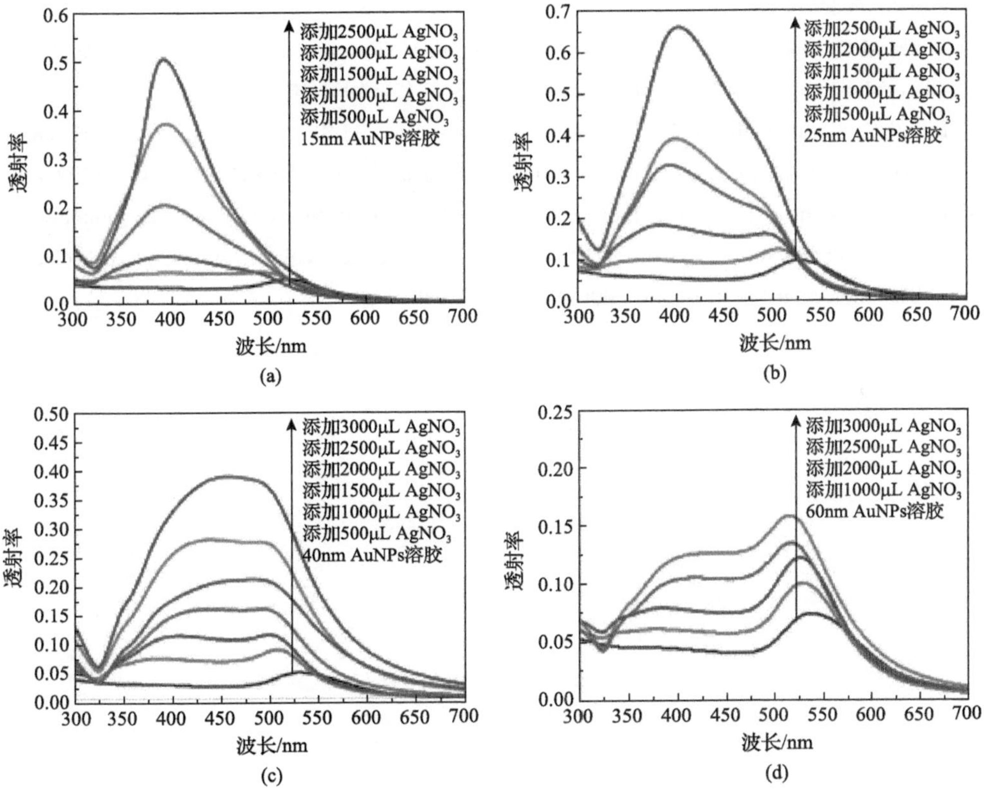

图 9.9　不同结构尺寸 Au@AgNPs 溶胶的透射光谱

对于金核尺寸为 15nm 的 Au@AgNPs 溶胶，随着 $AgNO_3$ 添加量的增加，金核的峰很快被银的峰湮灭，Au@AgNPs 溶胶完全展现出银的性质，如图 9.9(a)所示。对于金核尺寸为 25nm 的 Au@AgNPs 溶胶，直到 $AgNO_3$ 的添加量为 2500μL

时，仍然有金核吸收峰出现的趋势，如图 9.9(b)所示。对于金核尺寸为 40nm 的 Au@AgNPs 溶胶，银的谱峰逐渐增强，最终与金的谱峰相当，呈现出一个比较宽平的谱峰，如图 9.9(c)所示。对于金核尺寸为 60nm 的 Au@AgNPs 溶胶，结构更多地展现出金核的谱峰，但金核的谱峰强度的相对值在逐渐减小，如图 9.9(d)所示。由此可见，核壳结构的光学性质与金核、银壳尺寸相关，当金核尺寸较小时，其金的谱峰会被银的谱峰湮灭；而金核较大时，核壳结构则更多地表现出金的性质。

参 考 文 献

[1] Samal A K, Polavarapu L, Rodal-Cedeira S, et al. Size tunable Au@Ag core-shell nanoparticles: Synthesis and surface-enhanced Raman scattering properties. Langmuir, 2013, 29(48): 15076-15082.

[2] Porter M D, Lipert R J, Siperko L M, et al. SERS as a bioassay platform: Fundamentals, design, and applications. Chemical Society Reviews, 2008, 37(5): 1001-1011.

[3] Luo S C, Sivashanmugan K, Liao J D, et al. Nanofabricated SERS-active substrates for single-molecule to virus detection in vitro: A review. Biosensors and Bioelectronics, 2014, 61: 232-240.

[4] Chen H J, Wang Y L, Dong S J, et al. An approach for fabricating self-assembled monolayer of Ag nanoparticles on gold as the SERS-active substrate. Spectrochimica Acta Part A: Molecular and Biomolecular Spectroscopy, 2006, 64(2): 343-348.

第 10 章 复合 SERS 基底

目前，越来越多的生化检测工作需要在现场实时完成，而现有的检测手段在现场快速检测方面存在一些固有缺陷。开展现场检测的要求为：有便携式的检测设备；可提供包含丰富信息的检测信号；检测抗干扰能力强；检测操作简单方便。SERS 技术是一种新兴的光谱检测技术，适用于现场检测。然而，制约 SERS 技术广泛应用的瓶颈在于高性能 SERS 基底的可控制备。理想的 SERS 基底需要具有增强因子高、可重复性好、制备成本低、工艺路线简单等特点。

现有的 SERS 基底中，金属纳米结构 SERS 基底操作方便、形貌可控、稳定性强和重复性好，但是制备工艺相对复杂，加工设备比较昂贵。而金属纳米颗粒溶胶 SERS 基底增强因子高、形貌可控、生物相容性好，但其稳定性和热点均一性相对较差。通过将两者复合的方法，有望合并两种基底的优势，摒弃两种基底的不足，生产一种增强因子高、可重复性好、形貌可控性强、操作性能佳、稳定性好、造价低廉、制备工艺简单、生产效率高的新型 SERS 基底。

从 SERS 技术应用的角度考虑，一些小分子和微生物本身具有特异性的 SERS 光谱，这就为 SERS 技术的快速、高精度、特异性检测提供了依据。同时，在核酸、蛋白质等大分子检测中，通常会采用“三明治”方案。“三明治”检测方案是通过 DNA 杂交或抗原抗体结合等方式将金属纳米颗粒溶胶结合在 SERS 芯片上。这种思想和复合 SERS 基底的构建思想是相同的。但是，如果从高性能 SERS 基底制备的角度去研究“三明治”检测方案，“三明治”复合 SERS 基底具有以下特点：①并非有意构建复合 SERS 基底用于 SERS 检测；②固态基底的选择往往是金属平面或金属纳米线，本身不具备信号增强性能；③热点主要存在于金属纳米颗粒溶胶与固态基底结合位置，热点密度相对较低；④固态基底和金属纳米颗粒溶胶的结构尺寸没有进行优化。

综上所述，SERS 技术在现场生化检测中存在巨大的潜在应用价值，现阶段 SERS 研究的关键在于高性能 SERS 基底的可控制备，结合现有金属纳米结构 SERS 基底和金属纳米颗粒溶胶 SERS 基底的优缺点，根据现有 SERS 应用中的特点，提出了将金属纳米结构和金属纳米颗粒溶胶相结合，制备新型复合 SERS 基底，并且对其电磁场增强特性、可控制备工艺、SERS 性能优化方法及生化检测应用进行了深入研究。

10.1　复合 SERS 基底的结构设计

复合 SERS 基底是在金属纳米结构基底上结合金属纳米颗粒溶胶，在两者结合位置形成新的 SERS 热点，构成新型的 SERS 基底。采用纳米球光刻技术制备 AuFON 金属纳米结构作为固态的支撑基底；利用化学还原的方法制备 Au@AgNPs 作为金属纳米颗粒溶胶；并利用化学试剂实现 Au@AgNPs 溶胶与 AuFON 结构的可靠共价键连接，制备得到 AuFON-Au@AgNPs 复合 SERS 基底。

复合 SERS 基底的结构方案如图 10.1 所示。纳米球光刻技术的原理及制备得到的结构示意图如图 10.1(a)～(c)所示。首先，利用旋涂的方法实现 PS 胶体球的快速自组装，形成整齐排列的单层胶体晶体，如图 10.1(a)所示。其次，利用等离子体刻蚀技术对 PS 球进行刻蚀，调节 PS 球的尺寸和形貌，如图 10.1(b)所示。最后，在 PS 胶体晶体上沉积一层金属，实现 AuFON 结构的可控制备，如图 10.1(c)所示。在复合 SERS 基底中，AuFON 结构的作用包括：①为基底提供固态支撑；②发挥本身的 SERS 增强特性；③与金属纳米颗粒溶胶结合耦合产生新的 SERS 热点。

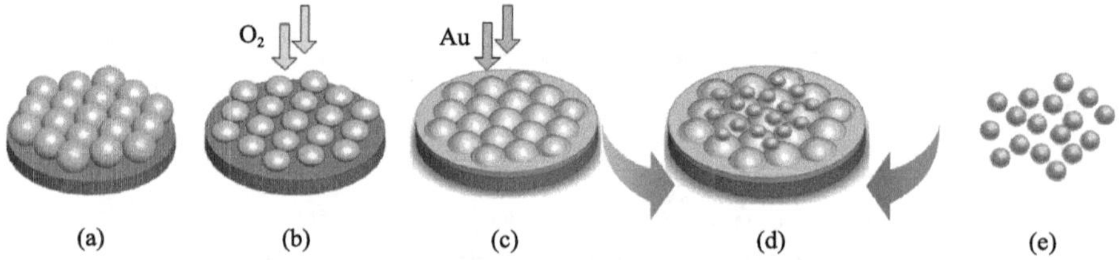

图 10.1　复合 SERS 基底结构设计示意图

复合 SERS 基底的结构设计如图 10.1(d)所示。在 AuFON 结构上结合 Au@AgNPs 溶胶，在两者结合的位置会形成纳米间隙。这些间隙将成为新的 SERS 热点，提高原有 SERS 基底的热点密度。

Au@AgNPs 溶胶的化学合成步骤如下：首先利用柠檬酸钠还原金氯酸形成金纳米颗粒溶胶，作为金核；然后补充加入还原剂，沸腾后加入硝酸银溶液，形成金核银壳结构。在金核外层包裹银壳可以保证该结构的 SERS 效果。以金核作为种子来制备核壳结构能够保证颗粒的均一性。

10.2　复合 SERS 基底的电磁场增强特性

从拓扑学角度考虑，单个 Au@AgNP 颗粒与 AuFON 结构的结合方式存在以下几种情况：①Au@AgNP 与单个 AuFON 结构接触；②Au@AgNP 与两个 AuFON 结构接触；③Au@AgNP 与三个 AuFON 结构接触，以及当 AuFON 结构出现缺陷时；④Au@AgNP 与金平面接触。为了更好地阐述复合基底 SERS 热点的产生和耦合机理，本节首先对平面上 Au@AgNPs 溶胶进行分析，随后分别对上述几种情况进行计算和分析。

10.2.1　金膜上 Au@AgNPs 结构的电磁场增强特性

为了研究复合 SERS 基底热点的产生机理，分别构建单个和多个 Au@AgNPs 颗粒在硅基底和 Au 基底上的四个仿真模型，如图 10.2 所示。金核的粒径设置为 30nm，银壳的厚度设置为 10nm，Au@AgNPs 的总体尺寸为 50nm。Au@AgNPs 与硅或金膜基底接触，硅和金基底的结构尺寸设置为 400nm×300nm，金膜的厚度设置为 100nm。金、银和硅的材质均选自 palik 库[1]。

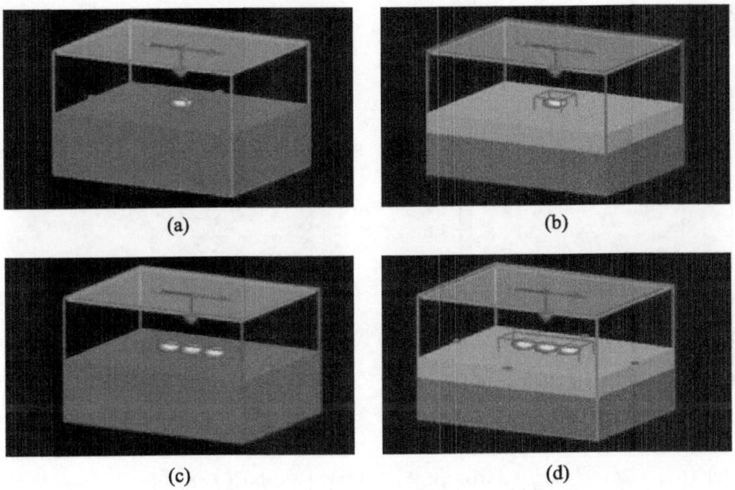

图 10.2　Au@AgNPs 在硅基底和金膜基底上的电磁场仿真模型构建

计算区域精度设置为 4（中等精度），在结构的特征区域设置高精度的网格，网格的间距设置为 1nm。对于单个 Au@AgNP 的情况，网格尺寸设置为 60nm × 60nm × 60nm；而对于多个金属溶胶颗粒，网格尺寸设置为 200nm × 60nm × 60nm，确保所有 Au@AgNPs 颗粒均在网格内部。在计算区域的六个边界上均设置为 PML 边界条件。入射光设置为平面光，激光波长为 785nm，沿着 X 方向偏振，沿 $-Z$ 方向垂直入射到金属表面。

通过时域有限差分分析，单个 Au@AgNPs 颗粒在硅基底上和金膜基底上的电磁场分布结果如图 10.3 所示。图 10.3(a) 和 (c) 分别是材料介电常数计算结果。该结果表明模型构建正确，计算精度合适。图 10.3(b) 和 (d) 分别是单个 Au@AgNPs

在硅基底和在金膜基底上的电磁场分布图。硅基底上 Au@AgNPs 结构的电磁场主要集中在颗粒的上半部分，这是由 Au@AgNPs 本身激发的电磁场增强，最大电磁场强度为 0.777。而金膜基底上 Au@AgNPs 结构的电磁场主要集中在金基底与 Au@AgNPs 的夹缝处，最大电磁场增强倍数为 1.214。这表明金膜和 Au@AgNPs 之间发生了电磁场耦合，生成了新的 SERS 热点，电磁场强度也得到了增强。

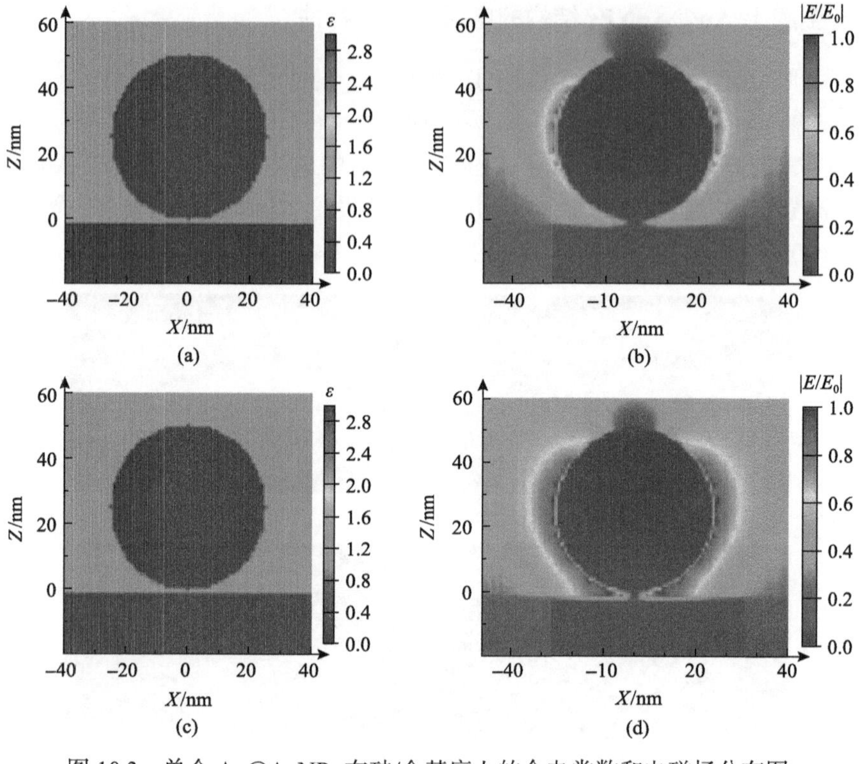

图 10.3　单个 Au@AgNPs 在硅/金基底上的介电常数和电磁场分布图

Au@AgNPs 溶胶作为 SERS 基底，其热点主要位于 Au@AgNPs 溶胶之间形成的纳米间隙。为研究金膜基底对 Au@AgNPs 粒子簇电磁场增强效果的影响，进一步对金膜基底上 Au@AgNPs 粒子簇的电磁场分布进行计算分析。图 10.4(a)和(c)分别是 Au@AgNPs 粒子簇在硅基底和金膜基底上结构的介电常数 ε 计算结果，图 10.4(b)、(d)分别是两种结构电磁场在 *XOZ* 平面上的分布。在两种基底上，电磁场分布基本相同，主要集中在 Au@AgNPs 的间隙中。硅基底上 Au@AgNPs 簇结构的最大电磁场增强倍数为 43.336，而金膜基底上 Au@AgNPs 簇结构的最大电磁场增强倍数为 77.977。金膜基底上 Au@AgNPs 簇中，在金膜与 Au@AgNPs 溶胶之间没有新的 SERS 热点出现，但是原有 SERS 热点的强度得到了显著增强。这表明 Au@AgNPs 和金膜之间产生的热点和 Au@AgNPs 簇原有热点之间发生了耦合。

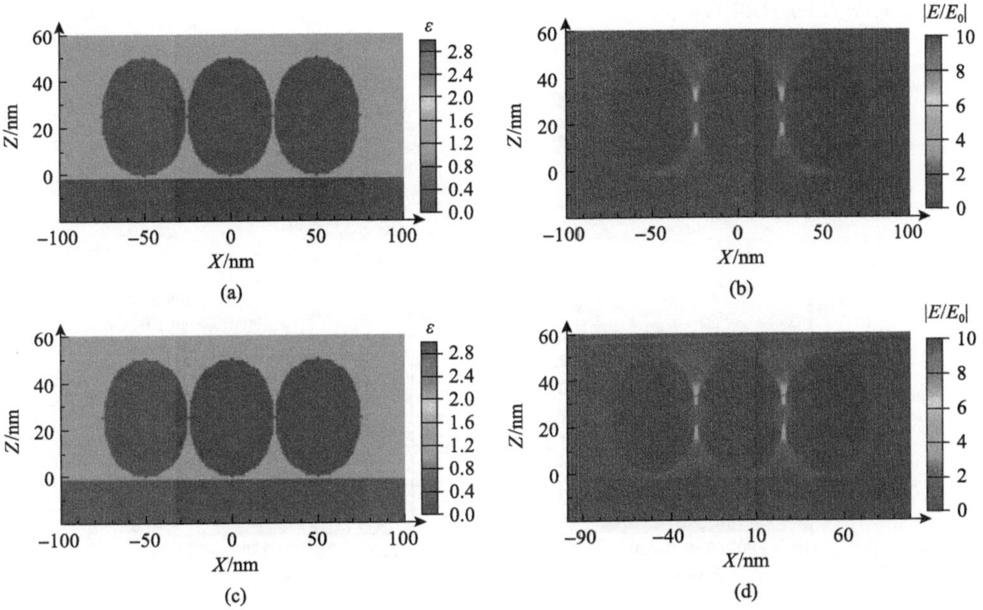

图 10.4　Au@AgNPs 粒子簇在硅基底和金膜基底上的介电常数和电磁场分布图

以上计算结果表明，相比于无 SERS 效果的硅基底，金膜基底的 SERS 增强效果更明显。利用金属结构和金属溶胶复合的方法可以产生新的 SERS 热点，提高基底的 SERS 热点密度和强度。

10.2.2　AuFON 上 Au@AgNPs 结构的电磁场增强特性

对于单个 Au@AgNPs 在 AuFON 结构上的结合情况，除了与金平面的接触情况，还存在与单个、两个、三个 AuFON 结构结合的情况。本节分别对三种情况下 AuFON 上结合 Au@AgNPs 颗粒基底的电磁场分布情况进行分析，同时对 Au@AgNPs 粒子簇与 AuFON 结构复合，以及复合 SERS 基底整体的电磁场增强特性进行计算和分析。

Au@AgNPs 与单个 AuFON 结构结合是最常出现的情况，其模型示意图及计算分析结果如图 10.5 所示。图 10.5(a)是单个 AuFON 结构与 Au@AgNPs 溶胶复合的结构示意图，图 10.5(b)是两者结合位置的介电常数计算结果，图 10.5(c)～(e)分别是在 *XOY* 平面、*XOZ* 平面和 *YOZ* 平面中基底电磁场的分布图。如图 10.5(c)所示，*XOY* 平面位于 Au@AgNPs 中间，远离电磁场增强位置，因此电磁场分布与 Au@AgNPs 颗粒的电磁场分布基本相同。而从图 10.5(d)、(e)中可以看到，在 Au@AgNPs 与 AuFON 结构接触的位置处出现了电磁场增强热点，最大电磁场增强倍数可以达到 31.14。*XOZ* 和 *YOZ* 两个平面中电磁场分布有很大区别，这是由入射光偏振方向引起的。

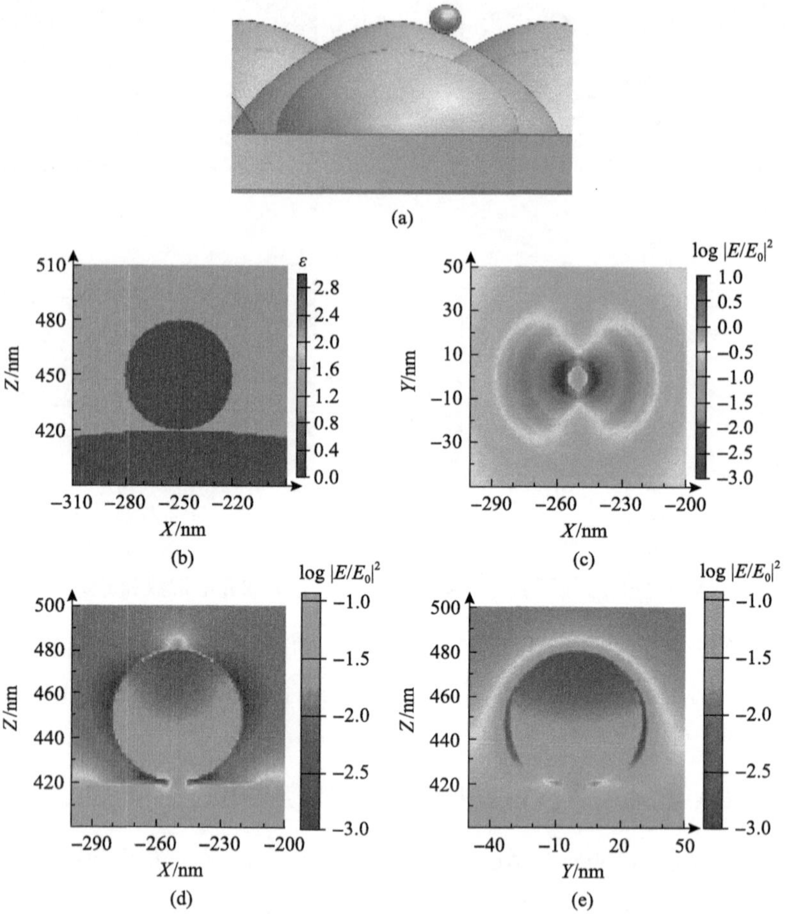

图 10.5　Au@AgNPs 与单个 AuFON 结构接触的示意图和电磁场分布图

金属溶胶与两个 AuFON 结构接触的示意图及电磁场分布计算结果如图 10.6 所示。图 10.6(a)展示了这种结合方式的结构示意图，图 10.6(b)是两者结合位置介电常数计算结果，图 10.6(c)～(e)分别是在 *XOY* 平面、*XOZ* 平面和 *YOZ* 平面内的电磁场分布。

XOY 平面监视器设置在 Au@AgNPs 溶胶与 AuFON 结构接触的高度。金属溶胶与两个 AuFON 结构的接触点附近均产生了较强的电磁场增强。Au@AgNPs 与 AuFON 结构是接触的，因此在接触点位置的电磁场强度较小；而在接触点附近的间隙位置，电磁场得到了极大的增强，最大电磁场增强倍数为 2391.65。因此，在 *XOY* 平面监视器中，SERS 热点对称地分布在金属溶胶两侧的四个区域。在 *XOZ*

平面监视器中，Au@AgNPs上方部分的电磁场强度更高，范围也更大，如图10.6(d)所示。在 *YOZ* 平面监视器中，Au@AgNPs 看起来是悬空的，热点位于 Au@AgNPs 下方与 AuFON 结构之间的间隙中。这个位置是两个 AuFON 结构结合位置，即 AuFON 结构原有 SERS 热点位置。通过加入 Au@AgNPs，与原有的电磁场发生了耦合，提高了 SERS 热点的强度。

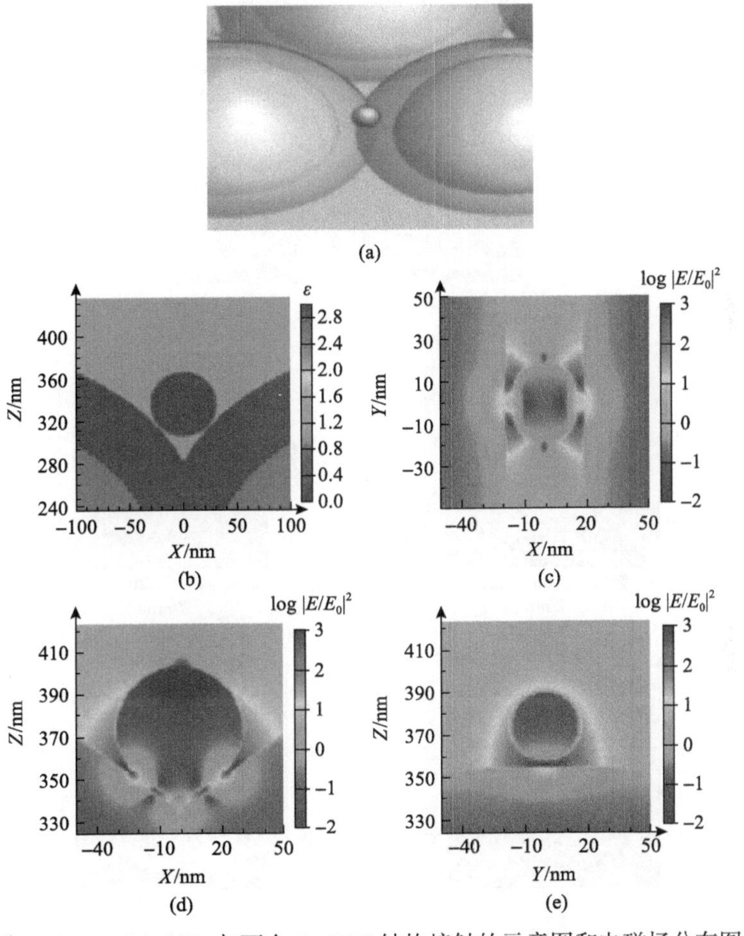

图 10.6　Au@AgNPs 与两个 AuFON 结构接触的示意图和电磁场分布图

Au@AgNPs 与三个 AuFON 结构接触的示意图和电磁场分布计算结果如图 10.7 所示。图 10.7(a)展示了这种结合方式的结构示意图，图 10.7(b)是两者结合位置的局部介电常数计算结果，图 10.7(c)～(e)分别是在 *XOY* 平面、*XOZ* 平面和 *YOZ* 平面中基底电磁场的分布。在图 10.7(b)中，由于监视器面位于 *YOZ* 平面，但是 Au@AgNPs 与三个 AuFON 结构的接触点不在同一个 *YOZ* 平面内。因此，图 10.7(b)的计算结果中显示 Au@AgNPs 仅与一个 AuFON 结构接触。在图 10.7(c)中，*XOY*

平面高度在 Au@AgNPs 与 AuFON 结构接触点的高度。因此，在 Au@AgNPs 与三个 AuFON 结构接触点位置，电磁场均得到了增强。由于入射光的偏振方向为 *X* 方向，图中下面两个接触点位置的热点强度明显高于顶部接触点位置的热点强度。图 10.7(d)中，*XOZ* 平面监视器位于 Au@AgNPs 和 AuFON 接触点的位置。可以看到两个强度较大的 SERS 热点，最大电磁场增强倍数为 134.481。图 10.7(e)中电磁场增强倍数与入射光的偏振方向选择密切相关。

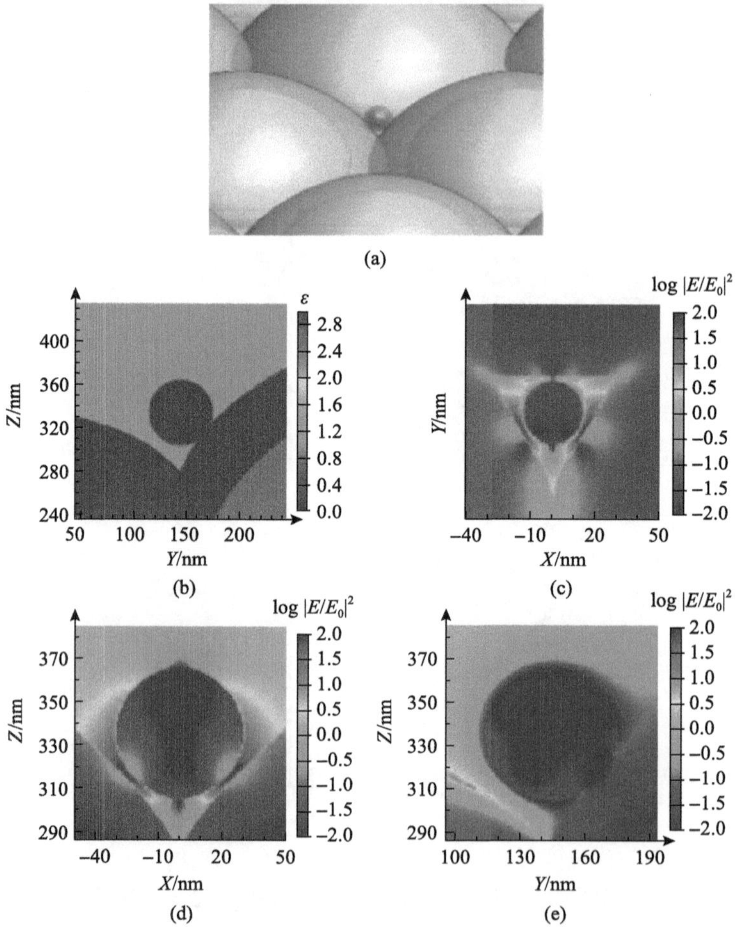

图 10.7　Au@AgNPs 与三个 AuFON 结构接触的示意图和电磁场分布图

Au@AgNPs 粒子簇与 AuFON 结构接触的示意图和电磁场分布计算结果如图 10.8 所示。图 10.8(a)展示了这种结合方式的结构示意图，图 10.8(b)是两者结合位置的局部介电常数计算结果，图 10.8(c)～(e)分别是在 *XOY* 平面、*XOZ* 平面和 *YOZ* 平面中基底电磁场的分布。

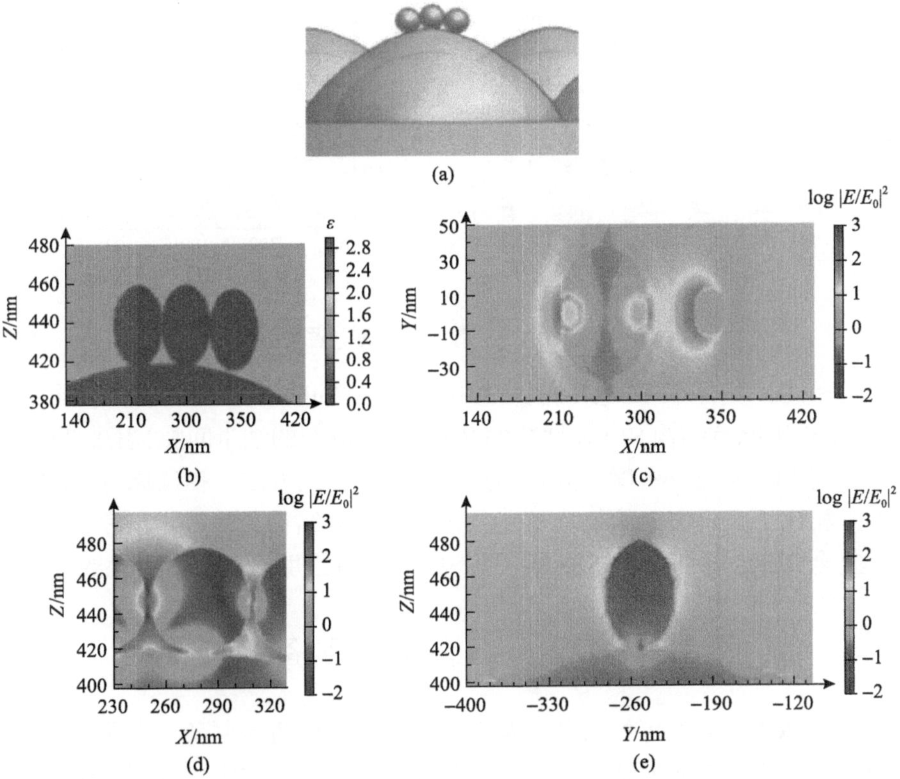

图 10.8　Au@AgNPs 粒子簇与 AuFON 结构复合的示意图和电磁场分布图

由于 Au@AgNPs 在曲线表面上排列，三个 Au@AgNPs 不在同一个高度上。因此，在 *XOY* 水平面内，各个 Au@AgNPs 间隙位置的电磁场强度存在较大区别，如图 10.8(c)所示。Au@AgNPs 溶胶与 AuFON 结构的接触点位置增加了新的热点。同时在 Au@AgNPs 溶胶之间的间隙处，SERS 热点强度得到了极大的增强，最大电磁场增强倍数为 2402.25。相比于硅基底上或是金膜基底上的 Au@AgNPs 粒子簇，其电磁场增强效果得到了更大的加强。

为研究复合 SERS 基底作为一个整体的电磁场特性，对复合 SERS 基底整体的电磁场增强特性进行了数值计算，计算结果如图 10.9 所示。图 10.9(a)展示了复合 SERS 基底中 AuFON 结构在 *XOY* 平面的电磁场分布。AuFON 的几何参数及监视器位置与图 10.8(b)中所述结构参数相同。与该 AuFON 结构的表面电磁场分布相比，其 SERS 热点位置和强度与图 10.8(c)相比没有明显区别，即复合 SERS 基底中 AuFON 结构基本保持了原有的电磁场特性。图 10.9(b)展示了复合 SERS 基底在 *XOZ* 平面的电磁场分布图。由于 Au@AgNPs 的加入，在 Au@AgNPs 与 AuFON 结构的接触位置形成了新的电磁场增强，引进了新的 SERS 热点。相比于图 10.8 (c)，复合 SEES 基底热点密度和强度均得到了明显的提高。

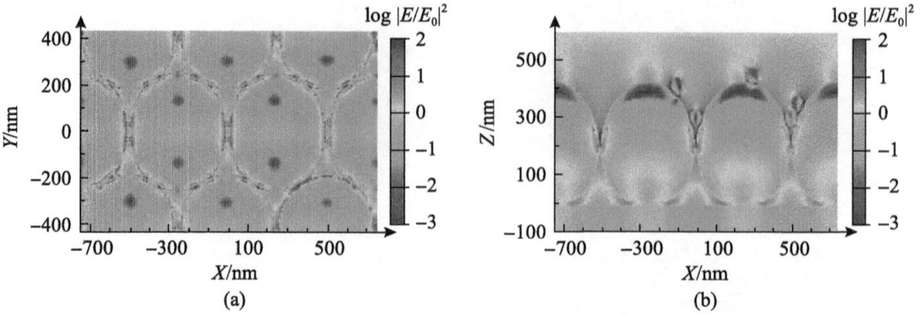

图 10.9　复合 SERS 基底的表面电磁场分布图

综上所述，复合 SERS 基底制备的核心是在 AuFON 基底上结合 Au@AgNPs 溶胶，在不损害原有结构 SERS 性能的基础上，形成新的纳米间隙，引进新的 SERS 热点，提高 SERS 热点密度；并且通过电磁场耦合的方法，提高原有 SERS 热点的强度。相比于金平面上的复合基底，在 AuFON 结构上的复合基底，热点强度更高。复合 SERS 基底构建过程是一个 SERS 热点强度提高和密集化的过程。

10.3　复合 SERS 基底的制备与表征

复合 SERS 基底的可控制备涉及金属纳米结构的可控制备、金属溶胶颗粒的可控制备以及两种基底的结合。在复合基底结合方案研究中，分别讨论了物理接触、小分子连接和聚合物连接三种方式的连接效果。最后，对复合 SERS 基底的材质、形貌和光谱特性进行了表征。

10.3.1　复合 SERS 基底结合工艺

1. 基于物理接触的复合 SERS 基底结合工艺

使用金属纳米颗粒溶胶进行 SERS 检测时往往会将溶胶直接滴加到固态支撑基底上，待溶胶干燥后进行检测。与此相类似，将待检测物和 Au@AgNPs 溶胶直接滴加到 AuFON 结构表面就可以构建最简单的复合 SERS 基底，如图 10.10(a) 所示。这种方式操作简单，信号增强效果好，可以保证待检测物位于 Au@AgNPs 溶胶和 AuFON 结构的间隙中。图 10.10(b) 展示了这种纯粹物理连接的结构示意图。为了清楚表示 Au@AgNPs 溶胶和 AuFON 结构的结合方式，在制图过程中忽略了各个结构的尺寸比例。

实验显示，在刚刚滴加完成时，这种连接方式与采用化学分子连接的 SERS 增强效果没有明显的区别。然而，物理接触复合 SERS 基底的稳定性差，并且检测结果与操作过程密切相关，SERS 基底信号的稳定性差。此外，由于 Au@AgNPs

溶胶在溶液挥发过程中会出现聚集现象，金属溶胶往往聚合成多个 Au@AgNPs 簇，如图 10.11 所示。这样的 Au@AgNPs 溶胶分布，对复合 SERS 基底的信号均一性产生了较大的影响。

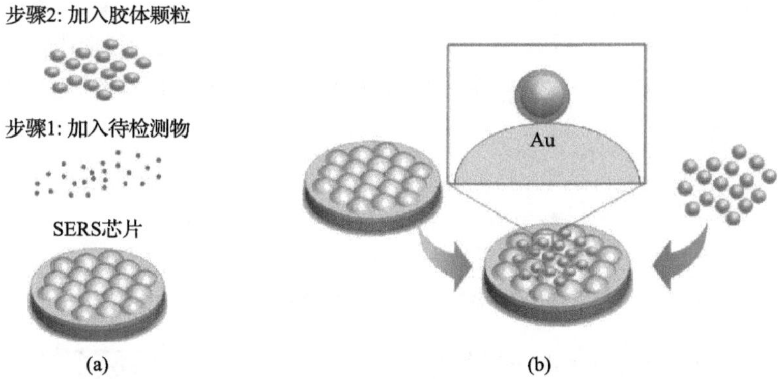

图 10.10　Au@AgNPs 溶胶与 AuFON 结构物理接触的示意图

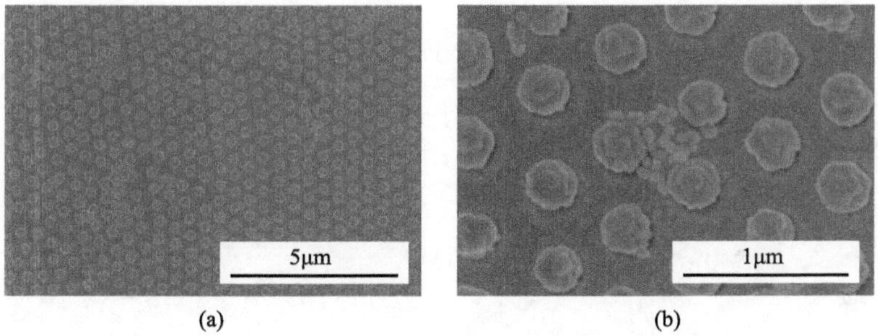

图 10.11　Au@AgNPs 溶胶与 AuFON 结构物理接触的 SEM 图

2. 基于小分子连接的复合 SERS 基底结合工艺

一些特殊化学基团可以和金、银等贵金属形成可靠的化学键结合或者形成可靠的静电吸附。例如，巯基可以和金结合形成可靠的 Au—S 键，氨基可以改变金属表面电荷在金属之间形成稳定的静电吸附。因此，一些带有特殊基团的化学小分子可以用于 Au@AgNPs 溶胶和 AuFON 结构的结合，如胱胺、对氨基苯硫酚、半胱氨酸等。

首先将清洗干净的 AuFON 结构芯片裁成小块，并浸泡在小分子溶液中 3h；随后，用大量去离子水冲洗芯片，将未结合化学分子冲走；再将芯片浸泡于 Au@AgNPs 溶胶中，轻微振荡 3h；最后，用大量去离子水将未结合 Au@AgNPs 溶胶冲走。用氮气将芯片吹干，储存备用。

图 10.12(a)和(b)分别展示了利用 PATP 和胱胺连接形成复合 SERS 基底的结

构示意图。PATP 一端和 AuFON 结构形成 Au—S 键连接，另一端利用氨基抓住 Au@AgNP 溶胶。PATP 本身就是拉曼标记物，利用这样的结合方式方便对复合 SERS 基底进行表征。然而，由于 PATP 具有明显的 SERS 信号，该基底不能用于其他物质的检测，利用胱胺的连接可以很好地解决这一问题。测试显示，通过胱胺连接的复合 SERS 基底没有明显的干扰峰。图 10.13 展示了利用胱胺连接的复合 SERS 基底，金属溶胶均匀地分布在 AuFON 结构上，但是连接效率较低。

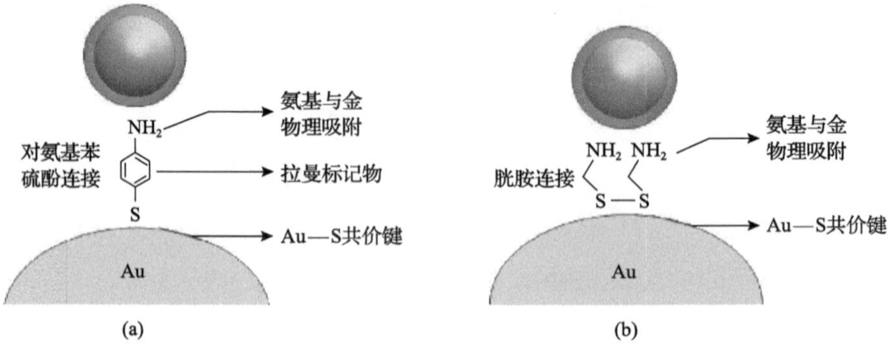

图 10.12　小分子连接 Au@AgNPs 溶胶与 AuFON 结构的示意图

图 10.13　小分子连接 Au@AgNPs 溶胶与 AuFON 结构的 SEM 图

3. 基于多聚物连接的复合 SERS 基底结合工艺

利用小分子可以实现复合 SERS 基底的共价键可靠连接。起到连接作用的并非单个化学分子或者单个化学基团，而是化学分子群。由于空间位阻关系，基于小分子结合的效率会受到影响。部分聚合物也拥有特殊的化学基团，并且化学基团的密度更高。因此，利用高分子化合物可以提高连接效率。本节采用体积浓度为 1%的支链型聚醚酰亚胺(polyetherimide, PEI)来连接复合 SERS 基底，其分子式如图 10.14 所示。在结合示意图中，由于 PEI 的分子式太大，无法完全体现，用一条加粗的实线表示。图 10.15 展示了基于 PEI 连接的复合 SERS 基底的 SEM 图。可见，金属溶胶均匀地结合到 AuFON 结构上，结合效率明显提高。

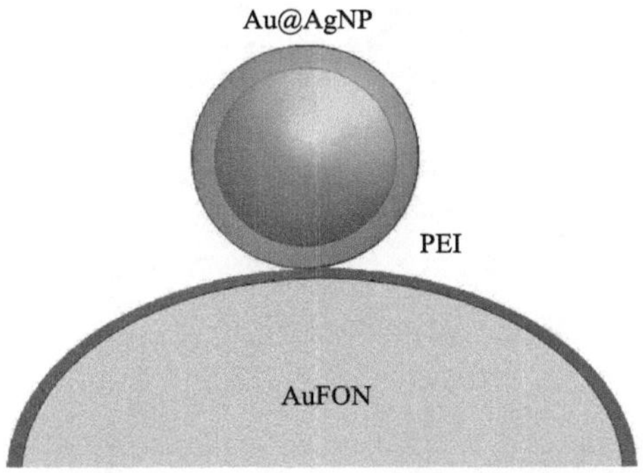

图 10.14　聚合物连接 Au@AgNPs 溶胶与 AuFON 结构的示意图

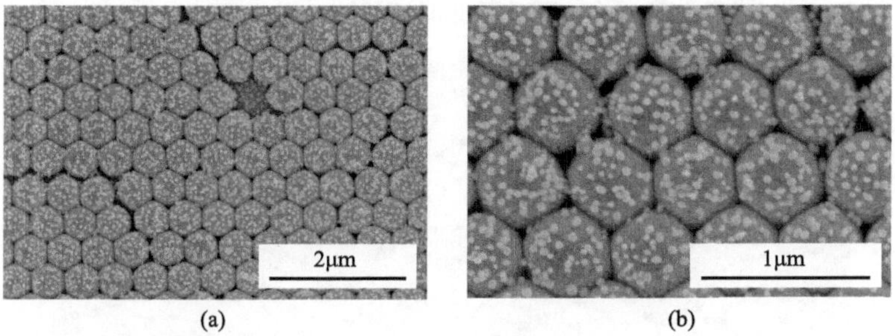

图 10.15　聚合物连接的 Au@AgNPs 溶胶与 AuFON 结构的 SEM 图

综上所述，利用 PEI 作为连接化学分子，可以提高 Au@AgNPs 溶胶在 AuFON 结构上的结合效率，采用带有支链的多聚物(PEI)对 AuFON 结构进行表面改性，可实现 Au@AgNPs 溶胶与 AuFON 结构之间的可靠连接。

10.3.2　复合 SERS 基底的材质、形貌及光学特性表征

为了更全面地对复合 SERS 基底进行表征，分别利用能谱、SEM、AFM 和实验室搭建的光谱采集系统对复合 SERS 基底的材质、形貌及局部表面等离子体特性进行表征。

1. 复合 SERS 基底的能谱表征

为表征复合 SERS 基底的元素组成，对其进行能谱表征。图 10.16 展示了能谱表征的采集区域。图 10.17 展示了复合 SERS 基底的能谱分布。表 10.1 具体展示了各个元素的含量。能谱图显示，复合 SERS 基底中包含碳、硅、铬、金、银等物质。碳是 AuFON 结构中 PS 球的主要组成部分；硅是支撑基底的主要成分；铬是在硅和金之间沉积的一层黏结层；金既包括沉积在 AuFON 结构上的，又包括 Au@AgNPs 溶胶的金核；银是 Au@AgNPs 溶胶的组成部分。能谱测试结果与实际制备工艺中用到的材质相符，不存在污染。

图 10.16　复合 SERS 基底能谱测试采集范围示意图

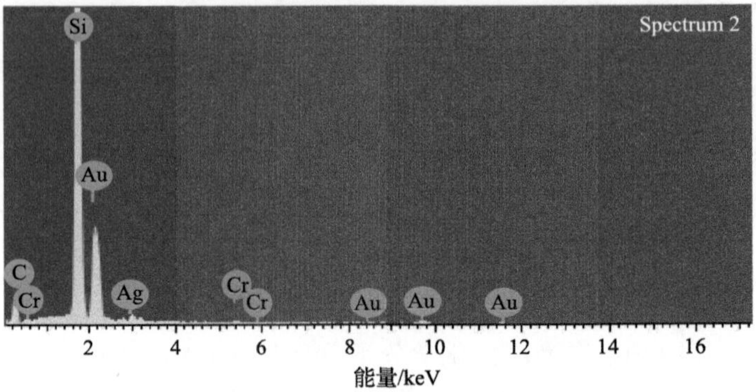

图 10.17　复合 SERS 基底的能谱图

表 10.1　复合 SERS 基底元素构成表

元素	质量组成/%	元素组成/%
C	20.65	51.24
Si	39.65	42.09
Cr	0.71	0.41
Ag	2.9	0.8
Au	36.08	5.46
总和	100	100

2. 复合 SERS 基底的 SEM 表征

为观察复合 SERS 基底的微观形貌，采用 SEM 进行表征。复合 SERS 基底的主体是 AuFON 结构，在其上结合 Au@AgNPs 溶胶可以增强基底的 SERS 性能，两者的 SEM 图如图 10.18 所示。其中，图 10.18(a)和(b)是两种结构的俯视图，图 10.18(c)、(d)分别是两种结构的侧视图。由图 10.18(b)可见，Au@AgNPs 溶胶均匀地分布在 AuFON 结构表面。由图 10.18(c)可见，在 AuFON 结构中，硅基底上形成了三棱柱的金属纳米结构。由图 10.18(d)可见，Au@AgNPs 溶胶均匀地附着在金膜表面形成了三维结构。

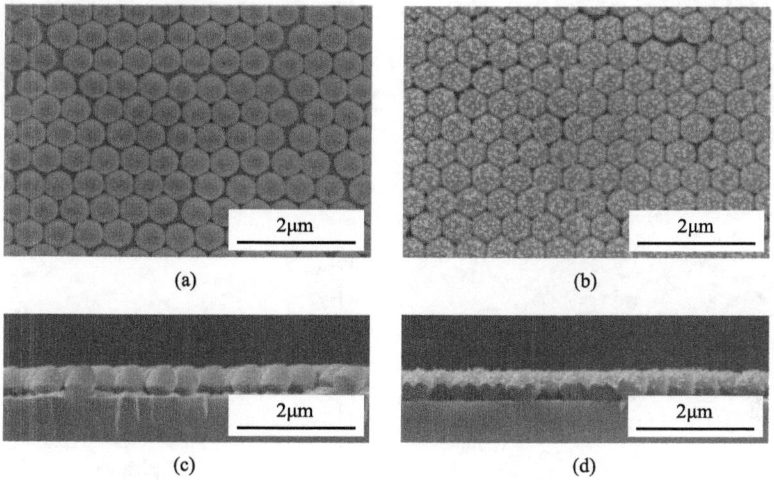

图 10.18　AuFON 结构及复合 SERS 基底的 SEM 图

3. 复合 SERS 基底的 AFM 表征

为观察复合 SERS 基底在垂直方向的形貌，利用 AFM 进行表征。图 10.19 和图 10.20 分别展示了 AuFON 结构和复合 SERS 基底的 AFM 图。图 10.19(a)和(c)通过颜色的变化展示了 AuFON 结构的形貌和高度变化。图 10.19(b)是 AuFON 结构的三维图。图 10.19(d)展示了图 10.19(c)中蓝线位置的剖面结构。可以看到，由于采用旋转蒸镀工艺，AuFON 结构表面出现了一些凸起，但是总体上其剖面线还是光滑的。图 10.20 展示了复合 SERS 基底的 AFM 表征形貌。由于 Au@AgNPs 溶胶的加入，极大地增强了基底的粗糙度。这对 SERS 基底性能的增强具有很好的效果。由于 AFM 表征采用了轻敲的模式，结构边缘位置的形貌变化没能完全表现出来，但是，AFM 表征更清楚地展示了复合 SERS 基底的三维形貌。

4. 复合 SERS 基底的 LSPR 特性表征

根据表面等离子体(SP)激元理论，在纳米尺度贵金属结构附近(尖端或间隙处)，电磁场趋于聚集或耦合得到极大增强，形成局部等离子体共振(localized surface plasmon resonance, LSPR)，进而产生 SERS 热点[2]。LSPR 特性是 SERS 效应产生的一个重要机理。另外，由于 LSPR 效应，贵金属纳米结构基底会在可见光区域表现出宽带光谱吸收特征，即在特定光谱位置出现吸收峰。因此，本章搭建了消光光谱测试平台对基底的 LSPR 特性进行研究。

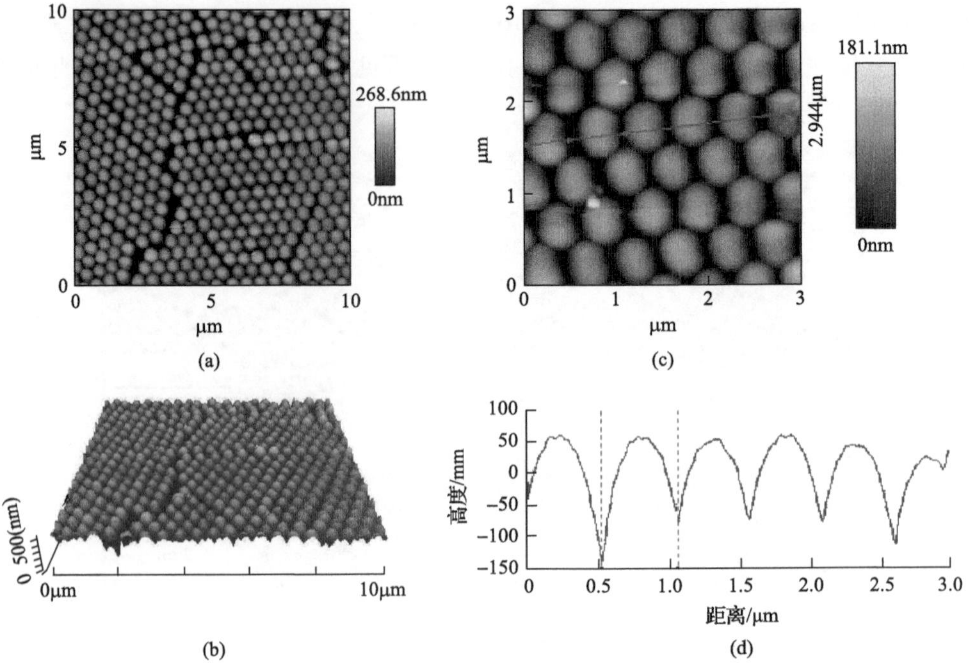

图 10.19 AuFON 结构的 AFM 表征(彩图请扫封底二维码)

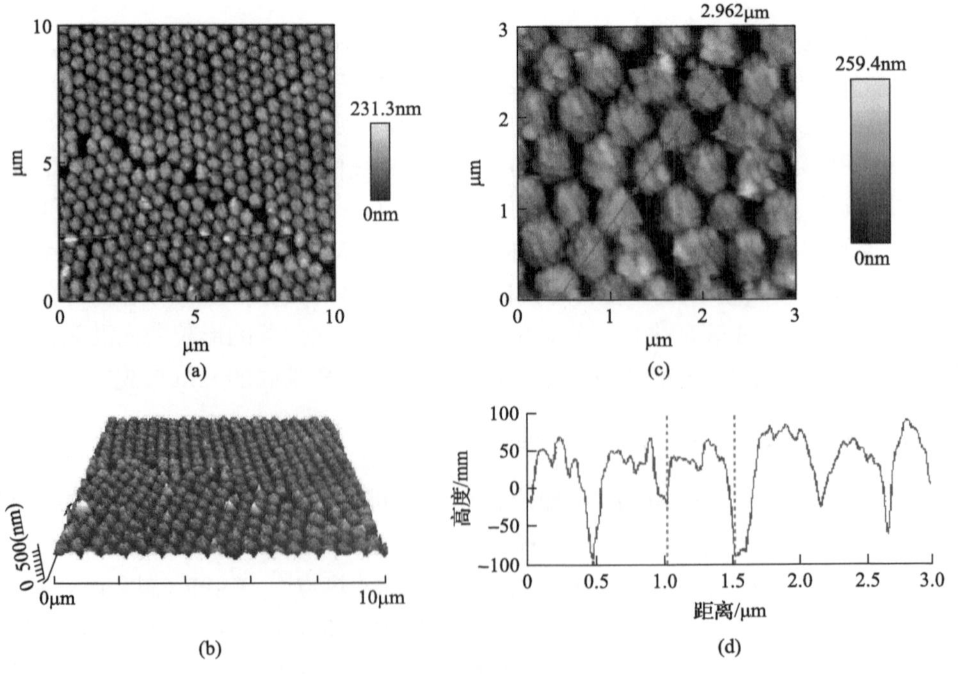

图 10.20 复合 SERS 基底的 AFM 表征

利用宽带光源、便携式光谱仪和单模-多模耦合光纤搭建了一个 SERS 芯片消光光谱测试系统，其结构示意如图 10.21 所示。宽带白光由白光光源产生，沿着单模光纤照射到待检测基底上。基底产生的反射光被多模光纤收集，并传输到便携式光谱仪上，最终光谱数据传递到计算机上，通过计算机上海洋光学附带的软件对光谱进行处理和分析。单模光纤和多模光纤通过耦合器合成一根光纤。为保证反射光的收集效率，单模光纤位于中心位置，多模光纤的各个支束围绕在单模光纤周围，如图 10.21 中插图所示。实际搭建的固态 SERS 基底消光光谱测试平台如图 10.22 所示。

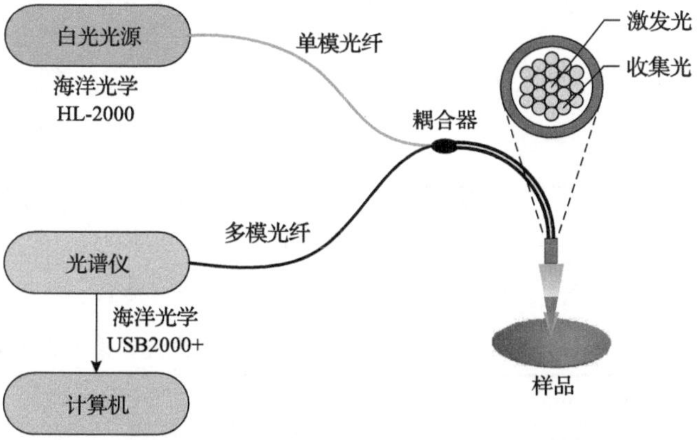

图 10.21　固态 SERS 基底消光光谱测试系统示意图

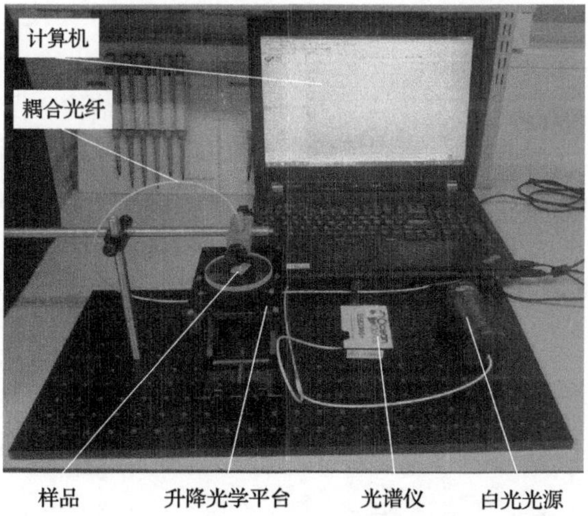

图 10.22　固态 SERS 基底消光光谱测试平台

在光谱测试过程中，首先在升降平台上加载样片，通过自动设定的方法，自动获得光谱的收集时间。随后，在升降平台上加载镀了金膜的硅片，将获得的测试光谱作为参考光谱。之后，关闭光源，测试暗光光谱以消除测试过程中环境因素的影响。本节分别测试刻蚀 2 min 的 AuFON 结构以及复合 SERS 基底的透射光谱。测试结果如图 10.23 所示，光谱数据如表 10.2 所示。

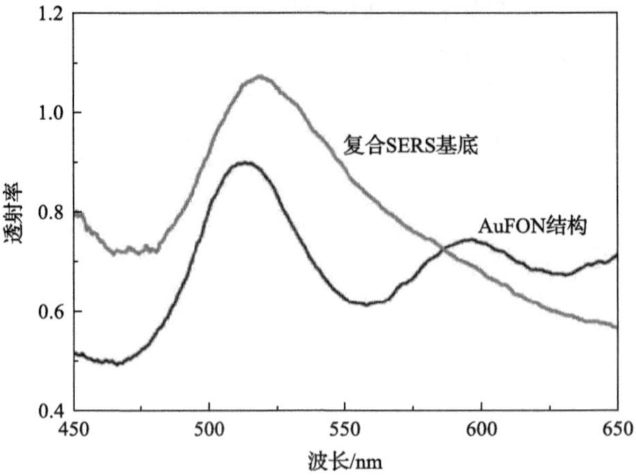

图 10.23　AuFON 结构和复合 SERS 基底的透射光谱

表 10.2　AuFON 结构和复合 SERS 基底的消光光谱谱峰统计表

样品	第一个谱峰位置	第一个谱峰强度	第二个谱峰位置	第二个谱峰强度
AuFON(2min)	513nm	0.9	596nm	0.75
复合 SERS 基底	520nm	1.05	无	无

对于周期性金属纳米结构，激发其表面等离子体极化的相位匹配条件与阵列的 Bragg 晶格共振相关[3-5]。对于六方排列的金属纳米结构，图 10.23 中显示的具有两个谱峰的消光光谱与表面等离子体理论及文献资料相符。两个谱峰分别对应了(1,0)和(1,1)方向的极化。当 AuFON 结构表面结合了大量 Au@AgNPs 溶胶之后，(1,0)极化方向的谱峰出现了红移，而(1,1)极化方向的谱峰则完全消失。这表明 Au@AgNPs 溶胶在 AuFON 上结合效率较高，改变了 AuFON 结构原有的在(1,1)方向的极化。

10.4　复合 SERS 基底的结构优化

复合 SERS 基底中 AuFON 结构和 Au@AgNPs 溶胶的结构尺寸对基底的 SERS 性能有重大影响。为提高复合 SERS 基底的 SERS 性能，分别以 R6G 和 PATP 为拉曼标记物，测试复合 SERS 基底中不同尺寸参数 AuFON 结构和 Au@AgNPs 的作用，对 AuFON 结构和 Au@AgNPs 溶胶的结构尺寸进行优化。

10.4.1　AuFON 基底的结构优化

为研究 AuFON 结构的 SERS 性能，验证电磁场计算结果，进一步优化复合 SERS 基底中 AuFON 的结构尺寸，以 R6G 作为拉曼标记分子，分别测试了未经刻蚀(0min)和分别刻蚀了 2～5min 的 AuFON 结构的 SERS 性能。首先将 AuFON 基底沿晶向裁剪为 3mm×3mm 的小片，用去离子水和无水乙醇反复冲洗，并用氮气吹干。取 10μL 浓度为 10μmol/L 的 R6G 溶液滴加到基底表面，待 AuFON 基底干燥后用于 SERS 测试。为方便对比，测试过程中采用的测试参数相同。

测试各个基底，得到的 SERS 光谱如图 10.24 所示。在各个 AuFON 基底上均获得了信噪比较好的 R6G 拉曼信号。以 1508cm^{-1} 位置的谱峰作为参考，各基底的 SERS 信号强度如图 10.25 所示。刻蚀 2min 的 AuFON 结构具有最高的信号强

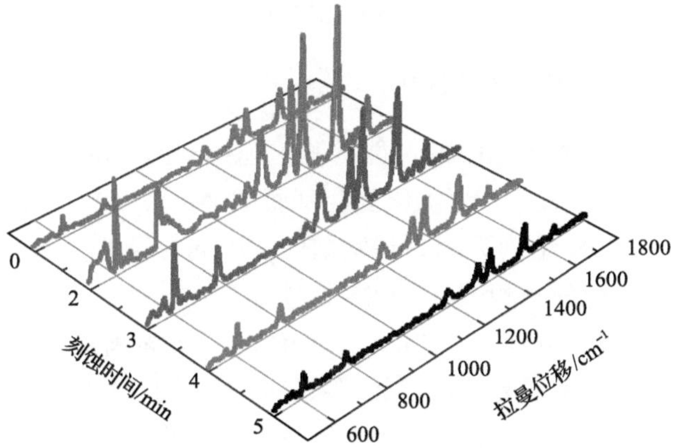

图 10.24　各种结构尺寸 AuFON 基底的 SERS 光谱

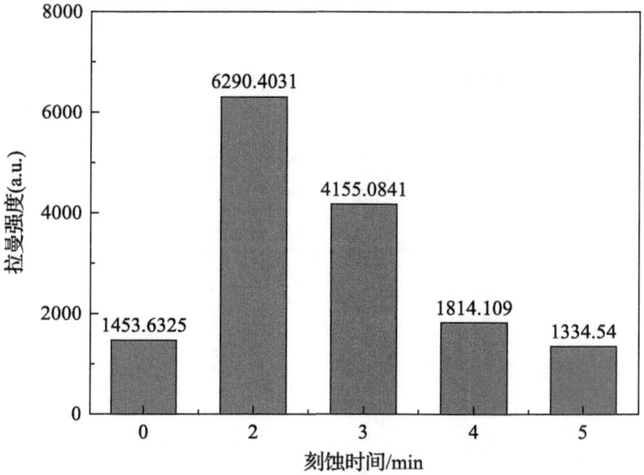

图 10.25　各种结构尺寸 AuFON 基底的 SERS 光谱强度对比图

度，与时域有限差分法得到的电磁场计算结果相符。经过 2min 的氧刻蚀，加大了 PS 球之间的距离；在沉积一层金属膜之后，颗粒之间产生了较深的狭缝，增强了 SERS 热点的强度。

AuFON 结构 SERS 性能的测试结果整体趋势与数值计算结果相符，但是存在以下明显的区别。首先，刻蚀 3min 以上 AuFON 结构的 SERS 信号并未与计算结果一样急剧下降。这是由于在制备过程中采用了旋转蒸镀工艺，在 PS 球的侧壁上出现了金属鳞状结构，提高了基底的 SERS 性能。而在计算过程中仅考虑了主要热点位置，未考虑这些鳞状结构的作用。其次，与计算结果相比，未经刻蚀的 AuFON 结构的 SERS 性能较差。这是由于在蒸镀过程中，PS 球之间的缝隙被逐渐填平，不会出现仿真模型中的锐利夹角，降低了 SERS 热点的强度。

综合电磁场计算结果和 SERS 性能测试结果，复合 SERS 基底将选用刻蚀 2min 的 AuFON 结构作为复合 SERS 基底的固态基底。

10.4.2 Au@AgNPs 溶胶的结构优化

经过电磁场特性分析和 SERS 性能检测，选择刻蚀 2min 的 AuFON 结构作为复合 SERS 基底的固态基底。为优化复合基底中 Au@Ag 核壳结构的粒径，本节以刻蚀 2min 的 AuFON 结构为固态基底结合了不同粒径的 Au@AgNPs 溶胶，并以 PATP 作为拉曼标记分子测试其 SERS 性能。

在实验操作中，首先将刻蚀了 2min 的 AuFON 结构裁剪成 3mm × 3mm 的小片，利用去离子水和无水乙醇反复清洗，并用氮气吹干待用。其次，将小片浸入体积分数为 1%的 PEI 水溶液中，振动 3h，用大量清水反复冲洗，将未结合的 PEI 去除；再次，分别调节金核和银壳的尺寸制备不同粒径核壳结构溶胶。金核直径、银离子添加量及金核银壳直径如表 10.3 所示。最后，将结合了 PEI 的 AuFON 结构分别浸

表 10.3 Au@AgNPs 溶胶的结构参数表

金核直径/nm	$AgNO_3$ 添加量/mL	Au@AgNPs 溶胶直径/nm
25	0.5	30
25	1.0	35
25	1.5	40
25	2.0	45
25	2.5	50
40	1.5	60
60	1.0	65
60	3.0	70

入各个 Au@AgNPs 溶胶中，轻微振动 3h 后取出，利用大量水冲洗，将未结合的溶胶颗粒冲走，制备得到结合了不同粒径 Au@AgNPs 溶胶的复合 SERS 基底。

将各个基底浸入 10^{-7}mol/L 的 PATP 乙醇溶液中，轻微振动 30min 后取出，用大量水洗掉未结合的 PATP 分子。用氮气吹干后，用于 SERS 测试。为方便 SERS 性能对比，测试过程中各个基底的测试参数保持一致。

各个复合 SERS 基底上获得的 PATP 拉曼光谱如图 10.26 所示。以 1076cm^{-1} 位置处的谱峰为参考，各基底的 SERS 信号强度如图 10.27 所示。测试结果显示，结合了 50nm 粒径 Au@AgNPs 溶胶的复合基底显示出最优的 SERS 性能。从 SERS 信号强度的变化趋势来看，在 30～70nm 范围内，随着 Au@AgNPs 粒径的增加，拉曼信号的强度逐渐加大；当颗粒粒径为 50nm 时，SERS 信号强度达到最大；之后，随着 Au@AgNPs 粒径的增大，SERS 信号的强度逐渐减弱。根据电磁场计算结果，在该范围内 Au@AgNPs 的电磁场增强特性能随粒径的增大而增强。但是，在复合 SERS 基底中，结合了大粒径的基底性能反而下降。这与在 AuFON 结构上的结合效率有关。在振动条件下，Au@AgNPs 的粒径越大，就越不容易与 AuFON 结构形成稳定的连接，其在 AuFON 结构上的结合率也就降低。SERS 热点的数量相应减少，影响了复合基底的 SERS 特性。此外，随着时间的推移，结合了较大

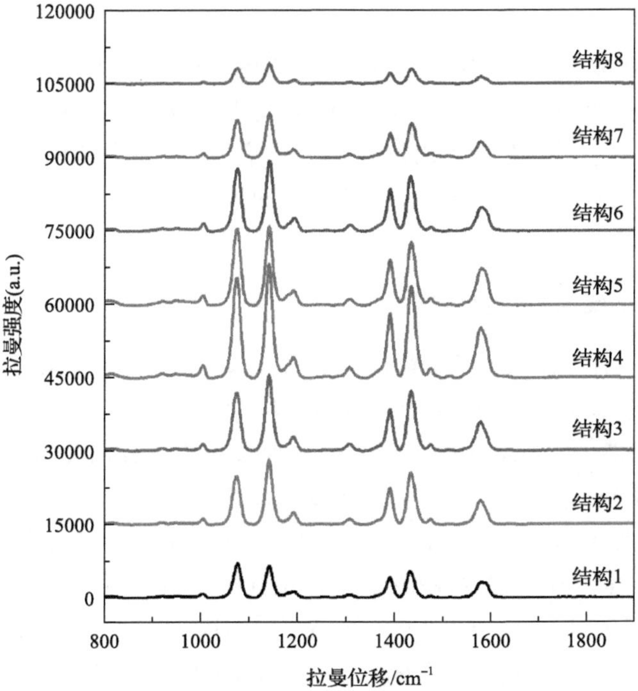

图 10.26　结合各种结构 Au@AgNPs 溶胶的复合基底的 SERS 光谱

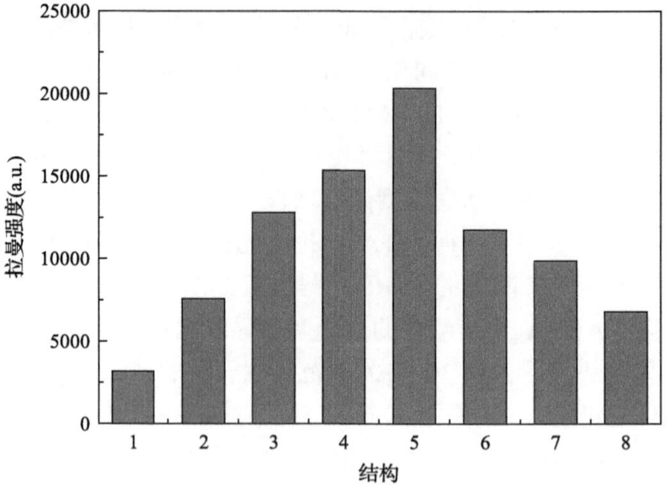

图 10.27 结合各种结构 Au@AgNPs 溶胶的复合基底的 SERS 光谱强度对比图

粒径的复合 SERS 基底的 SERS 性能会逐渐衰弱。综上所述，选用粒径为 50nm 的金核银壳颗粒作为复合 SERS 基底的液态溶胶。

10.5 复合 SERS 基底的增强性能

通过上述实验，优选刻蚀 2min 的 AuFON 结构作为复合 SERS 基底的固态基底，优选粒径为 50nm 的 Au@AgNPs 溶胶作为复合 SERS 基底的金属溶胶颗粒。本节将以结构优化的复合 SERS 基底为研究对象，对其 SERS 增强性能进行研究。SERS 增强性能是 SERS 基底最主要的评价指标，直接关系到 SERS 基底的灵敏度。

10.5.1 SERS 基底的检测灵敏度

为对比各种 SERS 基底的灵敏度，分别用 Au@AgNPs 溶胶、AuFON 结构和复合 SERS 基底对 R6G 进行 SERS 检测。首先配置浓度范围为 10^{-12}～10^{-4}mol/L 的标准 R6G 溶液。以 Au@AgNPs 溶胶为增强基底时，分别采用 Au@AgNPs 溶胶逐步稀释 R6G 溶液，得到待检测的浓度。以检测 10^{-6}mol/L 的 R6G 为例，以 Au@AgNPs 溶胶十倍稀释 10^{-5}mol/L 的 R6G 溶液。那么，在新体系中，R6G 的浓度就是 10^{-6}mol/L。在 SERS 检测中，激光直接从顶端聚焦到溶胶液面，得到的 R6G 光谱如图 10.28 所示。图中五条光谱分别对应 10^{-8}～10^{-4}mol/L 的 R6G 溶液。以光谱信噪比大于 3 作为判断标准，Au@AgNPs 溶胶对 R6G 的检测极限为 10nmol/L。

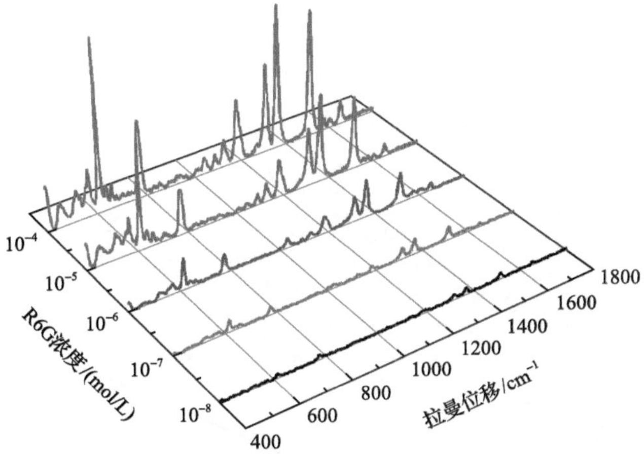

图 10.28 Au@AgNPs 溶胶中各浓度 R6G 的 SERS 光谱

对于 AuFON 结构和复合 SERS 基底，分别取 10μL 各浓度的 R6G 溶液滴加到基底表面，自然风干后用于 SERS 检测。图 10.29 和图 10.30 分别展示了各浓度 R6G 在 AuFON 结构和复合 SERS 基底上获得的 SERS 光谱群。拉曼信号的强度随着 R6G 的浓度的减小而降低。由图 10.29 可见，AuFON 结构对 R6G 的检测极限为 10^{-8}mol/L，与 Au@AgNPs 溶胶的检测极限相当。由图 10.30 可见，复合 SERS 基底的检测极限为 10^{-10}mol/L，相比于前两种基底检测极限降低了两个数量级。由于 10^{-4}mol/L 的 R6G 拉曼信号在复合基底上强度过高，不便于表示，这里没有将该光谱展现出来。

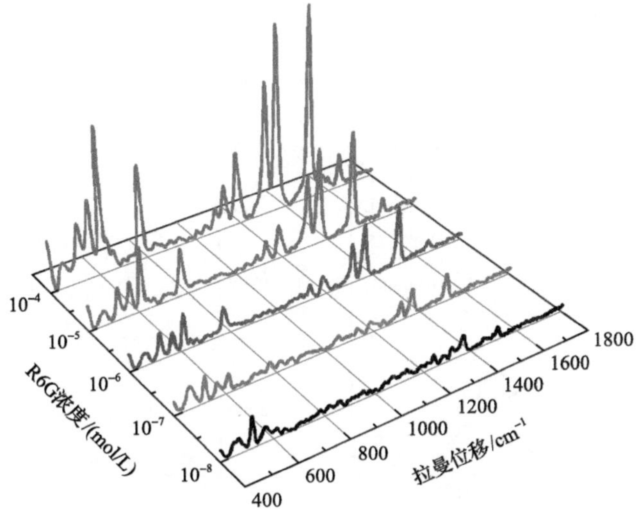

图 10.29 AuFON 结构上各浓度 R6G 的 SERS 光谱

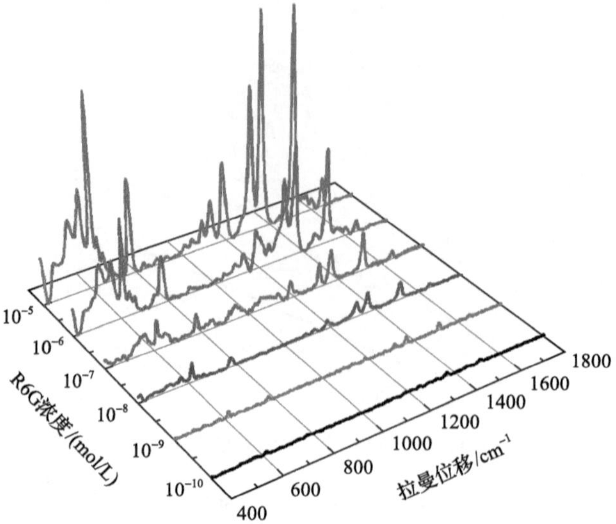

图 10.30　复合 SERS 基底上各浓度 R6G 的 SERS 光谱

为了更清楚地展示各浓度 R6G 在不同 SERS 基底上拉曼信号的强度，图 10.31 展示了各 SERS 基底上 R6G 光谱在 1475～1550cm^{-1} 区间的光谱细节。图 10.31(a)～(c)分别对应从 Au@AgNPs 溶胶、AuFON 结构和复合 SERS 基底上采集到的 SERS 光谱细节。需要注意的是，各个光谱图左侧的光谱强度标尺尺度不同。对于复合 SERS 基底，浓度为 10^{-10}mol/L 的 R6G 溶液的 SERS 光谱强度过小，在图 10.31(c)中无法被辨识，因此在图 10.31(d)中将其单独展示出来，信号强度约为 300a.u.，并且具有较好的信噪比。

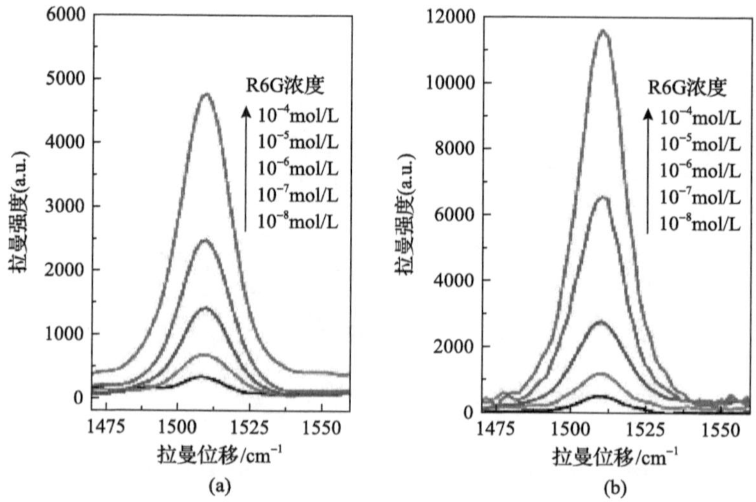

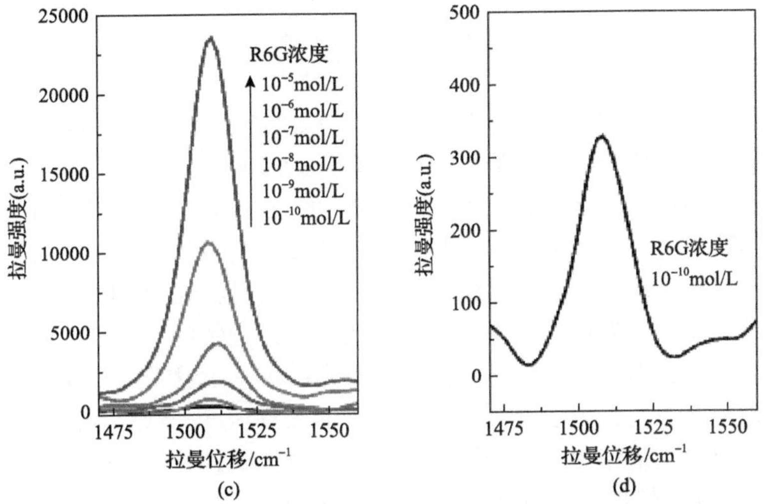

图 10.31　各种基底上 R6G 光谱在 1475～1550cm^{-1} 区间的细节图

将所有信号强度绘制于图 10.32 中。从图中可见，复合 SERS 基底的灵敏度远强于另外两种，大约提高了两个数量级。综上所述，利用化学分子将 AuFON 结构与 AuNPs 溶胶相结合，构建复合 SERS 基底，可以有效提高 SERS 基底的灵敏度。

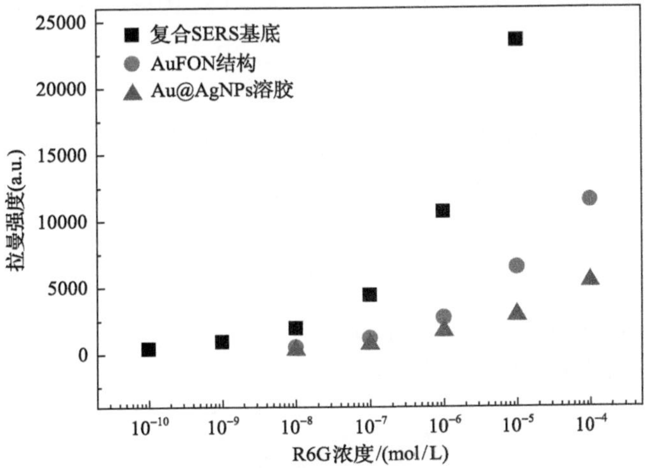

图 10.32　各种基底上各浓度 R6G 溶液的 SERS 强度对比图

10.5.2　SERS 基底的增强因子计算

计算 SERS 基底的增强因子 EF 是表征 SERS 基底增强特性普遍采用的方法。EF 是指在增强条件下单个分子对拉曼信号强度的贡献与未增强条件下单个分子对拉曼强度贡献之间的比，其公式通常如式(10.1)所示[6]：

$$\mathrm{EF}=\frac{I_{\mathrm{SERS}}/N_{\mathrm{SERS}}}{I_{\mathrm{NR}}/N_{\mathrm{NR}}} \tag{10.1}$$

式中，I_{SERS}为经过 SERS 基底增强后得到的拉曼特征峰的积分面积或强度；N_{SERS}为对表面增强拉曼信号有贡献的标记分子数目；I_{NR}是未经过基底增强得到的拉曼特征峰的积分面积或强度；N_{NR}为对未经增强的拉曼信号有贡献的标记分子数目。

上述参数中，I_{SERS}和I_{NR}可以从测试光谱某一选定特征峰中直接读出；因此，科学地估算对拉曼信号有贡献的拉曼标记分子的数目就成为 SERS 基底增强因子计算的关键。在参考光谱选择上，通常选用拉曼标记物的高浓度水溶液光谱作为参考光谱。但是，本节使用的是便携式拉曼光谱仪，激发光的直径达到 109μm。即使通过物镜聚焦，也无法准确地获得激光的聚焦深度。选用高浓度拉曼标记物的水溶液的拉曼光谱作为参考光谱，将会导致较大的计算误差。为更准确地估算N_{NR}，本节选用固态 PATP 的拉曼光谱作为参考光谱。

取 PATP 固体 0.0019g，将其置于 3mm×3mm 的方形硅片上。对硅片进行加热，由于 PATP 的熔点较低，PATP 会变为液相状态，并且均匀地铺满整个方形硅片。将液相的 PATP 冷却，使其凝固重新变回固相。此时，在硅片表面会形成均匀分布的 PATP 固相晶体，就可以计算激光光斑中 PATP 的厚度了。

对参考光谱有贡献的 PATP 分子数目N_{NR}可以利用式(10.2)进行估计：

$$N_{\mathrm{NR}}=N_{\mathrm{A}}\frac{S_{\mathrm{laser}}h\rho}{M} \tag{10.2}$$

式中，N_{A}为阿伏伽德罗常数；S_{laser}为激光光斑的面积；h 为凝固的 PATP 膜的厚度；ρ为 PATP 的密度；M为 PATP 的摩尔质量。

$$h=\frac{m}{\rho S_{\mathrm{slide}}} \tag{10.3}$$

式中，m 为 PATP 固体的质量；S_{slide}为硅基底的面积。

将式(10.3)代入式(10.2)可得到以下公式：

$$N_{\mathrm{NR}}=N_{\mathrm{A}}\frac{m}{M}\frac{S_{\mathrm{laser}}}{S_{\mathrm{slide}}} \tag{10.4}$$

分别估算三种 SERS 基底上对 SERS 信号有贡献的拉曼标记分子的数量(N_{SERS})。对于 Au@Ag 溶胶，首先用 Au@AgNPs 溶胶来稀释 PATP 溶液，随后取 5μL 该混合体系滴加到硅基底表面。将覆有 Au@AgNPs 溶胶的硅片置于烘箱中烘干。Au@AgNPs 溶胶在硅基底上并非均匀分布，检测过程中利用显微镜选择 Au@AgNPs 溶胶密集的区域进行检测。对于 AuFON 结构和复合 SERS 基底，将 5μL 的 PATP 溶液滴加到基底表面，置于烘箱中烘干后，用于 SERS 检测。

利用这种方法，激光光斑范围内 PATP 分子的数量可以利用式(10.5)进行估算：

$$N_{\text{SERS}} = N_{\text{A}} c v \frac{S_{\text{laser}}}{S_{\text{slide}}} \tag{10.5}$$

式中，c 为 PATP 分子的摩尔浓度；v 为滴加到基底上溶液的体积。

对各种 SERS 基底进行检测时，激光光斑的面积(S_{laser})及支撑基底的面积(S_{slide})是相同的。因此，激光光斑范围内，无 SERS 增强拉曼标记分子的数量与有 SERS 增强拉曼标记分子数量之比可以表示为

$$\frac{N_{\text{NR}}}{N_{\text{SERS}}} = \frac{N_{\text{A}} \dfrac{m}{M} \dfrac{S_{\text{laser}}}{S_{\text{slide}}}}{N_{\text{A}} c v \dfrac{S_{\text{laser}}}{S_{\text{slide}}}} = \frac{m}{Mcv} \tag{10.6}$$

将不同浓度的 PATP 溶液分别滴加在各 SERS 基底上，测试得到的光谱如图 10.33 所示。图谱 A 是 10^{-7}mol/L 的 PATP 在复合 SERS 基底上获得的光谱；图谱 B 是 10^{-5}mol/L 的 PATP 在 AuFON 基底上获得的光谱；图谱 C 是 5×10^{-6}mol/L 的 PATP 在 Au@AgNPs 基底上获得的光谱。光谱的强度基本相同，但是滴加的 PATP 浓度有较大差异。图谱 D 是 PATP 固态晶体的拉曼光谱。需要注意的是，光谱 D 左侧的标尺与光谱 A～C 的标尺在标度上有所区别。光谱 D 中以 1086cm^{-1} 位置处的光谱强度为参考，光谱 A～C 中以 1076cm^{-1} 位置处的光谱强度为参考，计算基底的增强因子。

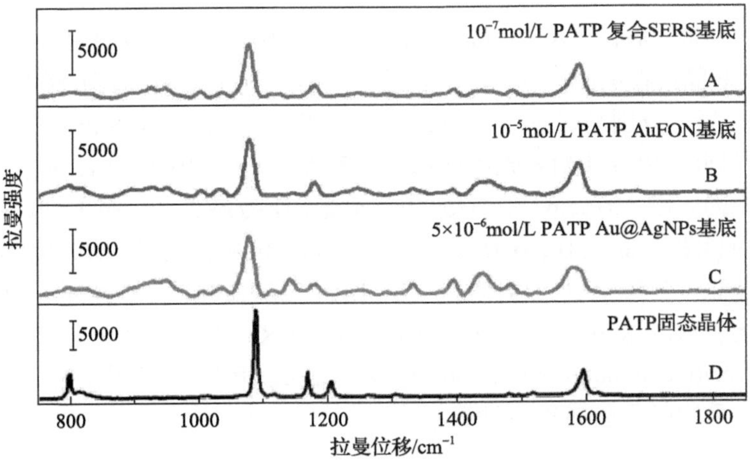

图 10.33　各种基底上 PATP 的 SERS 光谱图

表 10.4 展示了三种 SERS 基底增强因子 EF 计算时所需要的参数。通过计算

得到 Au@AgNPs 溶胶、AuFON 结构和复合 SERS 基底的 EF 分别为 5.12×10^5、2.49×10^5 和 2.25×10^7。复合 SERS 基底的 EF 值分别约为 Au@AgNPs 溶胶和 AuFON 基底的 50 倍和 100 倍。这一结果与灵敏度检测结果略有差异。Au@AgNPs 基底的 EF 值相对较高。这是由于在检测过程中将 Au@AgNPs 溶胶滴加到固态基底上，颗粒聚集到一起形成了大量的 SERS 热点，提高了 SERS 信号。与溶胶中的 SERS 检测相比，这种方法检测的 SERS 信号均一性较差。

表 10.4　三种 SERS 基底增强因子 EF 计算参数表

基底	PATP 浓度/(mol/L)	滴加体积/μL	谱峰位置/cm^{-1}	信号强度(a.u.)	EF
PATP 固态晶体	—	—	1086	15269	—
复合 SERS 基底	1×10^{-7}	5	1076	5825	2.25×10^7
AuFON 基底	1×10^{-5}	5	1076	6447	2.49×10^5
Au@AgNPs 基底	5×10^{-6}	5	1075	6632	5.12×10^5

SERS 基底在实际检测应用中，除了需要具有优秀的信号增强特性，还要具有良好均一性、可重复性和稳定性。均一性是指在同一 SERS 基底上不同位置测得的信号相似程度。可重复性是指在多个批次制备的 SERS 基底上，获得的 SERS 信号的可重复性。稳定性是指同一个 SERS 基底经过较长时间的储存后，再进行测试得到的 SERS 信号波动情况。本节将从均一性、可重复性和稳定性三个方面对复合 SERS 基底进行研究。

10.5.3　复合 SERS 基底的均一性

将复合 SERS 基底浸入 10^{-6}mol/L 的 PATP 溶液中，2h 后取出用氮气吹干。将复合 SERS 基底固定在测试平台上，旋转平台 X 方向和 Y 方向的调节螺母，使基底平移到 20 个位置，分别测试 20 个 SERS 光谱。光谱采集点位置分布如图 10.34 所示。

测试得到的 20 条 PATP 光谱如图 10.35 所示。从图中可以看到，20 条 SERS 曲线基本相同。以 1076cm^{-1} 位置处的光谱强度作为参考，绘制了 20 条 SERS 光谱强度的伪彩图，如图 10.36 所示。由右侧标尺可见，光谱的强度越高，对应区域的颜色越深。整体上看，检测区域的 SERS 光谱强度相似，全部呈红色。

为量化表示以这 20 条谱线为样本的复合 SERS 基底的一致性，本书引入相对标准偏差(relative standard deviation, RSD)来表示 SERS 光谱强度的离散程度。相对标准偏差采用以下公式进行计算：

$$\mathrm{RSD}=\frac{\sqrt{\dfrac{\sum(x-\bar{x})^2}{n-1}}}{\bar{x}} \tag{10.7}$$

式中，$\bar{x}$ 为样本的平均值；n 为样本数。

图 10.34　20 个 SERS 信号采集位置示意图

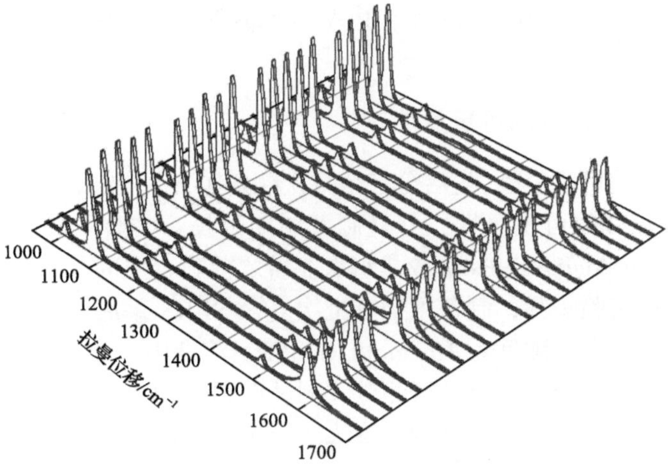

图 10.35　20 个点上采集的 PATP 的 SERS 光谱图

图 10.36　20 个点上 PATP 的 SERS 光谱强度伪彩图(彩图请扫封底二维码)

计算结果显示，复合 SERS 基底在 1076cm^{-1} 位置处的信号强度的标准偏差为 10.36%。这样的离散程度基本满足 SERS 基底实际应用的需求。由复合 SERS 基底的 SEM 图可见，Au@AgNPs 溶胶在 AuFON 结构上并不是整齐排列的。但是在较大的区域内，从统计角度分析，Au@AgNPs 溶胶分布较为均匀。本实验使用的是便携式拉曼光谱仪，激光光斑直径为 109μm。在光斑范围内有数万个 AuFON 结构，Au@AgNPs 溶胶的数量难以统计。因此，在这样的光斑范围内采集的光谱会具有较好的一致性。如果采用共聚焦拉曼光谱仪进行测试(光斑直径为 1～2μm)，在光斑范围内仍存在 4～20 个 AuFON 结构单元，以及数百个 Au@AgNPs 溶胶。相比于采用便携式拉曼光谱仪上获得的光谱，利用共聚焦拉曼光谱仪获得的 SERS 信号均一性会下降，但不会出现大幅下降。

此外，在制备 AuFON 基底的过程中，在基底上不可避免地会出现部分缺陷。结构缺陷的出现会导致基底 SERS 热点消失，会对 SERS 信号稳定性产生影响。复合 SERS 基底在这些缺陷上也结合了 Au@AgNPs 溶胶，保证了 SERS 热点的数量和 SERS 信号的均一性。

10.5.4　复合 SERS 基底的可重复性

为研究基底的可重复性，先后分三个批次制备了复合 SERS 基底。由于 AuFON 结构本身具有较好的可重复性，并且制备周期过长，实验中选用了同一批次的 AuFON 基底，而 Au@AgNPs 溶胶是每次制备之前新合成的。制备过程中，严格控制实验参数和实验步骤，制备得到三批次复合 SERS 基底。在三批次基底中任意选择一片，分别浸入浓度为 10^{-6}mol/L 的 PATP 溶液中，2h 后取出用氮气吹干。在每个基底上任意选择五个点进行测试。测试得到的 SERS 光谱如图 10.37 所示，在 1076cm^{-1} 位置处 SERS 信号的强度值如图 10.38 所示。批次内信号强度均一性

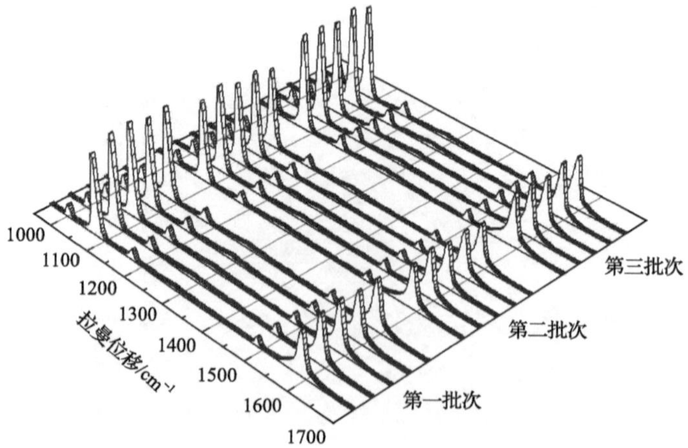

图 10.37　三个批次复合基底上 PATP 的 SERS 光谱

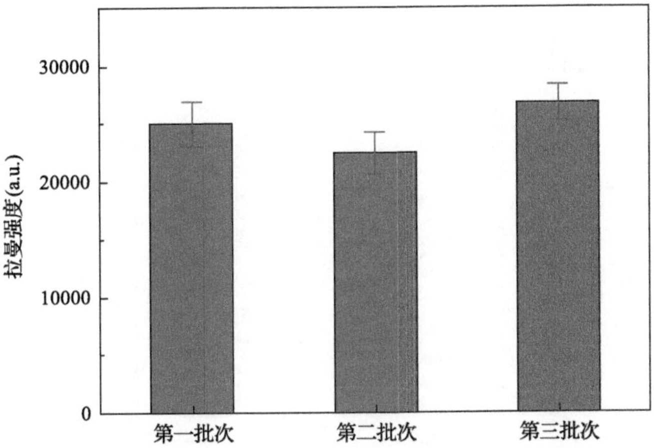

图 10.38　1076cm^{-1}处置处三个批次复合基底上 SERS 光谱强度对比图

相对较好，而批次间 SERS 信号强度离散相对大一些。总体上，批次间的信号具有一定的可重复性。这也说明复合 SERS 基底的热点不再主要由 AuFON 结构或 Au@AgNPs 溶胶单独提供，而是由两者的耦合产生。因此，在保证 AuFON 结构和 Au@AgNPs 溶胶良好结合的基础上，可以保证 SERS 基底信号的可重复性。

10.5.5　复合 SERS 基底的稳定性

选择一片复合 SERS 基底将其保存，分别在 1 个月后和 3 个月后重新测试其 SERS 光谱。测试得到的 3 组光谱如图 10.39 所示，光谱在 1076cm^{-1}位置的强度如图 10.40 所示。由图可见，随着时间的推移 SERS 信号略有降低，但是在可接

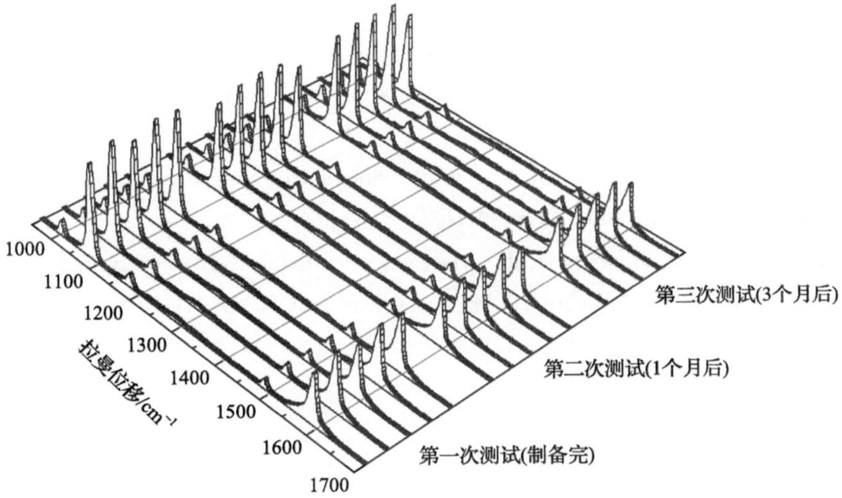

图 10.39　三个时间段复合基底上 PATP 的 SERS 光谱图

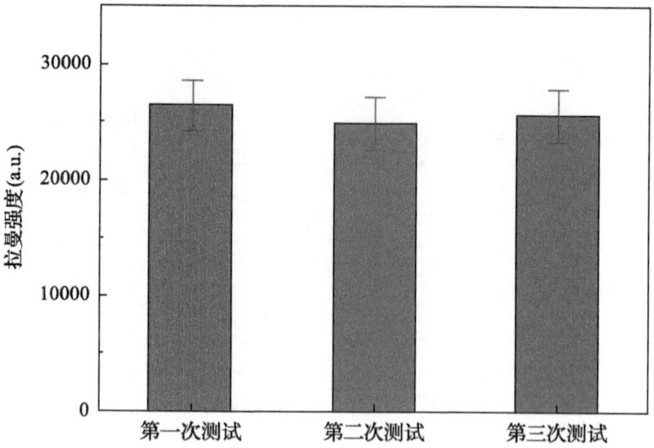

图 10.40　三个时间段复合基底上 SERS 光谱强度对比

受的范围内。这样的稳定性是由于 Au@AgNPs 溶胶和 AuFON 结构在振动环境下结合，客观上加速了 Au@AgNPs 溶胶的脱离，而结合的 Au@AgNPs 溶胶就比较稳定，因而保证了复合 SERS 基底的稳定性。

参 考 文 献

[1] Zhang J M, Qu S C, Zhang L S, et al. Quantitative surface enhanced Raman scattering detection based on the "sandwich" structure substrate. Spectrochimica Acta Part A: Molecular and Biomolecular Spectroscopy, 2011, 79(3): 625-630.

[2] 王振林. 表面等离激元研究新进展. 物理学进展, 2009, 29(3): 287-324.

[3] Gordon R, Sinton D, Kavanagh K L, et al. A new generation of sensors based on extraordinary optical transmission. Accounts of Chemical Research, 2008, 41(8): 1049-1057.

[4] Lee S H, Bantz K C, Lindquist N C, et al. Self-assembled plasmonic nanohole arrays. Langmuir, 2009, 25(23): 13685-13693.

[5] Ebbesen T W, Lezec H J, Ghaemi H F, et al. Extraordinary optical transmission through sub-wavelength hole arrays. Nature, 1998, 391(6668): 667-669.

[6] Le Ru E C, Blackie E, Meyer M, et al. Surface enhanced Raman scattering enhancement factors: A comprehensive study. The Journal of Physical Chemistry C, 2007, 111(37): 13794-13803.

第 11 章　SERS 技术在生化检测中的应用

高灵敏的生物化学物质检测是食品安全、环境监测的关键前提。食品或环境污染中可能只含有微量的污染物，但这些物质对人体健康的影响很大。因此，化学物质的检测和分析在食品安全和环境监测研究中具有重要意义，高灵敏的化学传感技术一直是一个研究重点。

11.1　基于 AuFON 结构 SERS 基底的 TNT 检测

三硝基甲苯(TNT)是在军事行动和恐怖活动中最常用的炸药之一[1, 2]，其剧烈爆炸会危害人民安全、社会稳定和国家安宁。在机场、码头、车站等场所检查爆炸性物品是一项任务繁重、代价高昂的工作，这些地方通常具有人员较多、人群流动较快、背景复杂、随身物品较多等特点，因此对违禁品的探测成为这些地点的工作重点之一。而恐怖活动的不断加剧又迫使个人、组织和政府必须更好地增强安全意识，同时对爆炸物探测器的研究工作也提出了更高的要求[3]。TNT 除具有烈性爆炸危险外，对环境安全也具有一定影响，遗留在土壤和水中的 TNT 会对环境造成严重污染[4]。TNT 具有生物持久性、毒性和致突变性等特点[5]，当人们通过皮肤接触到这些受 TNT 污染的物质后，长期接触会引起皮肤过敏、白内障以及易怒等问题[6]，严重者可能会引起再生障碍性贫血、肝功能异常，甚至致癌等[7]。因此，研究 TNT 分子对环境的影响具有重要的意义，如何实现对 TNT 分子的高灵敏、低成本检测，已经成为生命科学和临床医学的一个研究热点[8]。

TNT 检测主要采用 X 射线探测法[9]、中子检测法[10]、电化学检测法[11]、荧光分析检测法[12]、SERS 检测法[13,14]、色谱质谱法[15]以及嗅觉法等。尽管这些方法能够满足分析的基本要求，具有一定的选择性、可靠性、准确性和可重复性，但是它们都极其复杂，常需要多台仪器联用，测试成本高，测试效率低，耗时耗力，也无法做到实时实地检测。而爆炸物在线检测的特殊的应用场合决定了其检测技术必须具有灵敏度高、探测时间短、工作状态稳定等特点[16]。因此，寻找一种具有高性能、快速、简单和低成本特点的能准确检测 TNT 等爆炸物的检测手段显得尤其紧迫。

SERS 传感技术提供了一种检测 TNT 的新型检测手段。借助 SERS 传感技术可以实现对 TNT 的痕量检测。AuFON 结构制造完成后，通过拉曼光谱仪对其 SERS 性能进行测试分析，验证了周期纳米结构在 SERS 增强方面的性能。通过分子识别试剂将 TNT 分子固定在 AuFON 结构表面，使用拉曼光谱仪对 TNT 分子的拉曼光谱进行检测分析，从而实现对 TNT 分子的定量分析。

11.1.1 固定化技术

使用拉曼光谱仪进行光谱检测的前提是生物化学物质处于 SERS 基底上，所以需要将待测物质特异性地固定在 AuFON 结构表面上。一般将待测物质的特异性固定分为两步：①筛选找出可以与待测物质特异性结合的高亲和性的分子识别试剂，解决待测物质特异性结合的问题；②寻求将筛选出的分子识别试剂固定在金属周期纳米结构表面的方法，解决待测物质固定在基底上的问题。通过这两步，实现待测生物化学物质的特异性固定。

1. 分子识别试剂

分子识别，指的是分子间特异性结合的相互作用。随着科技的发展和学科的交叉，分子识别的概念已扩展为表示主体对客体的选择性结合并产生某种特定功能的过程。分子识别的实质是分子之间精密地交换信息、彼此相互认识的过程。在此过程中，其外在环境固然是重要的，但其相互作用与否取决于彼此的分子结构。化学性分子识别和生物学特异性相互作用都是通过化学基团的作用来实现的，其区别是生物特异性作用更复杂，是生命大分子间有关基团的集团作用[17]。

分子识别是在特定的条件下通过分子间作用力的协同作用达到相互结合的过程，两种分子的作用部位是否存在契合的结构，能否彼此照应，成为实现这一过程的关键。因此，分子携带的电荷、基团的亲疏水性质、分子之间的化学键或氢键的形成、生物酶对底物的催化、抗体和抗原的特异性结合、DNA 分子之间的碱基配对都是能够实现分子识别的方法。

化学识别分子可以与待测物质特异性结合，从而进行分子识别。化学识别分子通过与分析物质进行络合反应，从而形成络合物，实现待测物质的特异性结合。

生物分子识别试剂是生物化学传感技术的关键所在。它所具有的选择性让传感技术对某种或某类待检测生物化学物质产生选择性响应，从而避免了其他物质的相互干扰。生物化学传感技术中常用的识别试剂有酶、抗体、核酸等物质[18]。

酶是一种生物细胞产生的蛋白质，可以进行生物催化作用，具有高度特异性、高效催化作用等特点。因此，大部分常用的生物分子识别试剂是酶，酶可以单独以纯化形式存在，或者以微生物形式存在，或者以完整组织的切片形式存在。这些酶作为特定反应的生物催化剂通过自身结合到特定的基质上，可以催化传感技术的生物化学反应。酶是由蛋白质构成的复杂大分子，其结构中包含由一种或多种金属原子组成的辅基。生物化学传感技术使用的酶，涉及氧化或还原反应，可以用电化学方法来测定。应用酶作为分子识别试剂具有许多优点：有些酶可以直接与基底键连接；大部分酶都具有高选择性；酶具有催化生物活性的作用，可以改善生物化学传感的灵敏度；酶的催化作用时间比较短，是一种最常用的生物组分。但应用酶作为分子识别试剂也存在不少缺点：酶的成本一般较为昂贵；酶的来源、抽提、隔离、提纯的成本都较高；当酶固定在基底上时，有时会出现失去活性的现象；经相当短的反应时间后由于减活化作用，酶会逐渐趋于失活。

抗体是由抗原刺激机体产生的具有特异性免疫功能的球蛋白。抗体与抗原之间由于结合部位的形状互补，且抗体中心带有与抗原决定簇相反的电荷，因此可以形成特异性结合。抗体也可以作为生物分子识别试剂，与对应的抗原形成特异性连接，以从活性区中除去抗原，但抗体没有催化效应。抗体是一种最通用的生物选择试剂。开发和培养的抗体几乎能对应结合任何抗原，因此它成为高度选择性的生物识别材料。从有机体培养出的抗体都是蛋白质，它能与抗原键连并将其识别出来。抗体的特异性是相对的：①部分抗体与抗原决定簇并不完全相对应，有可能产生同一抗体可以与多种抗原特异性结合，产生交叉反应；②与同一抗原特异性结合的抗体，也可能具有不同的化学结构。将抗体用作生物分子识别试剂具有许多优点：抗体都具有极强的选择性；抗体与抗原的结合反应都是超敏感的；抗体与抗原之间的键连比较牢固。但是，抗体用作生物分子识别试剂也存在一些缺点，其中最大的不足就是抗体没有催化作用。抗体早已用在免疫检测中，其与相应抗原之间的键连甚至比酶与基质之间的连接更加有力，特别是对应的抗原连接更是如此。虽然缺乏像酶那样的催化活性，但抗体都是超灵敏的，并经常以标记形式应用。

核酸是由单核苷酸组成的多聚物，包括脱氧核糖核酸(deoxyribonucleic acid, DNA)和核糖核酸(ribonucleic acid, RNA)两类。核酸分子中的核苷序列组成密码，可以存储传输遗传信息，指导蛋白质的合成。核酸的选择性来源于其碱基配对特性，这类化合物在鉴别遗传性失常方面具有很大的应用潜力。由核酸成分之间因特定碱基配对而产生的遗传密码，决定了所有生命细胞的再现特性，从而能确定一类物质中个别物质的遗传特性。这样，遗传编码的核酸为每种分子创造生命细胞，包括蛋白质，从而形成酶。核酸分子识别试剂能用于检查遗传疾病、癌症和病毒传染病，它们既可以用于“短”合成型应用，也可以克隆产生“长”合成型来应用。

分子识别试剂多种多样，各有优劣，如表 11.1 所示，需要针对不同的分析物质选择不同的分子识别试剂。TNT 分子和半胱氨酸分子之间可以形成迈森海默复合物[19,20]，如图 11.1 所示。因此，选择半胱氨酸分子作为 TNT 分子的分子识别试剂。

表 11.1　常见分子识别试剂性能分析

性能	化学分子	酶	抗体	核酸
制备难易	低	适中	高	高
制备成本	低	适中	高	高
选择性	低	适中	高	高
反应时间	快	快	快	适中
反应环境	低	高	适中	高
稳定性	低	适中	高	高

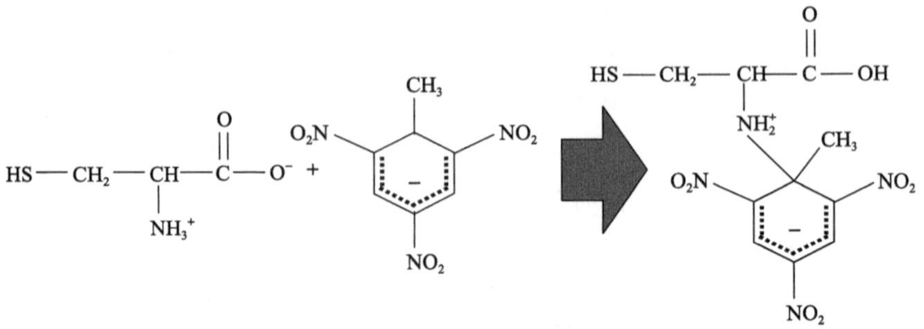

图 11.1　TNT 分子的分子识别试剂

2. 分子识别试剂的固定

与待测物质可以进行分子识别的对应试剂确定后，需要将其限制在基底上，但也不能妨碍其与分析物相互识别反应，这个过程称为分子识别试剂的固定。在生物化学传感器的制备过程中，将分子识别试剂固定在基底表面是一个重要的步骤，它直接影响传感器的灵敏度、选择性、稳定性等性能指标。由于传感器基底表面结构不一、材料不同，生物分子识别试剂与其结合的特性也不同。这就需要根据基底材质的不同采用不同的固定方法，使得固定后的生物识别试剂不会在反应过程中脱落。无论采用何种方法固定生物识别分子，都必须考虑生物分子的活性和制备的稳定性。

应用于生物识别分子试剂的固定化方法根据步骤可分为直接法和间接法，根据作用原理也可分为非共价作用和共价作用。最终生物识别分子试剂的固定方法要达到以下程度：在基底表面具有足够多的分子识别试剂；被固定的分子识别试剂在测量过程中仍能保持良好的生物活性；分子识别试剂与基底之间需要紧密接触，且能适应多种测试环境；固定后的分子识别试剂具有良好的稳定性和耐用性；减少分子识别试剂中生物分子的相互作用，以保持其原有的高度选择性；传感器具有较好的再生能力。分子识别试剂的固定方法目前主要有六种方法，分别是夹心法、吸附法、共价键合法、交联法、凝胶包埋法、微囊包封法等，如图 11.2 (a)～(f) 所示[21]。

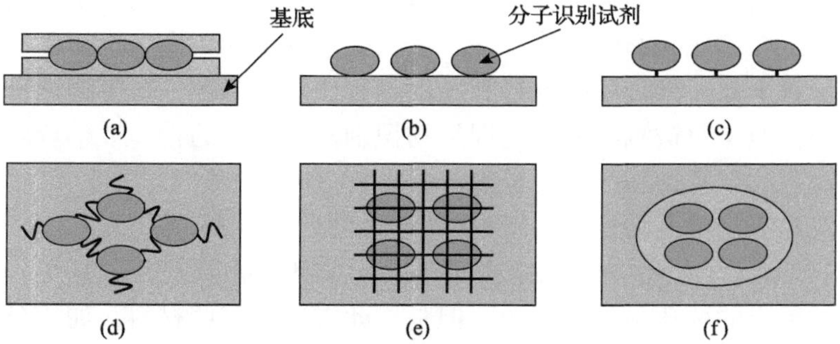

图 11.2　分子识别试剂的固定方法

夹心法是指将分子识别试剂封闭在两层滤膜之间，如图 11.2 (a) 所示。这种方法操作简单，不需要进行化学处理，固定分子识别试剂量大，响应速度较快，重复性较好。

吸附法是通过生物识别分子的极性键、氢键、疏水键等的相互作用以及静电等作用将生物识别分子吸附于基底上。该方法不需要化学试剂，具有活化和清洗步骤少、对生物识别分子活性影响小、生物识别分子不易降解、成本低等特点。但是吸附法的键连较弱，稳定性较差，生物识别分子与基底之间的相互作用力弱，容易脱落，对溶液的 pH 变化、温度、离子强度和电极基底性质较为敏感，只适用于短时间间隔的探测工作。

共价键合法是利用生物识别分子表面具有的特定功能基团与基底表面锈蚀的化学基团之间发生共价反应直接形成共价键，实现生物识别分子固定化的一种方法。共价键合法通常可在低温、低离子强度和生理 pH 条件下进行。由于共价键合法通过特殊键的形成将生物识别分子固化于固体表面，不容易发生分子的泄漏，故生物识别分子与基底结合牢固。但该固定化方法程序复杂，容易引起生物识别分子的结构变化，影响生物识别分子的活性。此方法需小心设计生物材料中官能团和支撑基质之间的键合作用。生物材料氨基酸中的亲核官能团对催化作用不是本质的，而酶在这方面是适用的。有些反应必须在低温、低离子浓度和中性 pH 的环境下进行，当该技术用于生物传感器时，酶不会从装置中流失。

交联法是借助双功能试剂使生物识别分子结合到基底上或使生物识别分子之间彼此交联。生物材料与固体支撑物或其他支撑材料发生化学键连。双官能试剂，如戊二醛，可用于此技术。对于生物材料，此技术对某些扩散存在限制，对生物材料也有危害。另外，体系的机械强度不良。但尽管如此，此技术对稳定吸附的生物材料而言还是一个有用的方法。应用双功能试剂将生物识别分子键连到固体支撑物上，已证明此方法对稳定吸附的酶是一种有用的方法。缺点是会对酶引起损害，基质扩散受到限制，缺乏坚固性。

凝胶包埋法是将生物识别分子直接包埋在具有三维空间网状结构的高分子膜中，进而固定在基底表面的方法。该方法试验条件温和，操作较简单，固定的生物识别分子较牢靠，聚合膜的孔径和厚度具有任意控制性，对生物识别分子的活性影响较小，但是对被测物质和包埋生物识别分子之间的特异性结合增加了空间位阻，同时不利于底物和产物的扩散。

微囊包封法是将生物材料固定在膜后面，使生物材料与转换器之间紧密接触，采用此方法不会影响酶的可靠性，并能防止污染和生物降解，对温度、pH、离子强度和化学组成的变化也是稳定的。但是，此方法对某些材料，如小分子、各种气体和电子是可以穿透的。

尽管分子识别试剂的固定方法多种多样，但没有一种理想的、普遍适用的方法。各种分子识别试剂的固定方法各有优劣，适用于某种待测生物化学物质的固定方法并不一定适用于其他生物化学物质，如表 11.2 所示[22]。因此，对于分子识别试剂的固定方法的评价目前还没有一个统一的客观标准，各研究成果之间难以相互比较。目前，各研究者根据自己选择的待测物的情况，进行固定方法、固定载体和固定条件的选择及改进，以确定分子识别试剂的固定方法的选择和应用。实际上，通常不是每一次仅用上述一种方法。

表 11.2 常见分子识别试剂固定方法对比分析表

性能	夹心法	吸附法	共价键合法	交联法	凝胶包埋法	微囊包封法
制备难易	易	易	难	适中	适中	难
结合力	适中	弱	强	强	适中	适中
活性保留	适中	高	低	低	适中	适中
固定成本	适中	低	高	适中	低	适中
适用性	适中	适中	小	小	大	小
稳定性	高	低	高	高	高	低
载体再生	不能	能	不能	不能	不能	不能

为了用 AuFON 结构检测 TNT 分子，需要将可以与 TNT 分子特异性结合的分子识别试剂半胱氨酸固定在 SERS 基底表面。因为半胱氨酸自身含有一个巯基，巯基可以与金膜形成金硫键，所以可以将半胱氨酸固定在 AuFON 结构的表面[23]，如图 11.3 所示。

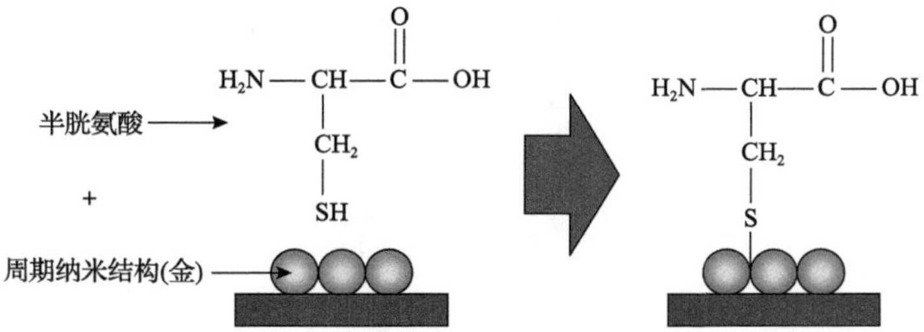

图 11.3　半胱氨酸固定在 SERS 基底上

11.1.2　TNT 检测性能分析

通过半胱氨酸分子将 TNT 分子固定在 AuFON 结构 SERS 基底上后，可以通过拉曼光谱仪对 TNT 分子进行拉曼测试，得到其拉曼光谱，对其拉曼特征峰进行分析。

通过拉曼光谱仪测量得到 TNT 分子的 SERS 光谱如图 11.4 所示，由测试得到的 TNT 分子的拉曼光谱可以识别出其特征峰。根据 TNT 的分子结构(图 11.5)振动关系可以得出，在 1613.5cm^{-1}处存在较强峰值，是由于 C═C 键的伸缩振动。在 1367.5cm^{-1}处存在较强峰值，是由于 NO_2 的对称伸缩振动。在 1530.9cm^{-1}处存在较弱峰值，是由于 NO_2 的非对称伸缩振动。在 1215.2cm^{-1}处存在较弱峰值，是由于 C_6H_2—C 的振动；在 998.5cm^{-1}处存在较强峰值，是由于 CH_3 的变形；在 938.7cm^{-1}和 913.1cm^{-1}处存在较强峰值，是由于 C—N 的伸缩振动；在 798.3cm^{-1}处存在较强峰值，这是由于 C—H 在平面外的弯曲。以上所有振动都源自 TNT 分子自身的振动[24,25]。

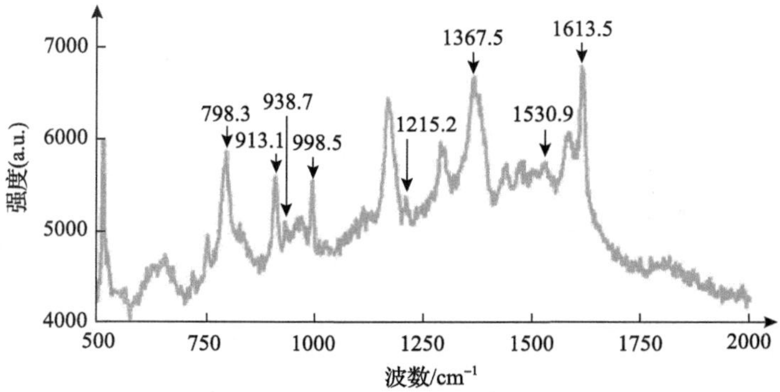

图 11.4　检测 TNT 分子的 SERS 光谱

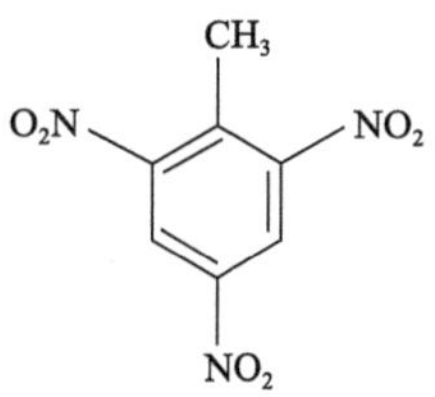

图 11.5　TNT 分子结构

在 AuFON 结构表面分别滴加半胱氨酸和 TNT 分子，或依次滴加半胱氨酸、冲洗后滴加 TNT 分子，然后进行冲洗，分别测试表面只滴加半胱氨酸、只滴加

TNT 分子和既滴加半胱氨酸又滴加 TNT 分子的金属周期纳米结构，得到的 SERS 光谱如图 11.6 所示。

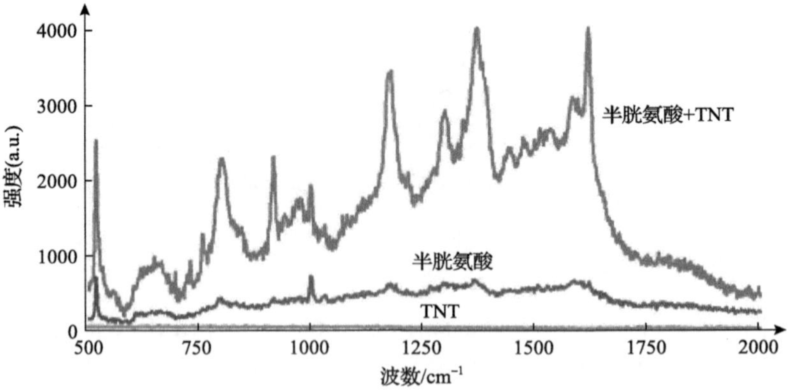

图 11.6　不同情况下 TNT 分子的 SERS 光谱对比

可以看出，半胱氨酸可以紧密地固定在金膜表面，这是由于半胱氨酸具有巯基，可以与金膜形成金硫键，从而紧密结合在一起。而 TNT 分子则无法与金膜形成牢固的化学键。TNT 分子的 SERS 光谱多出了很多 TNT 的特征峰，这是由于 TNT 分子的 SERS 信号较强，而半胱氨酸的 SERS 信号较弱，半胱氨酸的特征峰对 TNT 分子特征峰的检测识别没有太大的影响。

在 AuFON 结构表面和金属平面结构表面依次滴加半胱氨酸和 TNT 分子，然后进行冲洗，分别进行拉曼信号测试，得到的 SERS 光谱如图 11.7 所示。在 AuFON 结构上可以检测到 TNT 的 SERS 光谱，而在金属平面结构上很难检测到 SERS 光谱，这是由于 AuFON 结构对 TNT 分子的 SERS 信号具有较强的增强作用，而金属平面结构的增强作用较弱。

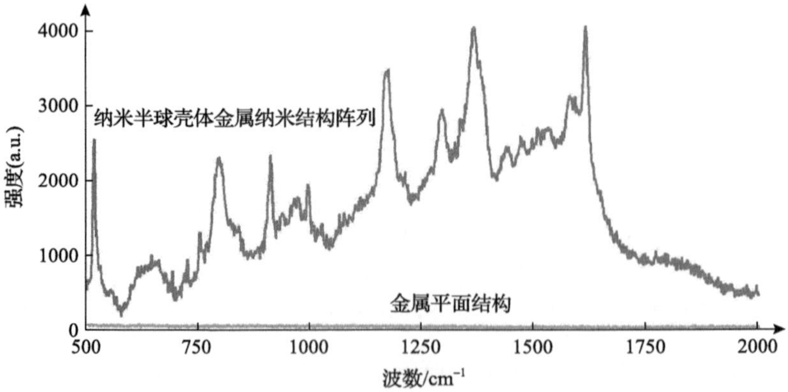

图 11.7　AuFON 结构对 TNT 分子 SERS 增强作用

在 AuFON 结构表面分别滴加浓度依次为 1ng/mL、100ng/mL、10μg/mL、1mg/mL 的 TNT 分子，进行拉曼信号测试，得到的 SERS 光谱如图 11.8 所示。在 AuFON 结构上可以检测到浓度最低 1ng/mL 的 TNT 分子，基本满足环境监测需求。

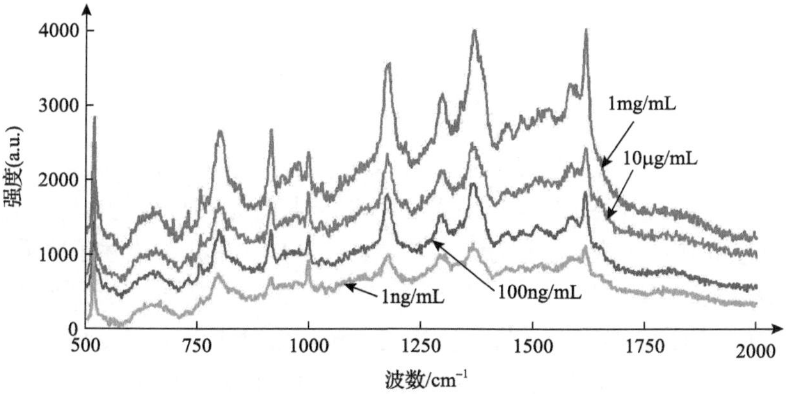

图 11.8　不同浓度 TNT 分子的 SERS 光谱

11.2　基于复合 SERS 基底食品安全检测

食品安全问题一直是民众关心的重点问题，包括非法食品添加及农药残留等问题。大部分有害化学物质具有特异性的拉曼本征峰。因此，可以利用 SERS 技术对有害化学物质进行特异性检测。本节先确立了化学分子在基底上的吸附模型，随后利用复合 SERS 基底分别对百草枯、福美双和三聚氰胺进行检测，确定检测灵敏度，建立 SERS 信号强度与检测物浓度的关系，探索复合 SERS 基底在高通量农药残留检测中的应用。

11.2.1　分子在基底上的吸附模型建立

为实现对待检测物的定量或半定量检测，需要研究检测信号值与待检测物之间的对应关系，进而需要确定待检测物分子在基底上的吸附模型。目前，常用的吸附模型包括 Langmuir 方程和 Hill 方程。Langmuir 方程是物理化学家 Langmuir 在 1916 年依据分子运动理论提出的吸附等温线方程，现常用于待检测物在基底上的单分子层吸附。Hill 方程是生物化学家 Hill 在 1910 年提出的关于配体饱和程度与配体浓度的函数关系，常用于确定受体结合到酶或受体上的协同程度。当协同程度(即 Hill 系数)为 1 时，Hill 方程可以等价为 Langmuir 方程。因此，Hill 方程具有更广泛的应用范围。

农药残留或非法添加剂在 SERS 基底上的结合会存在协同关系。因此，采用 Hill 方程对 SERS 信号与待检测物浓度进行拟合，开展定量或半定量分析。在 SERS 检测中，SERS 信号强度与待检测物分子在 SERS 基底上结合量成正比。而待检测物分子在基底上的结合率满足 Hill 方程。因此，建立的吸附方程可以描述为

$$\theta = \frac{I_{\mathrm{SERS}}}{I_{\mathrm{SERS,max}}} = \frac{c^n}{k^n + c^n} \tag{11.1}$$

式中，θ 为占用位点分数，即结合率；I_{SERS} 为拉曼信号强度；$I_{\mathrm{SERS,\,max}}$ 为分子完全结合到基底上的情况下 SERS 信号的强度，对于某特定待检测物，$I_{\mathrm{SERS,\,max}}$ 是一个常数；c 为待检测物的浓度；k 为解离常数；n 为 Hill 系数，描述了物质结合的协同性。当 $n>1$ 时，为正协同反应，分子结合到基底上对其他分子的亲和力增加。当 $n<1$ 时，为负协同反应，分子结合到基底上对其他分子的亲和力减小。当 $n=1$ 时，为非协同反应，分子结合到基底上对其他分子的亲和力无作用。

将拉曼信号强度 I_{SERS} 作为变量 y，最大信号强度 $I_{\mathrm{SERS,\,max}}$ 为常量，记为 $V_{\max}$，在 Origin 软件中如上方程通常写作

$$y = V_{\max} \frac{c^n}{k^n + c^n} \tag{11.2}$$

本书介绍的检测方法通常应用于低浓度待测物检测，如果 $c \ll k$，那么式(11.2)可以写为

$$I_{\mathrm{SERS}} = I_{\mathrm{SERS,max}} \frac{c^n}{k^n} \tag{11.3}$$

在两边取同时取 log，并将 $\log I_{\mathrm{SERS,max}} - n\log k$ 作为一个常量，则式(11.3)可以写为

$$\log I_{\mathrm{SERS}} = n\log c + \mathrm{const} \tag{11.4}$$

因此，可以看到，当待检测物浓度较低时，其浓度和拉曼信号强度符合对数的线性关系。在下文的食品安全检测中，将采用 Hill 方程进行拟合和分析。

11.2.2 基于复合 SERS 基底的百草枯检测

百草枯(1-1-二甲基-4-4-联吡啶阳离子盐)是一种广泛使用的快速灭生性除草

剂。虽然百草枯毒性中等，但中毒后会迅速与重要脏器的组织蛋白结合，还可以驻留在肌肉组织中，最终导致肺、肝、肾等器官功能衰竭[26,27]。中毒致死率达到90%以上，目前尚无特效解毒药[26,28,29]。此外，百草枯还会残留在土壤和水中，甚至超过 30 年不能完全被分解[30]。国家食品安全标准规定，蔬菜和水果中百草枯的含量不能高于 50μg/kg（195nmol/L）。美国环境保护协会规定的百草枯含量不能高于 30μg/L（117nmol/L）。

百草枯的分子结构式及其拉曼光谱如图 11.9 所示。四个 SERS 主峰分别出现在 839cm^{-1}、1191cm^{-1}、1296cm^{-1} 和 1648cm^{-1} 位置，与文献报道基本相同[31-33]。SERS 光谱中各个特征峰对应着百草枯中原子不同的振动模式，如图 11.10 所示。图中不同原子用不同颜色的小球来表示，箭头表示原子振动的方向。这些特征峰的归属如表 11.3 所示。拉曼峰位置在位移上略有区别，这是拉曼光谱仪本身的误差造成的。

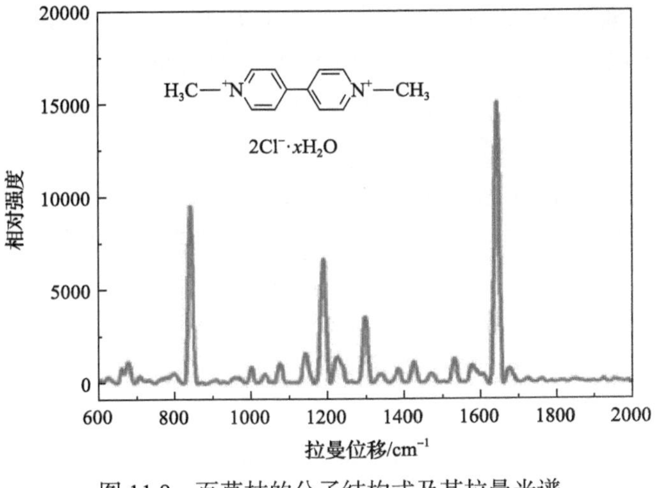

图 11.9　百草枯的分子结构式及其拉曼光谱

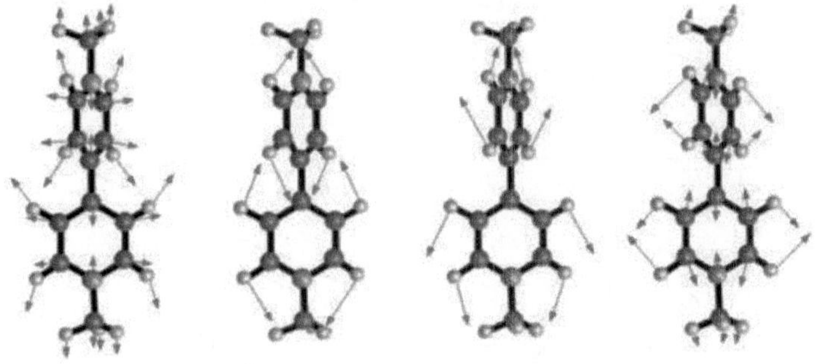

图 11.10　百草枯 SERS 谱峰振动模式示意图

表 11.3　百草枯 SERS 光谱特征峰的归属表

特征谱	位置/cm^{-1}	
	理论值	检测值
Q27	839	839.67
Q47	1191	1190.12
Q49	1296	1298.38
Q64	1648	1648.52

取百草枯粉末 0.0812g 溶于 3.2mL 水中，制备得到 0.01mol/L 的百草枯储存液。之后，逐次稀释，得到 10^{-9}mol/L～10^{-5}mol/L 的百草枯水溶液。将复合 SERS 基底裁剪成 3mm × 3mm 的小片。依次取各种浓度的百草枯水溶液 10μL 滴加到复合 SERS 基底表面。待水溶液完全蒸发后，利用拉曼光谱仪进行检测，以水作为阴性信号参照物，测试得到 SERS 光谱如图 11.11 所示。SERS 信号的强度随着百草枯浓度的降低逐渐减小。各浓度百草枯溶液在从 1635cm^{-1} 到 1665cm^{-1} 区间的谱峰细节如图 11.12 所示。基于复合 SERS 基底对百草枯的检测灵敏度可以达到 10nmol/L，低于美国环境保护协会标准（117nmol/L）一个数量级。当检测 10nmol/L 百草枯时，SERS 信号仍然具有极好的信噪比。

为实现对百草枯的定量或半定量检测，利用 Hill 方程将其 SERS 信号强度 I_{SERS} 与百草枯浓度 c 进行拟合。以 1548cm^{-1} 位置的特征峰作为参考，拟合得到的

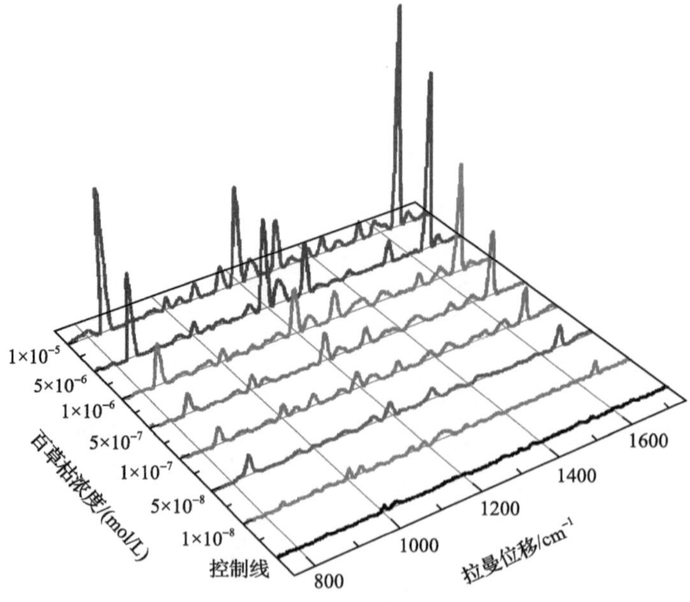

图 11.11　复合 SERS 基底上各浓度百草枯的 SERS 光谱图

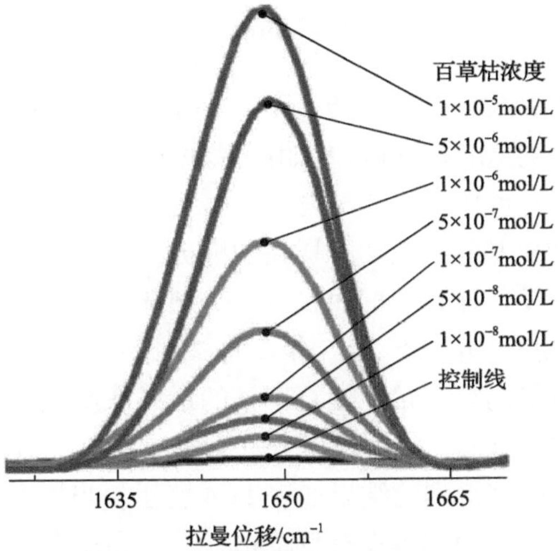

图 11.12　各浓度百草枯光谱在 1635～1665cm^{-1} 区间的细节图

Hill 方程曲线如图 11.13 所示。拟合曲线的相关系数达到 0.98。拟合得到参数 $V_{\max}$=87425，n=0.454，k=2.976×10^{-4}，由此拟合方程为

$$y=\frac{87425x^{0.45}}{(2.98\times10^{-4})^{0.45}+x^{0.45}} \tag{11.5}$$

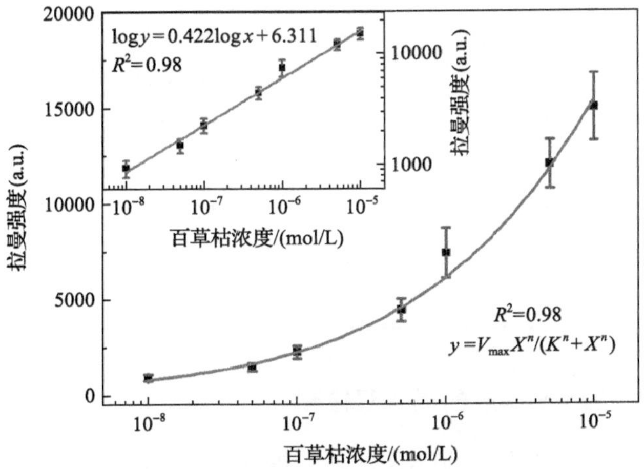

图 11.13　百草枯 SERS 信号强度相对于浓度的标定曲线

由于参数 k 大于本实验中检测的百草枯浓度(10^{-9}～10^{-5}mol/L)，根据 Hill 方程的特点，本实验中 SERS 信号强度 I_{SERS} 与浓度 c 可以写成对数线性关系。通过进一步拟合，得到以下方程：

$$\log y = 0.422\log x + 6.311 \tag{11.6}$$

该拟合直线的相关系数达到 0.98。图中 SERS 信号强度是取三次测试的平均值，误差棒表示三次测量的标准偏差。由误差棒可见，利用复合 SERS 基底对百草枯进行检测的误差在可接受的范围内。

为验证复合 SERS 基底检测实际样品的能力，利用加标回收的方法来检测实际样品中百草枯的浓度，计算加标回收率。分别选用自来水、桶装水、苹果汁和葡萄汁作为样品。这些样本均于 2015 年 1 月 22 日采自实验室或购自普通超市。分别在样品中加入定量的百草枯，使百草枯的最终浓度达到 100nmol/L。所有样本均经过 25μm 过滤器过滤。每个样本分别测试 5 次，再计算样本的平均加标回收率及其检测误差。测试得到的结果如表 11.4 所示。当样本中未加入百草枯时，没有信号被检测到，这说明样本没有百草枯存在，操作中也没有被污染。当样本中加入百草枯，使百草枯最终浓度为 100nmol/L 时，利用复合 SERS 基底检测的加标回收率处于 78.8%～102.8%。复合 SERS 基底对于具有百草枯添加的实际样品具有较好的检测效果。

表 11.4　百草枯的加标回收检测表

样本	百草枯加入量/(nmol/L)	百草枯检测量/(nmol/L)	回收率/%
自来水	0	未检测到	—
	100	88.6±5.4	88.6±5.4
桶装水	0	未检测到	—
	100	98.6±6.8	98.6±6.8
苹果汁	0	未检测到	—
	100	85.3±6.6	85.3±6.6
葡萄汁	0	未检测到	—
	100	92.6±10.2	92.6±10.2

11.2.3　基于复合 SERS 基底的福美双检测

福美双(四甲基秋兰姆二硫化物)是一种保护性的低毒杀菌剂，对人类的皮肤和黏膜有刺激作用，对多种作物的霜霉病或疫病具有较好的防治作用，是一种广泛使用的植物杀菌剂。福美双的本征 SERS 光谱如图 11.14 所示。测试得到的福美双 SERS 谱峰与文献报道基本相同[34,35]。拉曼谱峰的位置及归属如表 11.5 所示。

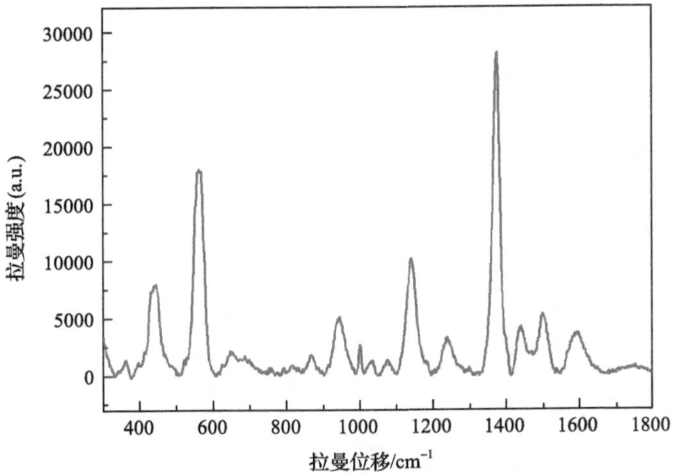

图 11.14　福美双的 SERS 光谱

表 11.5　福美双的 SERS 光谱特征峰归属表

位置/cm^{-1}		光谱归属
文献报道	实验数据	
444(m)	443.58	δ(CH_3NC), ν(C═S)
559(s)	569.30	ν(SS)
932(m)	943.37	δ(CH_3N), ν(C═S)
1148(m)	1145.10	ρ(CH_3), ν(CN)
1380(vs)	1378.86	δs(CH_3N), ν(CN)
1445(vw)	1443.58	δas(CH_3)
1506(w)	1505.28	ρ(CH_3), ν(CN)

分别对浓度范围从 10^{-8}mol/L 到 10^{-3}mol/L 的福美双丙酮溶液进行检测。实验中，取福美双粉末 0.0636g，溶于 50mL 丙酮中，制备得到浓度 0.01mol/L 的福美双溶液，并作为储存液使用。随后，逐次用丙酮稀释该储存液，制备得到浓度范围 10^{-8}mol/L～10^{-3}mol/L 的福美双丙酮溶液。检测过程中，取各浓度的福美双溶液 5μL，滴加到 3mm×3mm 的复合 SERS 基底，自然风干后，再滴加 5μL，再次风干后进行 SERS 检测。测试中以水作为阴性参照物，获得的福美双光谱曲线如图 11.15 所示。测试得到的 SERS 光谱强度随着检测物浓度的降低而减小。以 1380cm^{-1} 位置处的振动峰作为参考，各浓度福美双在 1350～1410cm^{-1} 区间的细节如图 11.16 所示。可见，复合 SERS 基底对福美双的检测极限可以达到 50nmol/L。

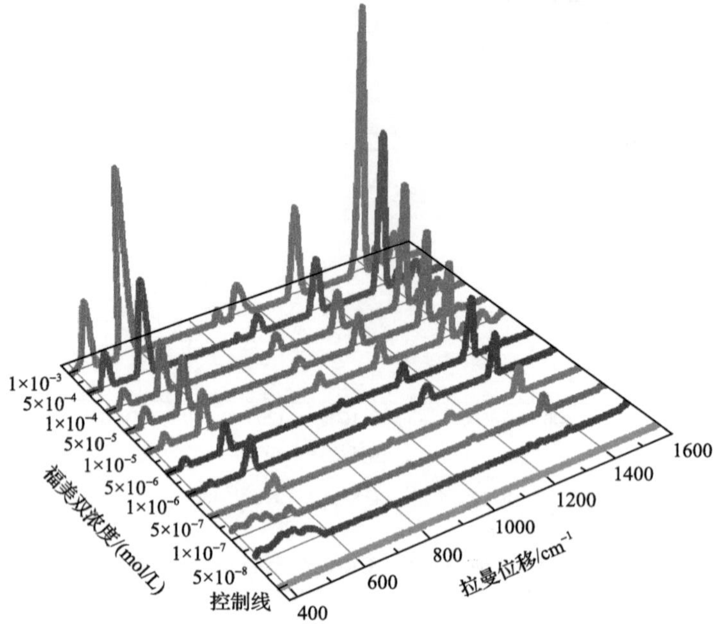

图 11.15　复合 SERS 基底上各浓度福美双的 SERS 光谱

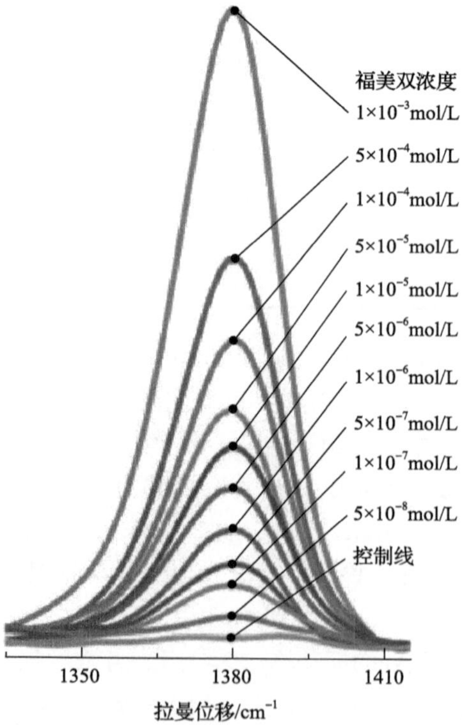

图 11.16　各浓度福美双光谱在 1350～1410cm^{-1} 区间的细节图

利用 Hill 方程将福美双 SERS 信号强度 I_{SERS} 与浓度 c 进行拟合。以 1380cm^{-1} 位置的特征峰作为参考，拟合得到的 Hill 方程曲线如图 11.17 所示。拟合后曲线的相关系数为 0.96。拟合得到参数 V_{max}=13707.74，n=0.349，k=1.175×10^{-4}。由此，拟合方程为

$$y = \frac{13707x^{0.35}}{(1.17\times10^{-4})^{0.35}+x^{0.35}} \tag{11.7}$$

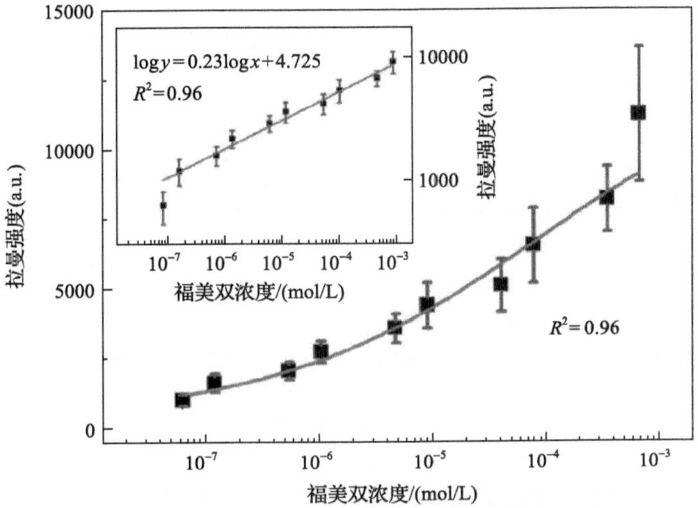

图 11.17　福美双 SERS 信号强度相对于浓度的标定曲线

参数中 n=0.32 表示 SERS 基底表面上吸附的福美双将对后续分子的吸附起阻碍作用。利用对数关系将 SERS 信号强度 I_{SERS} 与浓度 c 进行拟合，可以得到如下方程式：

$$\log y = 0.23\log x + 4.725 \tag{11.8}$$

拟合直线的相关系数达到 0.96。图中 SERS 信号强度是取三次测试的平均值，误差棒表示三次测量的标准偏差。由误差棒可见，利用复合 SERS 基底对福美双进行检测的误差在可接受的范围内。

当对水源、水果、蔬菜等真实样品进行农药残留检测时，存在两种或多种农药均有残留的情况。因此，在多种农药残留干扰的情况下进行特异性 SERS 检测，也是复合 SERS 基底在实际检测应用的重要因素。拉曼谱是物质的“指纹谱”，对多种农药混合溶液进行检测时，也可以获得特异性的拉曼光谱。

将 10^{-6}mol/L 的百草枯和 10^{-5}mol/L 的福美双进行 1∶1 的混合，并测试其 SERS 光谱。测试结果如图 11.18 所示，图中，光谱 A 是百草枯的 SERS 光谱，光谱 B 是福美双的 SERS 光谱，光谱 C 是两者混合物的 SERS 光谱，光谱 C 可以看作光谱 A 与光谱 B 的混合。SERS 光谱谱峰狭窄，谱峰能量高，基于这种特性可以同时检测多种物质的 SERS 光谱，进行高通量检测。利用复合 SERS 基底同时检测出两种农药，说明其具备高通量检测应用的能力。

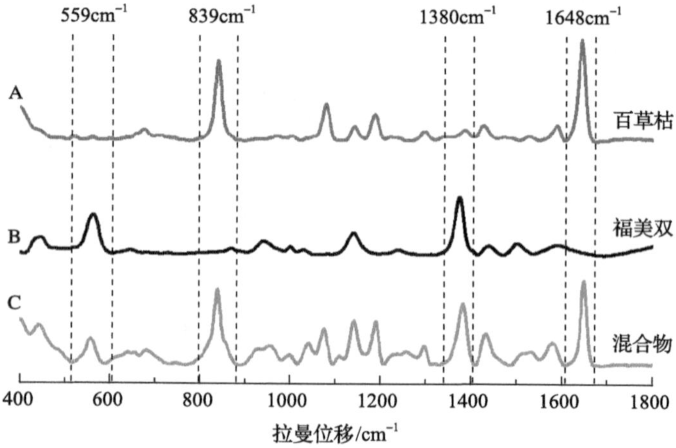

图 11.18　福美双与百草枯混合溶液的 SERS 光谱

该实验中，两种农药的浓度和配比是经过反复测试确定的。当一种农药的浓度远远高于另外一种时，另外一种的 SERS 峰会被覆盖。因此，该方法用于多种农药检测时，可以进行定性判断，确定是否出现农药超标，但是无法进行两种或者多种农药的定量对比。

11.2.4　基于复合 SERS 基底的三聚氰胺检测

三聚氰胺(1,3,5-三嗪-2,4,6-三氨基)是一种三嗪类含氮杂环有机化合物，氮含量达到 66.7%(质量分数)，因此称为蛋白精。目前，检测食品中蛋白质含量的方法通常是测定食品中氮的含量。将三聚氰胺添加到牛奶等食品中，可以有效提高其氮含量。国家食品安全标准规定，婴儿配方奶粉中三聚氰胺的含量不能高于 1mg/kg(7.9μmol/L)，液态奶、奶粉和其他配方奶粉中三聚氰胺含量不能高于 2.5mg/kg(19.75μmol/L)。联合国制定的食品安全标准规定，牛奶中三聚氰胺的含量不能高于 0.15mg/kg(1.12μmol/L)。

三聚氰胺本身具有 SERS 本征峰，因此可以基于 SERS 技术实现对三聚氰胺的快速检测。三聚氰胺的本征拉曼光谱如图 11.19 所示。其主峰位置位于 670～

710cm^{-1} 的区间，这个区间中的主峰位置均有文献报道[36-39]。三聚氰胺主峰的位置位于 681cm^{-1} 位置处。三聚氰胺 SERS 光谱特征峰的归属如表 11.6 所示。

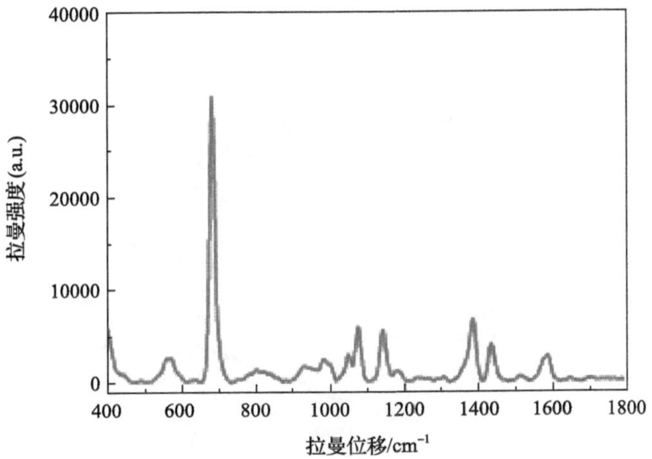

图 11.19　三聚氰胺的 SERS 光谱

表 11.6　三聚氰胺 SERS 光谱特征峰的归属表

振动峰位置/cm^{-1}	振动峰归属
683[37], 690, 710[40]	三嗪环(C_3N_3)环呼吸振动
980～990	三嗪环面内变形振动
1450～1470	C—N 对称伸缩振动
1550～1570	N—H 面内弯曲振动
1650～1700	C═N 伸缩振动
3100～3400	N—H 伸缩振动

使用复合 SERS 基底对三聚氰胺进行测试，配置浓度范围为 10^{-8}～10^{-4}mol/L 的三聚氰胺水溶液。取三聚氰胺粉末 0.636g 溶于 50mL 去离子水中，制备得到 0.01mol/L 的三聚氰胺水溶液。随后，采用逐次稀释的方法制备浓度范围从 10^{-8}mol/L 到 10^{-3}mol/L 的三聚氰胺水溶液。依次取各种浓度的三聚氰胺水溶液 10μL 滴加到复合 SERS 基底表面，干燥后进行检测，得到 SERS 光谱如图 11.20 所示。SERS 信号的强度随着三聚氰胺浓度的降低逐渐降低。各浓度三聚氰胺溶液在 660～720cm^{-1} 区间的谱峰细节如图 11.21 所示。基于复合 SERS 基底对三聚氰胺的检测灵敏度可以达到 10nmol/L(1.2ppb)，远低于联合国制定的食品安全标准 0.15mg/kg(150ppb)。

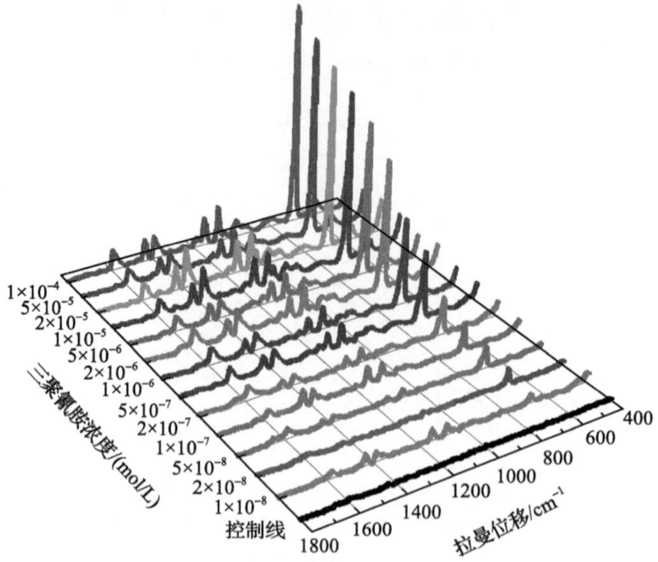

图 11.20　复合 SERS 基底上各浓度三聚氰胺的 SERS 光谱

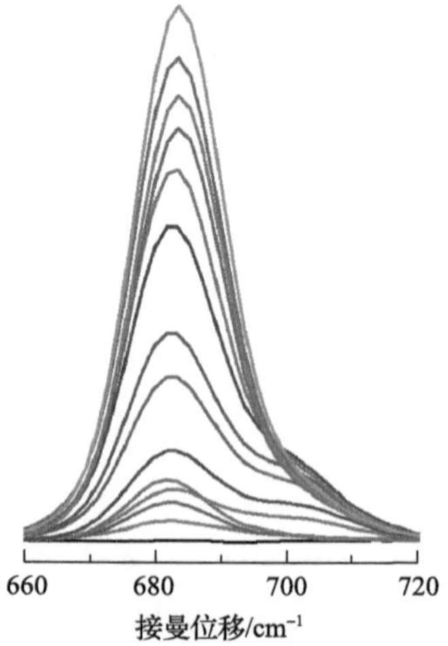

图 11.21　各浓度三聚氰胺光谱在 660～720cm^{-1} 区间的细节图

以主峰 681cm^{-1} 位置的 SERS 信号作为参考，利用 Hill 方程将测试获得的信号与三聚氰胺浓度进行拟合，得到的拟合曲线如图 11.22 所示，拟合曲线的相关系数为 0.981。拟合得到曲线的参数 $V_{\max}$=44144.6，k=3.6 × 10^{-6}，n=0.55，拟合方程为

$$y=\frac{44144.6x^{0.55}}{(3.6\times10^{-4})^{0.55}+x^{0.55}} \tag{11.9}$$

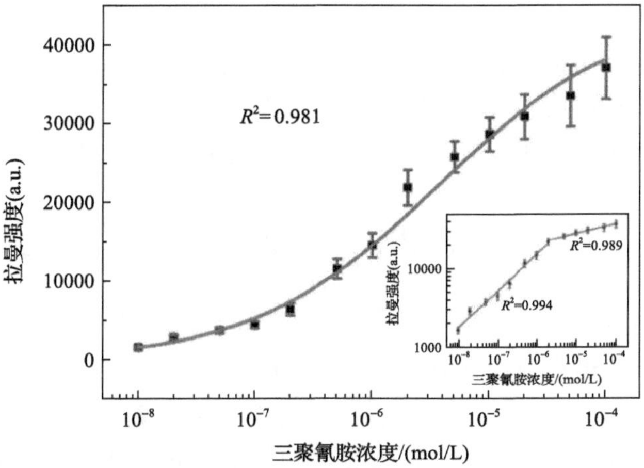

图 11.22　三聚氰胺 SERS 信号强度相对于浓度的标定曲线

值得注意的是，本实验中 k=3.6×10^{-6}，位于测试的浓度范围中间。根据 Hill 方程，当待检测物浓度小于 k 值时，可以利用对数关系将拉曼信号强度 I_{SERS} 与浓度 c 进行线性拟合。在 k 值两侧分别进行拟合，得到如下线性关系：

$$\log y=\begin{cases}0.128\log x+5.087, & x\geqslant 2\times10^{-6}\,\text{mol/L}\\ 0.465\log x+6.964, & x<2\times10^{-6}\,\text{mol/L}\end{cases}\tag{11.10}$$

拟合直线的相关系数分别为 0.989 和 0.994，并且在三聚氰胺浓度为 2×10^{-6}mol/L 的位置“相交”，利用两个方程进行拟合得到的信号强度均在该位置测量的误差范围内。

食品安全问题与人们的生活直接相关，是人们关注的热点。对农药残留和非法添加剂的检测需要在现场实时完成。目前，现场检测最常用的方法是利用试纸条检测，这种方法灵敏度低、检测误差率高。还有许多方法可以完成对食品中农药残留和非法添加剂的检测，包括分光光度测定法、气相色谱分光光度法、高效液相色谱法、酶联免疫吸附法、生物传感法和电化学检测法等。这些检测方法的检测灵敏度均能够达到国家食品安全标准规定的检测极限。但是这些方法通常需要在实验室内开展，对样本纯度要求较高，样本前处理步骤复杂，对操作人员和设备的要求较高，不适用于现场实时检测。

农药残留及非法添加剂涉及的化学小分子通常具有特异性的本征峰，这就为基于 SERS 技术的食品安全检测提供了基础。利用 SERS 技术检测以百草枯、福美双和三聚氰胺为代表的农药残留及非法添加剂，其检测灵敏度分别达到了 10nmol/L、50nmol/L 和 10nmol/L，远低于国家食品安全标准。利用复合 SERS 基底检测食品安全相关的化学小分子具有以下特点：①对样品纯度要求不高，基于

SERS 技术的检测还可以区分一些添加剂的类型(如苏丹红的Ⅰ～Ⅳ型)；②对样品的前处理简单，通常仅需要经过简单过滤；③检测时间短，从样本处理到检测完成时间不超过 10min；④检测精度高，均能够达到国家食品安全标准要求的检测限。因此，复合 SERS 基底适用于现场实时的食品安全检测。

11.3 基于复合 SERS 基底的病原微生物检测

微生物表面具有的多种蛋白质、多糖等生物大分子会激发出拉曼特征峰，而这些拉曼特征峰的组合就成为微生物的“本征拉曼谱”。可以通过 SERS 光谱对微生物进行特异性的识别和区分。本节利用复合 SERS 基底分别对大肠杆菌和枯草杆菌进行检测，并利用主成分分析方法对两种细菌的 SERS 光谱数据进行处理和分析，实现对两种细菌的区分和辨别。

11.3.1 基于复合 SERS 基底的大肠杆菌检测

大肠埃希氏菌通常称为大肠杆菌，属于革兰氏阴性短杆菌，长度一般为 1～3μm，直径一般为 0.5μm。大肠杆菌周身有鞭毛，能够运动，没有芽孢。大肠杆菌一般不致病，是温血动物肠道的正常寄居菌。某些血清型菌株的致病性强，会引起腹泻，这些大肠杆菌统称为致病性大肠杆菌。此外，大肠杆菌会与一些主要肠道病原菌(如志贺氏菌、沙门氏菌)同时存在。因此，在卫生学上，大肠杆菌常作为饮水、食品等的粪源性污染卫生学指标，也是国际上公认的卫生监测指示菌。

大肠杆菌具有特异性的 SERS 光谱，大部分谱峰的位置和归属均已经确定。但是，目前大肠杆菌的标准 SERS 光谱尚未建立，不同亚型和菌株之间的 SERS 光谱都略有区别，不同文献报道的光谱也有区别[41-50]。基于 SERS 技术的大肠杆菌检测的主要工作之一就是确定其光谱谱峰的位置和归属。根据文献报道[41-50]，可以初步获得大肠杆菌菌体的 SERS 光谱，如表 11.7 所示。

表 11.7 大肠杆菌 SERS 光谱特征峰的归属表

位置/cm^{-1}	峰值归属[41-50]
650	络氨酸、鸟嘌呤振动
952	缩氨酸 C═C 基团振动
1124	蛋白质 C—N、C—C 伸缩振动
1242	酰胺Ⅲ蛋白振动
1320	蛋白质 CH_2 变形振动
1372	络氨酸振动
1459	蛋白质 CH_2 变形振动

利用复合 SERS 基底对大肠杆菌进行非标记检测。检测的大肠杆菌来源于军事医学科学院科技部生物安全中心实验室，类型为大肠杆菌 BL21 型。经过晶平板菌落计数法对细菌进行浓度测定后，获得浓度为 10^9CFU 的大肠杆菌菌液。在使用过程中以 10 倍梯度对菌液进行稀释，获得各个浓度的大肠杆菌菌液。

样品制备过程中，取各个浓度的大肠杆菌 20μL 滴加到复合 SERS 基底上，待菌液干燥后用于 SERS 检测。拉曼光谱仪的功率和积分时间都相应调高，激光功率设置为 20%，积分时间设置为 15000ms。每个浓度的样品检测多个位点，取信号强度最高的一个点进行判断。

利用 SERS 技术检测大肠杆菌，获得的 SERS 光谱如图 11.23 所示。检测得到的谱峰分别位于 655cm^{-1}、721cm^{-1}、958cm^{-1}、1002cm^{-1}、1126cm^{-1}、1245cm^{-1}、1320cm^{-1}、1371cm^{-1}、1462cm^{-1} 等位置，与文献中报道的位置基本相同。由此，可以判断获得的 SERS 光谱是大肠杆菌的 SERS 光谱。在检测灵敏度方面，当大肠杆菌浓度为 10^5CFU 时，可以清楚地看到各个位置的谱峰；当大肠杆菌浓度为 10^4CFU 时，位于 655cm^{-1}、958cm^{-1}、1245cm^{-1} 和 1320cm^{-1} 位置的峰值仍然十分明显。当大肠杆菌浓度为 10^3CFU 时，仅可以看到 1245cm^{-1} 和 1320cm^{-1} 位置处的谱峰，其他位置的谱峰消失。而大肠杆菌浓度为 10^2CFU 或者检测阴性试剂（水）时，基本没有 SERS 谱峰出现。由此可以判定利用复合 SERS 基底检测大肠杆菌，检测灵敏度可以达到 10^4CFU。

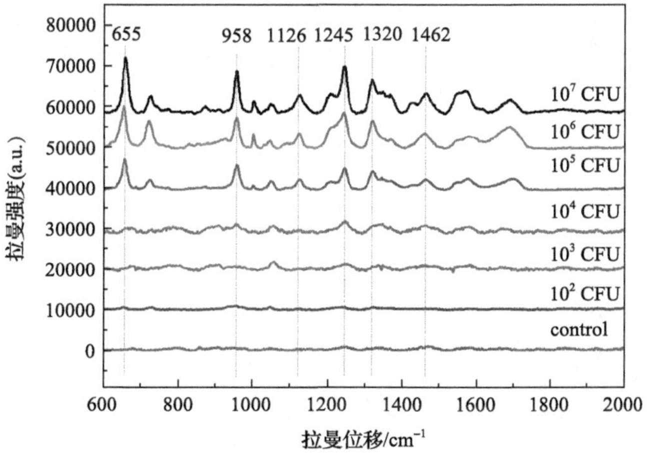

图 11.23　复合 SERS 基底上各浓度大肠杆菌的 SERS 光谱

大肠杆菌的体积较大，在 SERS 基底上分布不均匀。因此，对各浓度大肠杆菌进行测量时，均选取最优的 SERS 信号。大肠杆菌 SERS 信号强度总体上随着大肠杆菌浓度的降低而减小。但是由于误差过大，建立 SERS 信号强度与大肠杆菌浓度之间的函数关系并没有实际意义。

11.3.2　基于复合 SERS 基底的枯草杆菌检测

枯草芽孢杆菌，是芽孢杆菌属的一种，属于革兰氏阳性菌，广泛分布在土壤及腐败的有机物中，易在枯草浸汁中繁殖，所以称为枯草杆菌。枯草芽孢杆菌单个细胞尺寸为(0.7～0.8) μm×(2～3) μm，无荚膜，周围生长有鞭毛，能够运动。枯草芽孢杆菌是非致病菌，在检测方法学建立过程中常作为其他致病细菌的代替物。例如，枯草芽孢杆菌和炭疽芽孢杆菌同属于芽孢杆菌属，都具有 SERS 检测生物标记物 2,6-吡啶二羧酸的钙盐，而炭疽芽孢杆菌具有很强的生物危害。因此，基于 SERS 技术建立炭疽芽孢杆菌检测方法学时，通常以枯草芽孢杆菌作为代替物[51-53]。针对枯草杆菌本身 SERS 光谱的研究相对较少。针对枯草杆菌 SERS 光谱分布及归属的报道也较少。

为验证 SERS 技术识别微生物的可行性，本节对不同浓度的枯草杆菌进行直接的 SERS 检测。本章检测的枯草芽孢杆菌来源于军事医学科学院科技部生物安全中心实验室，类型为枯草杆菌黑色变种 ATCC9372 型。经过晶平板菌落计数法对细菌进行浓度测定，获得浓度为 10^9CFU 的枯草芽孢杆菌菌液。样本制备中，取各个浓度的枯草杆菌 20μL 滴加到复合 SERS 基底上，待菌液干燥后用于 SERS 检测。激光功率设置为 20%，积分时间设置为 15000ms。

利用 SERS 技术检测枯草芽孢杆菌获得的 SERS 光谱如图 11.24 所示。谱峰分别位于 634cm^{-1}、811cm^{-1}、889cm^{-1}、1007cm^{-1}、1135cm^{-1}、1347cm^{-1}、1665cm^{-1} 等位置。当枯草杆菌浓度为 10^5CFU 时，各位置的光谱强度均非常高。在部分谱峰位置，信号强度比 10^6CFU 枯草杆菌的信号强度更高，这是由枯草杆菌与基底的

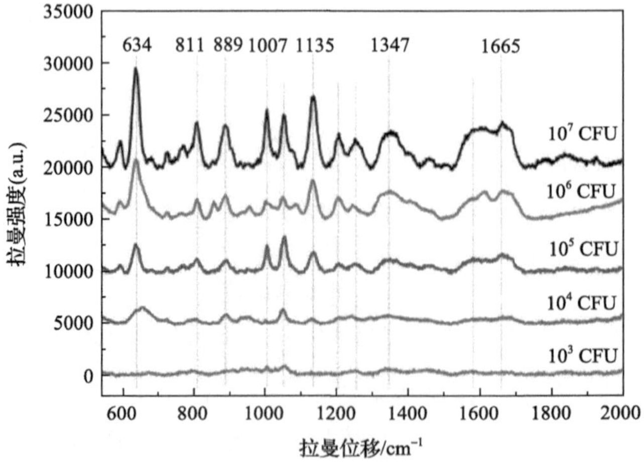

图 11.24　复合 SERS 基底上各浓度枯草杆菌的 SERS 光谱

结合方式以及枯草杆菌的分布决定的。当枯草杆菌浓度为 10^4CFU 时，位于 634cm^{-1}、811cm^{-1}、889cm^{-1}、1007cm^{-1}和 1135cm^{-1}等位置的峰值仍然清晰。当枯草杆菌浓度为 10^3CFU 时，无明显的 SERS 谱峰出现。即复合 SERS 基底对枯草杆菌的检测灵敏度可以达到 10^4CFU。

相对于 SERS 基底结构，病原微生物体积较大，SERS 热点对信号放大作用有限。因此在复合 SERS 基底表面再复合一层 Au@AgNPs 溶胶，就可以进一步提高检测效果。由于病原微生物在 SERS 基底上的分布是随机的，无法准确判断细菌的精确位置，在后续工作中可以在基底上修饰捕获抗体或化学物质，促进细菌在基底上的富集。

11.3.3　基于主成分分析法的 SERS 光谱分析

SERS 光谱中包含大量被检测物的信息，包括组成成分、物质含量及化学键连接等。直接判读 SERS 光谱，分析光谱中所蕴含的信息，需要专业的知识和技术背景。因此，需要一种数据处理方法，将 SERS 光谱中的主要信息提取出来，将次要信息进行有条件的筛选和组合，将无效的信息删除。

主成分分析法是利用数学方法进行降维处理的一种数据统计方法。该方法将数据中相关变量进行重新组合，形成一组互不相关的几个综合变量；对综合变量进行评价和分析，用尽可能少的综合变量来表现原来的数据，尽可能不丢失原有数据信息。本章将采用主成分分析方法对大肠杆菌和枯草杆菌的 SERS 光谱进行区分。

采集大肠杆菌 SERS 信号 10 组，枯草杆菌信号 SERS 信号 9 组，进行数据分析。首先，去除 SERS 光谱中附加的荧光信号基线，使基线平整。其次，利用 Savizky-Golay 方法对 SERS 信号进行平滑处理。随后，在 600～1700cm^{-1}范围内分别对 SERS 光谱谱峰面积进行归一化处理，将光谱数据归一化到 10000。

病原微生物的信息主要体现在 SERS 光谱谱峰的位置、强度和形状上。因此，选取两种细菌的主要谱峰进行分析，选取了 645cm^{-1}、723cm^{-1}、805cm^{-1}、891cm^{-1}、959cm^{-1}、1007cm^{-1}、1052cm^{-1}、1128cm^{-1}、1242cm^{-1}、1322cm^{-1}、1463cm^{-1}、1575cm^{-1}位置十二个共有或特有的谱峰位置的数据，利用数据统计软件 SSPS 进行分析。分析得到前三个主成分的方差贡献率分别为 52.15%、23.46%和 9.46%，累积方差贡献率分别为 52.15%、75.61%和 85.06%，检验显著水平值远远小于 0.05。前两个主成分的累积方差贡献率大于 70%，选取前两个主成分对两种细菌数据进行分析，得到二维散点图，如图 11.25 所示。图中，圆点为枯草杆菌数据，方点为大肠杆菌数据，各细菌的数据点分别位于完全分离的两个区域，实现了对两种病原微生物的区分和辨别。

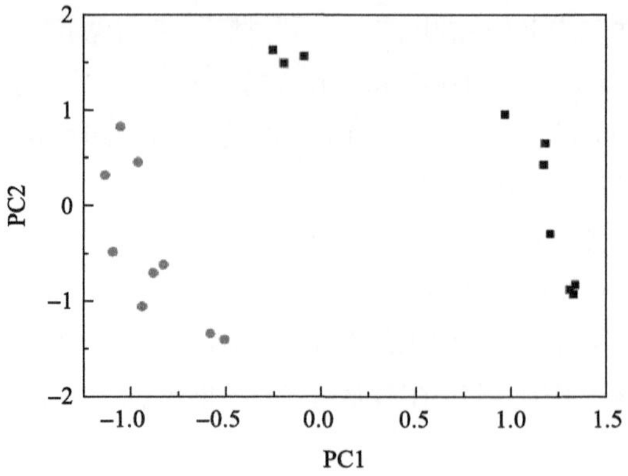

图 11.25　主成分分析法分析得到的大肠杆菌和枯草杆菌数据分布图

由于大肠杆菌和枯草杆菌的 SERS 光谱有明显区别，并且样本数目较小，可以实现两者数据的完全分离。对于部分复杂且成分相近的生物大分子，如肿瘤患者的血清和非肿瘤患者血清等，利用主成分分析法得到的数据点会存在区域重合的情况。这时可以利用线性判别分析、独立变量 t 校验统计分析等方法对这些数据点进行区分。利用这些判定方法还可以得到诊断的特异性和灵敏度。

病原微生物检测在医疗、卫生等多个领域具有重要的意义。目前，存在多种对细菌进行检测的方法[54-58]，包括菌落培养计数法、气相色谱法、高效液相色谱法、聚合酶链式反应(polymerase chain reaction, PCR)检测法、核酸生物芯片法、酶联免疫分析法、免疫磁珠法等。菌落培养计数法是最简单和准确的方法，但该方法操作烦琐，检测周期长，人力和物力投入较大。气相色谱法和高效液相色谱法检测灵敏度高、检测速度快，在实验和诊断中已经得到了广泛应用，但这种方法对样品的前处理比较麻烦。PCR 检测法和核酸生物芯片技术灵敏度高、检测速度快、检测准确，但对样品纯化要求较高，需要专业人员进行操作。酶联免疫分析法和免疫磁珠法针对大肠杆菌菌体的检测具有较好的应用前景。

病原微生物具有特异性的拉曼特征峰，可以利用 SERS 技术进行检测。这种检测是针对整个菌体的检测，因此对样品前处理要求较低。SERS 技术可以与酶联免疫法及免疫磁珠法相结合，进一步提高检测灵敏度。基于 SERS 技术的病原微生物检测速度快，适用于实时现场检测(point of care, POC)。此外，结合数据处理技术，可以进一步分析病原微生物的 SERS 光谱信息，实现对病原微生物的快速辨别和区分。

参 考 文 献

[1] Smith K D, McCord B R, macCrehan W A, et al. Detection of smokeless powder residue on pipe bombs by micellar electrokinetic capillary electrophoresis. Journal of Forensic Sciences, 1999,

44(4): 789-794.

[2] Charles P T, Dingle B M, van Bergen S, et al. Enhanced biosensor performance for on-site field analysis of explosives in water using solid-phase extraction membranes. Field Analytical Chemistry & Technology, 2001, 5(6): 272-280.

[3] Smith P M, Liu S M J, Kao M Y, et al. W-band high efficiency InP-based power HEMT with 600 GHz fmax. IEEE Microwave and Guided Wave Letters, 1995, 5(7): 230-232.

[4] Van Dillewijn P, Couselo J L, Corredoira E, et al. Bioremediation of 2,4,6-trinitrotoluene by bacterial nitroreductase expressing transgenic aspen. Environmental Science & Technology, 2008, 42(19): 7405-7410.

[5] Hawari J, Beaudet S, Halasz A, et al. Microbial degradation of explosives: Biotransformation versus mineralization. Applied Microbiology and Biotechnology, 2000, 54(5): 605-618.

[6] 李松松, 冯岳奇. 三硝基甲苯(TNT)致白内障分析与预防. 中国实用医药, 2006. 1(6): 89.

[7] Sylvia J M, Janni J A, Klein J D, et al. Surface-enhanced Raman detection of 2,4-dinitrotoluene impurity vapor as a marker to locate landmines. Analytical Chemistry, 2000, 72(23): 5834-5840.

[8] 陈广宇, SERS 敏感基底制备及其在 TNT 痕量检测中的应用. 合肥: 中国科学技术大学, 2010.

[9] 孟祥承. 爆炸物及毒品的探测技术. 核电子学与探测技术, 2003, 23(4): 371-379.

[10] McQuade D T, Pullen A E,Swager T M. Conjugated polymer-based chemical sensors. Chemical Reviews, 2000, 100(7): 2537-2574.

[11] Wang F, Wang W B, Liu B H, et al. Copolypeptide-doped polyaniline nanofibers for electrochemical detection of ultratrace trinitrotoluene. Talanta, 2009, 79(2): 376-382.

[12] Geng J L, Liu P, Liu B H, et al. A reversible dual-response fluorescence switch for the detection of multiple analytes. Chemistry—A European Journal, 2010, 16(12): 3720-3727.

[13] KoH, Chang S, Tsukruk V V. Porous substrates for label-free molecular level detection of nonresonant organic molecules. ACS Nano, 2009, 3(1): 181-188.

[14] Dasary S S R, Singh A K, Senapati D, et al. Gold nanoparticle based label-free SERS probe for ultrasensitive and selective detection of trinitrotoluene. Journal of the American Chemical Society, 2009, 131(38): 13806-13812.

[15] Holmgren E, Carlsson H , Goede P, et al. Determination and characterization of organic explosives using porous graphitic carbon and liquid chromatography-atmospheric pressure chemical ionization mass spectrometry. Journal of Chromatography A, 2005, 1099(1-2): 127-135.

[16] 赵颖, 用于爆炸物检测放大荧光聚合物的合成及小型 TNT 传感器的初步研究. 长春: 吉林大学, 2006.

[17] 赵常志, 孙伟. 化学与生物传感器. 北京: 科学出版社, 2012.

[18] Rigelsford J. Chemical sensors and biosensors. Sensor Review, 2002, 84(4): 685-707.

[19] Fant F, De Sloovere A, Matthijsen K, et al. The use of amino compounds for binding 2,4,6-trinitrotoluene in water. Environmental Pollution, 2001, 111(3): 503-507.

[20] Yinon J, Johnson J V, Bernier U R, et al. Reactions in the mass spectrometry of a hydride meisenheimer complex of 2,4,6-trinitrotoluene (TNT). Journal of Mass Spectrometry, 1995, 30(5): 715-722.

[21] 张先恩, 生物传感器. 北京：化学工业出版社, 2005.

[22] 朱启忠, 生物固定化技术及应用. 北京：化学工业出版社, 2009.

[23] Zhang F X, Han L, Israel L B, et al. Colorimetric detection of thiol-containing amino acids using gold nanoparticles. Analyst, 2002, 127(4): 462-465.

[24] Gupta N,Dahmani R. AOTF Raman spectrometer for remote detection of explosives. Spectrochimica Acta Part A: Molecular and Biomolecular Spectroscopy, 2000, 56(8): 1453-1456.

[25] Kneipp K, Wang Y, Dasari R R, et al. Near-infrared surface-enhanced Raman scattering of trinitrotoluene on colloidal gold and silver. Spectrochimica Acta Part A: Molecular and Biomolecular Spectroscopy, 1995, 51(12): 2171-2175.

[26] Gawarammana I B,Buckley N A. Medical management of paraquat ingestion. British Journal of Clinical Pharmacology, 2011, 72(5): 745-757.

[27] Chen H W, Tseng T K,Ding L W. Intravenous paraquat poisoning. Journal of the Chinese Medical Association, 2009, 72(10): 547-550.

[28] Deng J, Huo D, Wu Q, et al. Xuebijing for paraquat poisoning. Cochrane Database of Systematic Reviews(online), 2013,7(7): CD010109.

[29] Moon J M,Chun B J. The efficacy of high doses of vitamin C in patients with paraquat poisoning. Human & Experimental Toxicology, 2011, 30(8): 844-850.

[30] Roldán M L, Corrado G, Francioso O, et al. Interaction of soil humic acids with herbicide paraquat analyzed by surface-enhanced Raman scattering and fluorescence spectroscopy on silver plasmonic nanoparticles. Analytica Chimica Acta, 2011, 699(1): 87-95.

[31] Kreisig S, Tarazona A,Koglin E. The adsorption of paraquat on silver electrode surfaces: a SERS microprobe study. Electrochimica Acta, 1997, 42(20-22): 3335-3344.

[32] Gao R K, Choi N, Chang S I, et al. Highly sensitive trace analysis of paraquat using a surface-enhanced Raman scattering microdroplet sensor. Analytica Chimica Acta, 2010, 681(1-2): 87-91.

[33] Zhang J, Coulston R J, Jones S T, et al. One-step fabrication of supramolecular microcapsules from microfluidic droplets. Science, 2012, 335(6069): 690-694.

[34] 苏雷. 银/硅纳米异质结构的制备及表面拉曼增强效应研究. 北京：北京化工大学, 2012.

[35] 郑霞, 表面增强拉曼光谱法测定一些药物的研究. 长春: 吉林大学, 2012.

[36] Wang J F, Wu X Z, Xiao R, et al. Performance-enhancing methods for au film over nanosphere surface-enhanced raman scattering substrate and melamine detection application. PLoS One, 2014, 9(6): e97976.

[37] Zhang J M, Qu S C, Zhang L S, et al. Quantitative surface enhanced Raman scattering detection based on the "sandwich" structure substrate. Spectrochimica Acta. Part A: Molecular and biomolecular spectroscopy, 2011, 79(3): 625-630.

[38] Yu W W,White I M. A simple filter-based approach to surface enhanced Raman spectroscopy for trace chemical detection. Analyst, 2012, 137(5): 1168-1173.

[39] Li J M, Ma W F, Wei C, et al. Detecting trace melamine in solution by SERS using Ag nanoparticle coated poly(styrene-co-acrylic acid) nanospheres as novel active substrates. Langmuir, 2011, 27(23): 14539-14544.

[40] Kim A, Barcelo S J, Stanley Williams R S, et al. Melamine sensing in milk products by using surface enhanced Raman scattering. Analytical Chemistry, 2012, 84(21): 9303-9309.

[41] Zhang J, Zhang X L, Lai C H, et al. Silver-decorated aligned CNT arrays as SERS substrates by high temperature annealing. Optics Express, 2014, 22(18): 21157-21166.

[42] Arnob M M P, Zhao F S, Zeng J B, et al. Laser rapid thermal annealing enables tunable plasmonics in nanoporous gold nanoparticles. Nanoscale, 2014, 6(21):12470-12475.

[43] Sun X,Li H. Gold nanoisland arrays by repeated deposition and post-deposition annealing for surface-enhanced Raman spectroscopy. Nanotechnology, 2013, 24(35): 355706.

[44] Hu X G, Wang T, Dong S J. Thermal annealing of Au nanorod self-assembled nanostructured materials: Morphology and optical properties. Journal of Colloid and Interface Science, 2007, 316(2): 947-953.

[45] Luo B S,Lin M. A portable Raman system for the identification of foodborne pathogenic bacteria. Journal of Rapid Methods & Automation in Microbiology, 2008, 16(3): 238-255.

[46] Malvadkar N, Kao P, Wang H, et al. A SERS substrate for detection of E.Coli on nanostructured poly(p-xylylene). NSTI Nanotechnology Conference and Trade Show, Boston, 2008.

[47] Maquelin K, Kirschner C, Choo-Smith L P, et al. Identification of medically relevant microorganisms by vibrational spectroscopy. Journal of Microbiological Methods, 2002, 51(3): 255-271.

[48] Vohník S, Hanson C, Tuma R J, et al. Conformation, stability, and active-site cysteine titrations of Escherichia coli D26A thioredoxin probed by Raman spectroscopy. Protein Science, 1998, 7(1): 193-200.

[49] Moritz T J, Taylor D S, Polage C R, et al. Effect of cefazolin treatment on the nonresonant Raman signatures of the metabolic state of individual Escherichia coli cells. Analytical

Chemistry, 2010, 82(7): 2703-2710.

[50] Premasiri W R, Moir D T, Klempner M S, et al. Characterization of the surface enhanced Raman scattering (SERS) of bacteria. Journal of Physical Chemistry B, 2005, 109(1): 312-320.

[51] Cheng H W, Chen Y Y, Lin X X, et al. Surface-enhanced Raman spectroscopic detection of Bacillus subtilis spores using gold nanoparticle based substrates. Analytica Chimica Acta, 2011, 707(1-2): 155-163.

[52] Zhang X Y, Young M A, Lyandres O, et al. Rapid detection of an anthrax biomarker by surface-enhanced Raman spectroscopy. Journal of the American Chemical Society, 2005, 127(12): 4484-4489.

[53] Cheng H W, Huan S Y, Yu R Q. Nanoparticle-based substrates for surface-enhanced Raman scattering detection of bacterial spores. The Analyst, 2012, 137(16): 3601-3608.

[54] 熊齐荣. 大肠杆菌 O157:H7 富集及快速检测方法的研究. 南昌: 南昌大学, 2012.

[55] 彭金兰, 徐溢, 吴永杰, 等. 微流控芯片上大肠杆菌的电化学阻抗检测方法研究. 分析化学, 2011, (9): 1307-1312.

[56] 周微, 张伟钦, 付宇, 等. 荧光定量 PCR 方法快速检测原料乳中的大肠杆菌. 中国乳品工业, 2009, 37(11): 39-42.

[57] 刘慧杰, 滕瑛巧, 张新爱, 等. 基于Fe_3O_4@Au复合纳米粒子标记抗体的电化学免疫方法用于水体中大肠杆菌的检测. 高等学校化学学报, 2010, 31(6): 1131-1136.

[58] 朱文冠, 薛素强, 洪洁心, 等. 多重 PCR 方法检测大肠杆菌 O157:H7 的初步研究. 中国人兽共患病学报, 2006, 22(5): 428-432.